高等学校计算机科学与技术教材

Java 面向对象程序设计
（第 2 版）

陈旭东　马迪芳　徐保民　魏小涛　编著

清华大学出版社
北京交通大学出版社
·北京·

内 容 简 介

本书以 Java 语言为基础，描述了面向对象程序设计的基本概念、技术与方法，包括 Java 语言基础、类和对象、继承和多态、数组与字符串、泛型与集合框架、异常处理机制、线程、输入/输出、图形用户界面、网络通信、访问数据库、使用第三方类库等实用内容。本书采用程序实例进行内容的讲解，并在各章节中有配套的练习题。

本书适合作为高等院校计算机专业和相关专业的 Java 语言程序设计或面向对象程序设计课程的教材，也可以作为相关技术人员的 Java 开发参考书使用。

本书封面贴有清华大学出版社防伪标签，无标签者不得销售。
版权所有，侵权必究。侵权举报电话：010-62782989　13501256678　13801310933

图书在版编目（CIP）数据

Java 面向对象程序设计 / 陈旭东等编著．—2 版．—北京：北京交通大学出版社：清华大学出版社，2022.1
ISBN 978-7-5121-4574-0

Ⅰ．①J… Ⅱ．①陈… Ⅲ．①JAVA 语言-程序设计-教材 Ⅳ．①TP312.8

中国版本图书馆 CIP 数据核字（2021）第 200272 号

Java 面向对象程序设计
Java MIANXIANG DUIXIANG CHENGXU SHEJI

责任编辑：谭文芳	
出版发行：清 华 大 学 出 版 社　　邮编：100084　　电话：010-62776969　　http://www.tup.com.cn	
北京交通大学出版社　　　邮编：100044　　电话：010-51686414　　http://www.bjtup.com.cn	
印　刷　者：艺堂印刷（天津）有限公司	
经　　　销：全国新华书店	
开　　　本：185 mm×260 mm　　印张：21.5　　字数：601 千字	
版 印 次：2009 年 6 月第 1 版　　2022 年 1 月第 2 版　　2022 年 1 月第 1 次印刷	
印　　　数：1～3 000 册　　定价：59.00 元	

本书如有质量问题，请向北京交通大学出版社质监组反映。对您的意见和批评，我们表示欢迎和感谢。
投诉电话：010-51686043，51686008；传真：010-62225406；E-mail：press@bjtu.edu.cn。

前　言

Java 语言具有纯粹的面向对象的特点，非常适合于面向对象程序设计的学习。本书面向有一定的程序设计语言基础的读者，全面介绍 Java 语言的面向对象编程与设计技术，实用性强。在第 1 版的基础上，本书基于 Java 语言新引入的特性，结合作者近 20 年的 Java 面向对象程序设计课程的教学经验和工程实践基础，对教材内容进行了补充、修订和编写。本书增加了 Java 语言的一些如 switch 表达式、Lambda 表达式等新特性介绍，同时也增加了如数据库访问、使用第三方类库等应用开发中的实用技术的讲解。全书内容共分 12 章。

第 1 章概述了 Java 发展、平台、开发环境，从实例程序出发介绍 Java 语言的基本语法，包括标识符与关键字、数据类型、变量与赋值、运算符与表达式、枚举类型、流程控制语句等。

第 2 章从面向对象的概念出发，描述了类和对象在 Java 语言中的实现，介绍了类的封装、方法重载、类成员和实例成员、包的基本概念及 UML 类图等技术。

第 3 章介绍面向对象程序设计的继承和多态两个重要特征。描述了 Java 语言中类继承的实现、类中成员的访问权限控制、抽象类和接口、多态及设计模式。

第 4 章介绍 Java 的数组和字符串编程，包括数组创建、数组初始化、数组相关操作、多维数组、可变长参数、字符串、命令行参数等内容。

第 5 章讲解泛型与集合框架，泛型编程技术包括泛型类、泛型方法、泛型类的继承、通配符的使用等相关技术；集合框架包括集合核心接口、具体实现类和集合算法等内容。

第 6 章介绍 Java 的异常处理，包括异常机制、处理方法、自定义异常类及其使用、断言及日志机制。

第 7 章描述 Java 多任务编程，包括线程的概念、实现、控制、同步、线程池、死锁等内容。

第 8 章讲述 Java 的输入/输出处理，包括流的概念、字节流、字符流、命令行 I/O、格式化 I/O、对象序列化、文件 I/O 等的应用。

第 9 章讲解基于 Swing 的 GUI 编程，包括容器、组件、布局管理器、事件处理和多媒体处理等内容。

第 10 章介绍 Java 的网络编程技术，包括网络编程基本概念、Java 网络相关类、TCP 通信、UDP 通信、使用 URL 进行网络通信的方法，以及与服务器端交互等具体应用。

第 11 章介绍 Java 访问数据库的编程技术，包括 SQL 语言基础、JDBC、使用 SQLite 数据库等的具体应用。

第 12 章介绍使用第三方类库的编程技术，包括 Maven 构建工具的使用、常用的第三方类库、通过第三方类库实现 JSON 数据操作、生成统计图、处理 Word 文件等实用性应用功能的开发。

本书定位于面向对象程序设计的教学，因此对 Java 语言中相关特性做了取舍。例如，函数式编程仅引入了 Lambda 表达式，并未展开对 StreamAPI、函数式接口等内容的描述；对于 Java 的反射、正则表达式、JavaFX 等内容也基本没有涉及。

本书第 2、3、7、8、9 章由马迪芳编写和修订，第 1、4、5、6、10、11、12 章由陈旭东编写和修订。徐保民和魏小涛对本书内容提出了建设性的意见并参与了相关案例的选择和代码的调试。全书由陈旭东负责定稿。

本书的出版得到了北京交通大学出版社谭文芳老师的大力支持，北京交通大学软件学院、计算机与信息技术学院相关课程的老师也为本书的编写提出了建议，在此表示深深的谢意。特别感谢北京交通大学软件学院教学指导委员会和软件工程教研室的各位老师对编者提供的支持和帮助。

本书内容可能存在不足和错误，恳请各位读者不吝赐教。作者联系的电子邮箱为：chenxd@bjtu.edu.cn（陈旭东）和 dfma@bjtu.edu.cn（马迪芳）。

编　者
2021 年 9 月

目 录

第1章　Java 语言基础 1
　1.1　Java 语言简介 1
　　　1.1.1　Java 发展 1
　　　1.1.2　Java 平台 2
　　　1.1.3　Java 开发环境 2
　1.2　简单的 Java 程序 3
　　　1.2.1　编辑 Java 源文件 4
　　　1.2.2　编译源程序 4
　　　1.2.3　运行 Java 应用程序 4
　　　1.2.4　程序分析 5
　1.3　标识符与关键字 7
　　　1.3.1　标识符 7
　　　1.3.2　关键字 8
　1.4　数据类型 9
　　　1.4.1　整数类型 9
　　　1.4.2　浮点类型 10
　　　1.4.3　字符类型 10
　　　1.4.4　布尔类型 10
　1.5　变量声明与赋值 11
　1.6　运算符与表达式 11
　　　1.6.1　算术运算 11
　　　1.6.2　关系运算 12
　　　1.6.3　布尔运算 12
　　　1.6.4　位运算 13
　　　1.6.5　其他运算 13
　　　1.6.6　运算符的优先级与结合性 14
　　　1.6.7　类型转换 15
　　　1.6.8　表达式 15
　1.7　枚举类型 16
　1.8　流程控制 16
　　　1.8.1　if 语句 17
　　　1.8.2　switch 语句 17
　　　1.8.3　while 语句 19

I

    1.8.4 do…while 语句 20
    1.8.5 for 语句 20
    1.8.6 流程转移语句 21
  习题 23

第 2 章 类和对象 24
  2.1 面向对象的软件开发过程 24
  2.2 类和对象的基本概念 24
  2.3 类的定义 25
    2.3.1 定义类 25
    2.3.2 属性 26
    2.3.3 构造方法 26
    2.3.4 方法 27
  2.4 对象的使用 30
    2.4.1 创建对象 30
    2.4.2 使用对象 31
  2.5 封装 32
    2.5.1 封装与信息隐藏 32
    2.5.2 Getter 和 Setter 方法 33
  2.6 方法重载 34
  2.7 this 关键字 35
    2.7.1 使用当前对象 36
    2.7.2 调用构造方法 37
  2.8 类成员和实例成员 37
    2.8.1 类变量和实例变量 38
    2.8.2 类方法和实例方法 38
    2.8.3 类变量和实例变量的初始化 40
  2.9 包 41
    2.9.1 创建包 42
    2.9.2 引用包 42
  2.10 嵌套类 43
    2.10.1 静态嵌套类 44
    2.10.2 内部类 44
  习题 47

第 3 章 继承和多态 48
  3.1 类的继承 48
    3.1.1 继承概念 48
    3.1.2 继承实现 48
    3.1.3 方法覆盖 49
    3.1.4 super 关键字 50

- 3.1.5 类型转换 ... 53
- 3.1.6 java.lang.Object 类 ... 55
- 3.1.7 final 关键字 ... 59
- 3.2 访问权限控制 ... 60
  - 3.2.1 私有访问权限 ... 61
  - 3.2.2 包访问权限 ... 61
  - 3.2.3 子类访问权限 ... 62
  - 3.2.4 公共访问权限 ... 63
- 3.3 抽象类与接口 ... 63
  - 3.3.1 抽象类 ... 64
  - 3.3.2 接口定义 ... 65
  - 3.3.3 接口实现 ... 66
  - 3.3.4 使用接口类型 ... 67
- 3.4 多态 ... 68
  - 3.4.1 继承与多态 ... 69
  - 3.4.2 接口与多态 ... 70
  - 3.4.3 多态的优点 ... 71
- 3.5 设计模式 ... 72
  - 3.5.1 单例模式 ... 72
  - 3.5.2 策略模式 ... 73
- 习题 ... 75

第 4 章 数组与字符串 ... 77

- 4.1 数组 ... 77
  - 4.1.1 创建数组 ... 77
  - 4.1.2 访问数组元素 ... 78
  - 4.1.3 数组初始化 ... 79
  - 4.1.4 数组参数与返回数组 ... 80
- 4.2 数组的基本操作 ... 82
  - 4.2.1 数组复制 ... 82
  - 4.2.2 数组比较 ... 84
  - 4.2.3 数组排序 ... 85
  - 4.2.4 数组查找 ... 89
- 4.3 多维数组 ... 91
- 4.4 可变长参数的方法 ... 93
- 4.5 字符串 ... 93
  - 4.5.1 String ... 94
  - 4.5.2 StringBuffer 和 StringBuilder ... 95
- 4.6 命令行参数 ... 96
- 习题 ... 97

第 5 章 泛型与集合框架 · 99

5.1 泛型 · 99
- 5.1.1 泛型类型 · 99
- 5.1.2 泛型方法 · 102
- 5.1.3 受限类型参数 · 103
- 5.1.4 泛型类型的继承 · 105
- 5.1.5 通配符 · 106
- 5.1.6 类型擦除 · 110

5.2 集合框架简介 · 112
- 5.2.1 集合接口 · 113
- 5.2.2 集合实现 · 114
- 5.2.3 集合算法 · 115

5.3 集合实现 · 116
- 5.3.1 ArrayList 类 · 116
- 5.3.2 HashSet 类 · 120
- 5.3.3 HashMap 类 · 122
- 5.3.4 LinkedList 类 · 123

5.4 集合算法 · 126
- 5.4.1 数据操作 · 126
- 5.4.2 排序 · 127
- 5.4.3 查找 · 128

习题 · 129

第 6 章 异常处理机制 · 131

6.1 异常 · 131
- 6.1.1 异常分类 · 131
- 6.1.2 常用标准异常类 · 132

6.2 异常处理 · 133
- 6.2.1 捕获异常 · 133
- 6.2.2 方法声明抛出异常 · 135
- 6.2.3 抛出异常 · 136
- 6.2.4 异常链 · 137
- 6.2.5 覆盖抛出异常的方法 · 138

6.3 自定义异常 · 139
- 6.3.1 创建自定义异常类 · 140
- 6.3.2 使用自定义异常 · 140

6.4 日志 · 141
- 6.4.1 日志记录器 · 141
- 6.4.2 使用全局日志记录器 · 142
- 6.4.3 使用自定义日志记录器 · 143

6.5 断言 144
6.5.1 断言编译 144
6.5.2 打开与关闭断言 145
6.5.3 状态检查 145
6.5.4 流程控制检查 146
习题 148

第 7 章 线程 149
7.1 线程概念 149
7.2 线程的实现 149
7.2.1 继承 Thread 类 149
7.2.2 实现 Runnable 接口 151
7.2.3 使用 Lambda 表达式实现 Runnable 接口 152
7.2.4 线程的生命周期 154
7.2.5 Daemon 线程 154
7.3 线程的控制 155
7.3.1 暂停线程执行 155
7.3.2 等待线程结束 155
7.3.3 中断线程执行 156
7.3.4 线程优先级 158
7.4 多线程同步 158
7.4.1 原子操作 159
7.4.2 原子变量 160
7.4.3 基于对象锁的线程同步 161
7.4.4 wait()和 notify() 164
7.5 任务和线程池 167
7.5.1 Callable 和 Future 168
7.5.2 Executor 接口 168
7.5.3 线程池 169
7.6 死锁问题 172
习题 172

第 8 章 输入/输出 173
8.1 流的概念 173
8.2 字节流 173
8.2.1 InputStream 类 173
8.2.2 OutputStream 类 174
8.2.3 字节流操作示例 175
8.3 字符流 177
8.3.1 Reader 类 177
8.3.2 Writer 类 178

	8.3.3 字符流操作示例	179

- 8.4 命令行 I/O ... 179
  - 8.4.1 标准流 ... 179
  - 8.4.2 控制台 ... 181
- 8.5 格式化 I/O ... 182
  - 8.5.1 格式化输入 ... 182
  - 8.5.2 格式化输出 ... 185
- 8.6 对象序列化和反序列化 ... 186
- 8.7 随机访问文件 ... 189
- 8.8 文件 NIO ... 193
  - 8.8.1 Path 接口 ... 193
  - 8.8.2 创建文件和目录 ... 196
  - 8.8.3 复制、移动和删除文件 ... 198
  - 8.8.4 读写文件 ... 199
  - 8.8.5 获取文件和目录信息 ... 202
  - 8.8.6 遍历文件树 ... 203
- 习题 ... 207

第 9 章 图形用户界面 ... 208

- 9.1 Swing 概述 ... 208
- 9.2 Swing 容器 ... 209
  - 9.2.1 JFrame ... 209
  - 9.2.2 JDialog ... 210
  - 9.2.3 JPanel ... 212
  - 9.2.4 JScrollPane ... 213
  - 9.2.5 JSplitPane ... 214
  - 9.2.6 JToolBar ... 216
- 9.3 Swing 组件 ... 217
  - 9.3.1 标签 ... 217
  - 9.3.2 按钮 ... 218
  - 9.3.3 复选框 ... 219
  - 9.3.4 单选按钮 ... 220
  - 9.3.5 列表框 ... 221
  - 9.3.6 组合框 ... 223
  - 9.3.7 文本输入 ... 224
  - 9.3.8 进度条 ... 226
  - 9.3.9 菜单栏 ... 227
- 9.4 布局管理器 ... 231
  - 9.4.1 BorderLayout ... 231
  - 9.4.2 FlowLayout ... 232

  9.4.3 BoxLayout ·················233
  9.4.4 GridLayout ·················235
  9.4.5 CardLayout ·················235
  9.4.6 GridBagLayout ···············237
 9.5 事件处理 ······················240
  9.5.1 事件处理机制 ···············240
  9.5.2 事件类 ··················243
  9.5.3 适配器类 ·················244
  9.5.4 内部监听器 ················245
  9.5.5 匿名监听器 ················246
  9.5.6 事件处理示例 ···············247
 9.6 多媒体 ······················252
  9.6.1 绘图 ···················252
  9.6.2 基本图形 ·················253
  9.6.3 颜色和字体 ················254
  9.6.4 图像 ···················255
  9.6.5 动画 ···················258
 习题 ·························261

第10章 网络通信 ·····················262

 10.1 网络基本概念 ··················262
  10.1.1 TCP 协议 ················262
  10.1.2 UDP 协议 ················262
  10.1.3 IP 地址和端口 ··············263
 10.2 Java 网络功能 ·················264
  10.2.1 网络接口层 ···············264
  10.2.2 网络层 ·················264
  10.2.3 传输层 ·················267
  10.2.4 应用层 ·················268
 10.3 基于 TCP 的网络通信 ··············268
  10.3.1 TCP 服务器 ···············268
  10.3.2 TCP 客户端 ···············270
  10.3.3 处理多客户请求 ·············272
 10.4 基于 UDP 的网络通信 ··············275
  10.4.1 UDP 服务器 ···············276
  10.4.2 UDP 客户端 ···············278
  10.4.3 多播通信 ················280
 10.5 使用 URL ····················283
  10.5.1 创建 URL 对象 ··············284
  10.5.2 解析 URL ················285

VII

		10.5.3 读取 URL 资源内容	285
		10.5.4 使用 URL 连接	286
		10.5.5 与 Servlet 交互	288
	习题		291

第 11 章 访问数据库 … 293

11.1 SQL 语言 … 293
    11.1.1 关系数据库简介 … 293
    11.1.2 SQL 语言 … 293
11.2 JDBC 概述 … 295
11.3 使用 JDBC 访问数据库 … 296
11.4 使用 SQLite 数据库 … 299
    11.4.1 SQLite 简介 … 299
    11.4.2 SQLite 数据库基本操作 … 300
    11.4.3 使用带参数的 SQL 语句 … 303
11.5 使用 ResultSet 更新数据库 … 305
习题 … 307

第 12 章 使用第三方类库 … 308

12.1 Maven 构建工具 … 308
    12.1.1 Maven 仓库 … 309
    12.1.2 Maven 项目结构 … 309
    12.1.3 简单 Maven 项目实例 … 310
12.2 常用的第三方类库 … 313
12.3 使用 JSON 数据 … 314
    12.3.1 JSON 基本语法 … 314
    12.3.2 JSON 数据解析与生成 … 315
12.4 使用统计图 … 319
12.5 处理 Word 文件 … 324
习题 … 329

参考文献 … 330

第 1 章 Java 语言基础

自 1995 年发布以来，Java 语言一直是软件开发的主流编程语言，在 TIOBE 编程语言排行榜中一直位居前列；同时，由于 Java 语言纯粹的面向对象特性，也是学习面向对象程序设计的首选教学用语言。本章首先简单描述 Java，然后重点介绍 Java 语言基础，主要包括标识符、关键字、基本数据类型、运算符与表达式、流程控制等内容。

1.1 Java 语言简介

依据 Java 语言官方的描述，Java 语言共有十个特点，分别为：简单性、面向对象、分布性、编译和解释性、稳健性、安全性、可移植性、高性能、多线索性、动态性。其实，Java 语言最大的优点就是具有与平台无关性，在一个平台上编写软件，然后即可在几乎所有其他平台上运行。

这里对 Java 起源与发展、Java 技术主要平台，以及如何搭建 Java 语言开发环境进行简单介绍。

1.1.1 Java 发展

Java 是美国 Sun 公司所开发的一种面向对象程序设计语言。1991 年，Sun 公司成立了一个称为"Green"的项目，开发消费性电子产品的控制软件。由于当时所使用的 C++程序语言过于复杂且缺乏安全性，项目主持人 James Gosling 博士便以 C++为基础，重新开发了一套新的程序语言，命名为"Oak"。1993 年，Sun 将 Oak 作为独立产品注册商标未能通过商标名称测试，于是将 Oak 取名为 Java。1994 年，Green 项目小组将开发转向了 Internet，用 Java 编写了支持跨平台交互式图形界面的浏览器的"HotJava"，并于 1995 年 5 月 23 日与 Java 语言开发工具一起发布，在产业界引起了巨大的轰动，从此 Java 迅速成长为重要的网络编程语言。1996 年，Sun 公司成立 Javasoft 分公司，并正式发表 Java 开发者版本 JDK 1.0。

1998 年 JDK 1.2 版本发布，Java 2 平台诞生。Java 开始向企业、桌面应用和移动设备应用 3 大领域挺进。2000 年 JDK 1.3 发布。2002 年发布 JDK 1.4。2004 年发布 JDK 5.0，Sun 公司将版本号 1.5 改为 5.0。2006 年发布 Java 6。

2010 年 Sun 公司被 Oracle 公司收购。2011 年、2014 年和 2017 年，分别发布了 Java 7、Java 8 和 Java 9。之后，Oracle 公司修订了 Java SE 发布模型：每 6 个月发布一次新的版本；每 3 个月发布一次更新；每 3 年发布一次长期支持（long-term support，LTS）版本。于是，2018 年 3 月、9 月发布了 Java SE 10、11，2019 年 3 月、9 月发布 Java SE 12、13，等等。

截至 2021 年 9 月，Java SE 最新的 LTS 版本为 Java SE 17。但是 Java EE 和 Java ME 版本目前还停留在 Java EE 8.1 和 Java ME 8.3。对于 Java 开发人员来说，建议使用 Java 8 及以上的 LTS 版本。

1.1.2 Java 平台

平台是程序运行的硬件或软件环境。Java 平台是一个运行在某种硬件平台之上的软件平台，包括两个部分：Java 虚拟机（Java virtual machine，JVM）和 Java 应用编程接口（application programming interface，API）。其中，Java 虚拟机可以移植到各种硬件平台上，屏蔽具体底层硬件差异，是 Java 平台的基础；API 是相关类和接口库的软件组件的集合。API 和 Java 虚拟机将程序与底层硬件隔离，实现了 Java 程序的"一次编写，到处运行"目标。Java 平台的示意图如图 1-1 所示。

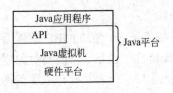

图 1-1　Java 平台位于硬件和应用程序之间

一般来说，Java 平台从具体面向的应用对象不同，可以分为包括 3 个版本，分别是 Java SE（Java platform，standard edition，Java 标准版）、Java EE（Java platform，enterprise edition，Java 企业版）和 Java ME（Java platform，micro edition，Java 微型版）。依据实际应用场景不同，Oracle 将 Java 应用平台具体分为 Java SE、Java EE 和 Java Embedded。

Java SE 用于开发和部署台式机和服务器上的 Java 应用程序。Java SE 和对应组件技术能提供应用程序所需的丰富的用户界面、性能、多功能性、可移植性和安全性。

Java EE 为开发和运行大型、多层、可靠和安全的企业应用程序提供 API 和运行时环境，这些应用程序具有可移植性和可扩展性，并且可以轻松地与原来的应用程序和数据集成。

Java Embedded 包括 Java ME Embedded、Java SE Embedded 和 Java Card 三个面向嵌入式开发的方面。Java ME Embedded 是为资源受限的设备而设计的，如用于 M2M 无线模块、工业控制、智能电网基础设施、环境传感器和跟踪等；Java SE Embedded 为基于网络的设备提供安全、优化的运行时环境。Java Card 则是为运行在智能卡和其他内存和处理能力非常有限的设备上的应用程序提供了一个安全的环境。

具体应用平台的描述参见官方文档：https://docs.oracle.com/en/java/index.html。

1.1.3 Java 开发环境

Java 开发环境指的是 JDK（Java SE development kit，Java 标准开发包），提供编译、运行 Java 程序所需的各种工具和资源，包括 Java 编译器等工具、Java 运行时环境（Java runtime environment，JRE）以及常用的 Java 类库等。Java 虚拟机（JVM）是 JRE 的一部分，负责解释执行 Java 程序，是运行 java 字节码文件的虚拟计算机。

下面以 Windows 平台下 JDK 的安装和设置为例描述 Java 开发环境的安装和配置，基本步骤包括：下载、安装、配置和测试。

1. 下载

下载对应的软件安装包网址为：https://www.oracle.com/java/technologies/javase-downloads.html。

选择对应版本的 JDK 下载链接进入下载页面。在下载页面选择 Windows x64 Installer 对应的可执行程序下载，典型文件名为：jdk-version.interim.update.patch_windows-x64_bin.exe。

2. 安装

以管理员身份运行安装程序，按照提示信息完成安装。

3．配置

为了便于使用 JDK 中的相关工具（如编译工具 javac 等），需要设置系统的 PATH 环境变量。方法是在系统"控制面板"中选择"高级系统设置"，单击"环境变量"按钮，在弹出的"环境变量"对话框中双击"系统变量"下的 PATH，将 JDK 安装目录下的 bin 目录加入到系统的 PATH 环境变量中。例如，如果 JDK 安装目录为 C:\Program Files\Java\jdk-14\，则 PATH 环境变量设置如图 1-2 所示。

图 1-2　配置 PATH 环境变量，包含 JDK 安装位置的 bin 目录

4．测试开发环境

在命令行窗口中，输入 java -version 可以查看当前有效 JDK 版本号；输入 javac 会显示使用指南，表明 JDK 安装成功。典型运行结果如图 1-3 所示。

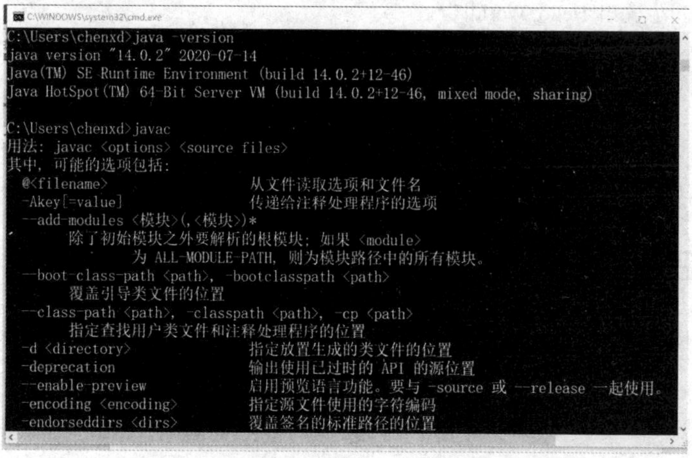

图 1-3　测试 JDK 安装和配置是否成功

其他操作系统平台如 Linux、MacOS 的 JDK 的安装请参考 https://docs.oracle.com/en/java/javase/对应的链接。

1.2　简单的 Java 程序

Java 应用程序是由 JVM 中的 Java 解释器来解释运行的字节码（bytecode）程序。编写 Java 应用程序的步骤如下：

① 编辑 Java 源文件，扩展名为.java；
② 编译 Java 源文件，生成字节码指令集的二进制文件，扩展名为.class；
③ 由 Java 解释器运行字节码程序。

下面以最简单的输出"Hello, World!"的 Java 程序为例，说明 Java 应用程序的建立及运行过程。

1.2.1 编辑 Java 源文件

Java 程序的源代码是由符合 Java 语言规范的语句构成的文本文件，文件的扩展名必须为 .java。可以使用任何文本编辑器来编写源文件，当然也可以用集成开发环境编写。

例 1-1 程序的功能是在屏幕上显示"Hello, World!"信息。在文本编辑器（如记事本）中完成文本编辑后，将其保存为 HelloWorld.java。需要注意的是，如果文件中定义的类为 public 类，保存的文件名就必须和其类名 HelloWorld 一致，也就只能是 HelloWorld.java。

例 1-1 第一个 Java 应用程序。

文件名：HelloWorld.java

```java
/* 本程序功能是在屏幕上输出"Hello, World!" */
public class HelloWorld {
    /**
     * main()方法是任何 Java 应用程序运行的入口
     * @param args  为输入参数， main()方法参数是用于接收命令行参数
     */
    public static void main(String[] args) {
        // 输出"Hello, World!"
        System.out.println("Hello, World!");
    }
}
```

Java 语言是大小写敏感的编程语言，在编写代码时要严格区分大小写；空白符可以是空格、Tab 或者回车符。

1.2.2 编译源程序

Windows 中按下 Win+R 组合键可以打开"运行"对话框，输入 cmd 命令可以进入系统的命令行窗口。

在命令行窗口进入待编译文件所在目录之后，输入如下命令编译源代码：

  E:\JavaBook\1> javac HelloWorld.java

如果命令行窗口没有出现任何提示信息，则说明 Java 源程序已经编译成功，当前目录下会产生一个扩展名为.class 的字节码文件，可以在 Java 虚拟机内运行。

1.2.3 运行 Java 应用程序

在命令提示符下输入如下命令，并按回车键。

  E:\JavaBook\1>java HelloWorld

屏幕上则显示程序运行结果，输出以下信息：

  Hello, World!

其中，命令 java 是 JDK 中所提供的 Java 解释器，其作用是调用 Java 虚拟机将.class 文件

加载、解释和执行。

图 1-4 为编译、运行 Java 程序 HelloWorld.java 的操作过程示意图。

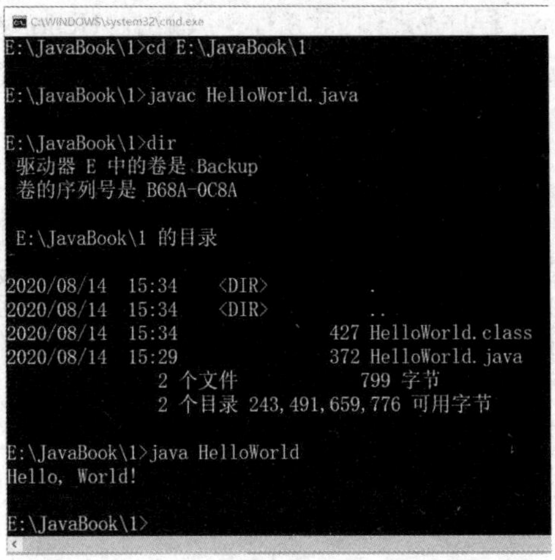

图 1-4　编译和运行 Java 程序

1.2.4　程序分析

通过例 1-1 可以看出，Java 应用程序的基本结构为：

```
public class  类名{
        public static void main ( String [ ] args ){//main()方法
                … //语句
            }
    }
```

所有的 Java 程序必须定义在类中才可以编译执行。Java 语言使用 class 关键词来定义一个类。在类里面可以定义各种方法，方法由方法头和方法体构成。方法头说明方法的访问约束、返回类型、方法名及参数列表；方法体则由一对大括号{ }中放置若干语句来构成，完成具体的任务。需要强调的是，main()方法是 Java 程序运行的入口。

在下面的分析中，为了叙述方便，下面为 Hello World 程序的源代码增加上行编号：

```
1.     /* 本程序功能是在屏幕上输出"Hello, World!" */
2.   public class HelloWorld {
3.       /**
4.        * main()方法是任何 Java 应用程序运行的入口
5.        * @param args  为输入参数， main()方法参数是用于接收命令行参数
6.        */
7.       public static void main(String[] args) {
8.           // 输出"Hello, World!"
9.           System.out.println("Hello, World!");
10.      }
11.  }
```

编写 Java 程序时应该遵循如下的 Java 语言编程规范。

1. 注释

为了方便软件以后的维护和升级，通常要在源代码中加入注释，帮助自己或者他人能更

好地理解和维护源代码。Java 语言提供了以下 3 种注释方法。

（1）行注释，也称单行注释，以"//"开始。表示从这个符号开始到这行结束的所有内容都是注释。如 HelloWorld.java 程序代码中第 8 行：//输出 "Hello, World!"。

（2）段落注释，也称多行注释，以"/*"开始，"*/"结束。使用方式为：/*注释文字*/。一般当注释的内容比较长需要换行时，使用段落注释方法，当然也可以用于单行内容的注释。如程序代码中的第 1 行。

（3）文档注释，也称 Javadoc 注释，以"/**"开始，"*/"结束。如程序代码中的第 3 行到第 6 行的内容就是文档注释。采用这种方法的注释，可以使用 javadoc 命令从 Java 源文件里的自动生成 Javadoc 文档，生成组织有序的帮助文档。文档注释用于说明紧接其后的类、属性或者方法等。文档注释的一般形式如下：

```
/**
 * 注释文字 1
 * 注释文字 2
 …
 */
```

在这 3 种注释方法中，前两种与 C 和 C++的注释方法一样，第 3 种文档注释则是 Java 语言专门引入的一种注释方式。

2．声明类

第 2 行是类的定义。关键字 class 用于定义了一个类，class 后面的 HelloWolrd 是类的名字，也就是本例中定义了一个名为 HelloWorld 的类。public 关键字表示这个类的访问约束是公共的，也就是其他任何类都可以使用该类。

整个类定义由第 2 行的左大括号"{"及第 11 行的右大括号"}"括起来。括号内的内部是类体。类体中可以声明类的属性和方法等内容，它们也称为类的成员。

在 Java 中，程序都是以类的方式组织的。一个 Java 源文件可以定义多个类，但仅允许有一个公共的类，源程序的文件名要与公共类的名称相同（包括大小写），其扩展名为.java。因此，HelloWolrd 程序的源程序文件名必须是 HelloWorld.java。

3．main( )方法

只有含有 main()方法的 Java 程序才能执行。与 C 和 C++语言中的 main 函数类似，main()方法是执行程序的入口点。

所有 Java 应用程序必须含有一个 main()方法。public 关键字表示这个方法是公共的，即可以从其他类中调用它；static 关键字表示这个方法是静态的，表明不存在类的实例（也称对象）就可以运行；关键字 void 表示 main()方法无须返回任何值。

main()方法后的小括号中的 String [ ] args 是 main()方法的参数列表，它可以接收从外部环境向方法中传递的参数，对于 main()方法实际就是命令行参数。

第 7 行最后到第 10 行的一对大括号中的内容为方法体。方法体由语句构成，完成具体任务，分号是语句结束的标识。本例方法体中为调用语句，调用 System.out 对象的 println()方法，输出 "Hello World!"。

除 main()方法外，依据需要，一个 Java 类可以定义很多其他方法。

4．输出语句

第 9 行是 main()方法唯一的一个语句，其作用是在标准输出设备即屏幕上输出一行字符

"Hello, World!"。字符串常量需要使用双引号。

Java 语言使用模块（module）和包（package）的方式提供了实现诸多功能的标准类库。在 Java 程序中使用类库中的类，需要先使用 import 语句导入相应的类。import 语句必须位于类定义之前，按需要可以多次使用来导入多个类。由于 java.lang 包（位于 java.base 模块中）是 Java 最基本的类库，其中所有类会由 Java 环境自动导入，本例中使用的 System 类就位于 java.lang 包中，因此本例中没有使用 import 语句。

5. 分隔符

在程序设计语言中，分隔符就是用来分隔不同字符串的标记字符，以便编译器能够确认源代码在何处分隔。Java 语言的分隔符分为注释符、空白符和普通分隔符 3 种。

（1）空白分隔符。Java 是一种形式自由的语言。在源代码元素之间可插入若干空白符以改善源代码的可读性。在 Java 中，空白分隔符可以是空格、Tab、回车符或换行符。

（2）普通分隔符。Java 语言中分隔符包括：( ) { } [ ] ; , ... @ :: 等。实际是语言中有特定含义的符号。下面简单介绍常用的几种分隔符。

- 圆括号"()"：在定义和调用方法时用来容纳参数表；用于条件和循环语句；用于强制类型转换；用于表达式中改变计算的优先顺序等。
- 大括号"{}"：用来定义语句块、类体、方法体以及初始化数组的值。
- 方括号"[ ]"：用来声明数组的类型，访问数组元素。
- 分号";"：用于语句的结束。在 for 循环语句可用于分隔初始表达式、条件表达式和迭代表达式，如，for(int i=0; i<10;i++){}。
- 逗号","：用于分隔变量表中的各个变量和方法说明中的各个参数；也可作为顺序运算符使用，连接多个表达式。
- 句号"."：用来将软件包的名字与它的子包或类分隔；也用于对象引用变量访问自己的成员，例如，System.out.println()。

6. 代码编排

为了使源程序更加容易阅读，在编写 Java 程序时，一般会使用缩排和留白的方式来编排代码，反映出程序代码的逻辑和结构。Java 源程序在编译时，编译器会忽略所有空白。

综上所述，例 1-1 虽然很短，但包含了 Java 应用程序应具备的几个关键特性，以此为基础，就可以编写简单的 Java 应用程序了。

1.3 标识符与关键字

任何一种高级程序设计语言，都会包含语言必需的基本元素，如标识符、关键字、数据类型、运算符与表达式以及基本流程控制语句等内容。

标识符（identifier）用于为变量、参数、常量、方法、类型（类、接口、枚举、注解等）命名。关键字（keywords）则是语言自用的具备特定语法含义的特殊标识符，不允许用于其他用途。

1.3.1 标识符

标识符是指程序中使用的各种数据对象如类型、变量、参数、常量、方法等的名称的有效字符序列。简单地说，标识符就是一个名字。

Java 语言标识符遵循以下规则：

① 标识符必须以 Unicode 字符、数字（0～9）、下划线（_）和美元符（$）组成。

② 标识符的首字符不能为数字。

例如，下面声明的变量名都是符合 Java 规定的有效标识符：

  int MAX_VALUE, isLetterOrDigit, i3, $1x, _1x;
  int 北交大, αρετη;

Java 标识符在实际使用中，还应注意：

① Java 语言严格区分大小写。myID、MyID、MyId、myid 是 4 个不同的标识符；

② 标识符的长度没有限制，但是不宜过长；

③ 程序员自定义标识符不能使用关键字；

④ 一般情况下，程序员自定义标识符不以$或_开始和结束；

⑤ 标识符需要有含义，建议使用英文单词或者词组，尽可能做到"见名知意"；

⑥ 变量名、方法名用小写字母开头；类型名用大写字母开头；

⑦ 由多个单词构成的标识符，一般采用驼峰标注法。例如，变量名，除第 1 个单词外其余单词的第 1 个字母要大写。

这些人为制定的规则是否遵守并不会影响 Java 编译器的工作，但是养成良好的标识符定义习惯可以使程序易于理解和维护。

1.3.2 关键字

关键字，也称为保留字，是指程序设计语言中事先定义的、有特定语法含义的标识符，不允许编程人员用作其他用途。

Java 语言总共有 51 个关键字，见表 1-1。

表 1-1   Java 语言的关键字

关键字类型	关 键 字
基本数据类型（8 个）	int double long byte short float char boolean
流程控制（11 个）	for do while continue break if else switch case default return
异常处理（6 个）	throw throws try catch finally assert
类型定义（5 个）	class extends implements interface enum
修饰符和访问约束（8 个）	public private protected abstract static final transient native
其他（13 个）	new void this super import package synchronized volatile strictfp instanceof（运算符） goto（未用） const（未用） _（下划线）

Java 中有三个字面常量值可以看成是关键词，分别是 true、false 及 null。

Java 中还有 10 个受限关键词（restricted keywords），分别是 open, module, requires, transitive, exports, opens, to, uses, provides 和 with，这些词在 Java 模块（module）相关功能中使用时是关键字，而其他地方的可以当成标识符使用。

在 Java 中，var 和 yield 这两个词尽管不是关键字，但是有特定含义，分别用于变量类型推定和 yield 语句，不能用作类型标识符（type identifiers），如类名不能使用 var 或者 yield。

需要说明的是，friendly，then 和 sizeof 等 C++语言中的关键字都不是 Java 语言的关键字。

1.4 数据类型

Java 语言的数据类型分为基本数据类型（primitive type）和引用类型（reference type）两大类。

Java 语言基本数据类型总共有 8 种，可以分为 4 大类：整数类型、浮点类型、字符类型和布尔类型。其中，整数类型包含 byte、short、int 和 long 4 种；浮点类型包括 float 和 double 两种；字符类型为 char；布尔类型为 boolean。

8 种基本数据类型简单说明见表 1-2。

表 1-2 Java 语言基本数据类型

类别	类型	说明
整数类型	byte	最小的数据类型，在内存中占 8 位，取值范围-128～127，默认值 0
	short	短整型，在内存中占 16 位，取值范围-32 768～32 767，默认值 0
	int	整型，用于存储整数，在内存中占 32 位，取值范围-2 147 483 648～2 147 483 647，默认值 0
	long	长整型，在内存中占 64 位，取值范围-2^63～2^63-1，-9 223 372 036 854 775 808～9 223 372 036 854 775 807，默认值 0L
浮点类型	float	浮点型，在内存中占 32 位，有效小数点只有 6～7 位，默认值 0
	double	双精度浮点型，在内存中占 64 位，有效小数点 16 位，默认值 0
字符类型	char	字符型，用于存储单个字符，占 16 位，即 2 个字节，取值范围为'\u0000' to '\uffff'，即 0～65 535，默认值为'\0'（或 0）
布尔类型	boolean	布尔类型，占 1 个字节，用于判断真或假（仅有两个值，即 true、false），默认值 false

除了基本数据类型外的所有其他类型都是引用类型，如类、接口、数组、枚举、注解等类型。另外 null 类型也可以看成是一种特殊的引用类型，可以将 null 类型强制转换为任何其他引用类型。

本节先介绍 Java 语言的基本数据类型。

1.4.1 整数类型

整型数据是最普通的数据类型，定义一个整数。Java 有 4 种整数类型 byte、short、int 和 long，分别表示 8 位、16 位、32 位和 64 位有符号的整数值，可表示数据的范围从小到大，在程序设计中应该选择最合适的类型来定义整数。

Java 中整数字面常量值（literal）表现方式有：二进制、八进制、十进制和十六进制。默认类型为 int。对于 long 类型的常量字面值，需要使用 L 后缀来表示。十六进制整数必须以 0X 或 0x 作为开头，八进制整数以数字 0 开头，二进制以 0B 或 0b 开头。对于字面值由比较长的数字串构成的整数，为了便于理解，可以用下划线（_）作为分隔符。

整数字面值是赋值兼容的，也就是说，尽管字面值默认为 int，但是可以同时赋值给 byte、short、int 和 long。如下为整数字面值使用的示例：

```
byte b = 022;      //八进制值
short s = 277;     //十进制值
int bytes = 0b11010010_01101001_10010100_10010010; //二进制值
long creditCardNumber =1234_5678_9012_3456L; //十进制 long 类型数值
long hexWords = 0xCAFE_BABE;
```

1.4.2 浮点类型

浮点类型也称为实数类型。在 Java 语言中有 float 和 double 两种浮点类型。其中 float 是单精度型，double 是双精度型，分别表示 32 位和 64 位的 IEEE 754 浮点数。

浮点数字面常量可以用一个带小数的十进制数表示，如 1.35 或 23.6；也可以用科学计数法表示，如 1.35E2，其中 E 或 e 之前必须为一有效数字，其后必须为整数。

浮点数字面值默认为 double 类型，字面值不是赋值兼容，因此对于 float 类型变量，赋值的字面值需要在其后加 "F" 或 "f" 后缀，否则会出现编译错误。对于 double 型的值则不需要加后缀，当然也可以加 "D" 或 "d" 后缀。以下为浮点数字面值使用的示例：

```
float pi = 3.14_15F;
double w = 3.1415;
double d = +306D;
```

1.4.3 字符类型

Java 语言中的字符类型 char 表示的是 Unicode 字符，一个 char 类型数据实际是一个 16 位无符号整数所表示的 UTF-16 编码单元。

字符字面常量是由一对单引号括起来的单个字符。大多数字符字面值都可以用单引号方式直接表示，例如：'A' '京' '@' 等。但是，对于一些特殊字符，则需要使用转义序列来表示，以反斜杠（\）开头来转变字符所代表的意义，给其指定新的含义。

表 1-3 列出了 Java 中的常见的转义符及其含义说明。

表 1-3 常用转义字符及含义

转义字符	含义
\'	单引号
\"	双引号
\\	反斜杠
\n	换行
\r	回车
\t	Tab 制表符
\f	换页
\b	退格
\ddd	三位八进制数据所表示的字符
\udddd	四位十六进制 Unicode 编码所表示的字符

相比较于字符类型数据，字符串是由若干字符构成的连续字符数据，字面常量值为一对双引号括起来字符序列，如"Good Morning !! \n"。Java 中，字符串是由 String 类所实现，是引用类型而不是基本数据类型。

1.4.4 布尔类型

布尔型数据也称为逻辑数据类型，在 Java 语言中用 boolean 来表示。布尔型是最简单的一种数据类型，布尔数据只有真和假两种状态，分别用字面值 true 和 false 来表示。与 C 语言不同，Java 中的布尔型数据不对应于任何整数值，不能使用整数来对布尔变量赋值。下面语句对变量 truth 初始化为 true：

```
boolean truth = true;
```

1.5 变量声明与赋值

与字面常量不同，变量是指程序运行期间其值可以改变的量。Java 是一种强类型语言，变量必须要先声明后才能使用。

Java 中变量声明语句的语法为：

数据类型 变量名 [=变量初始值][,变量名[=变量初始值]...];

数据类型表示该变量所存储的数据的类型，它可以是 Java 语言中的任意一种数据类型，包括用户自定义的类型；变量名是一个合法的标识符；方括号表示内容可选，此处方括号内的内容为对变量初始化操作。

例如，下面的语句声明了一个双精度浮型变量 pi，并进行了初始化，其初始值为 3.1415926。

```
double pi=3.1415926;
```

变量在使用（如参与表达式运算）前，须有确定的值。变量的值可以通过两种方法获得，一种是声明变量的同时进行初始化操作；另一种就是在使用赋值语句赋值。

变量通过赋值运算来修改其值，赋值运算的基本语法为：

变量名 = 表达式;

变量的赋值操作要求变量的类型和表达式类型要一致，如果不一致则需要进行类型转换。

从 Java 11 开始，Java 语言支持局部变量的类型推定。可以使用 var 来声明变量，由编译器根据上下文自动推定变量的实际类型。例如，下面语句中，声明的变量 i 初始化为 int 字面值，i 会被自动推定为 int 类型；变量 s 由于初始化为字符串，s 会被自动推定为字符串（String）类型：

```
var i = 2020;
var s = "北京交通大学";
```

等同于：

```
int i = 2020;
String s = "北京交通大学";
```

1.6 运算符与表达式

Java 运算符主要分为 4 类：算术运算符、关系运算符、布尔运算符和位运算符。由运算符和操作数构成表达式。表达式中运算符参与运算遵循一定的优先级与结合性。当参与运算的操作数类型不同时，需要进行类型转换。

1.6.1 算术运算

算术运算符用来完成整型数据和浮点型数据的算术运算。Java 的算术运算符分为一元运算符和二元运算符。一元运算符只有一个操作数,而二元运算符有两个操作数参加运算。

1. 一元运算符

一元运算符有:+/-(相当于符号位),++(自增)和--(自减)。

自增、自减运算符既可放在操作数之前(如++i),也可放在操作数之后(如 i++),两者的运算方式不同。对++i 来言,操作数先加 1,表达式结果为加 1 后的值;对 i++,表达式结果为操作数未增加的值先参加其他的运算,然后再对操作数进行自增 1 运算。自减运算的过程类似。

自增、自减运算符不能用于表达式,只能用于简单变量。

2. 二元运算符

二元运算符有:加(+)、减(-);乘(*)、除(/)和取余(%)。

其中,+、-、*、/完成加、减、乘、除四则运算,%则是求两个操作数相除的余数。这五种运算符均适用于整型和浮点型。当在不同数据类型的操作数之间进行算术运算时,所得结果的类型与精度最高的那种类型一致。

对于运算符%,运算结果的符号与被除数相同。例如,7.0%2=1.0;-7%2=-1;7%-2=1。

1.6.2 关系运算

关系运算符也称为比较运算符(comparison operators),用于比较两个值之间的大小,结果返回为布尔值。

关系运算符有:等于(==)、不等于(!=);大于(>)、大于等于(>=)、小于(<)和小于等于(<=)。例如,3<=2 的结果为 false。

1.6.3 布尔运算

布尔运算符是对布尔值进行运算,参与运算的操作数必须为布尔类型(boolean 或者 Boolean),运算的结果为 ture 或 false。

Java 语言的布尔运算符及含义见表 1-4。

表 1-4 Java 的布尔运算

运算符	含义
!	逻辑非,取反
&	逻辑与,两个操作数值都为 true 时返回 true,否则返回 false
^	逻辑异或,两个操作数值相同时返回 false,不同时返回 true
|	逻辑或,两个操作数值都为 false 时为 false,否则为 true
&&	条件与,含义与 & 同,但只有当左操作数为 true 时才计算右操作数
||	条件或,含义与 | 同,但只有当左操作数为 false 时才计算右操作数

例如,要判断 n 是否为一个三位数的布尔表达式是(n>=100)&&(n<=999)。在进行&&和||运算时,有"短路"现象,只要当左操作数的值可以用于确切判断整个表达式的真伪时,计算过程便直接结束,右操作数不再计算。例如,要计算表达式(10<5)&&(5>1);当计算(10<5)后便可以知道整个表达式值是 false,所以无须对(5>1)进行求值操作。

1.6.4 位运算

位运算符只能应用于整形数据类型，不支持浮点数据类型。位运算是对数据进行按位操作，用于对整数中的位进行测试、置位或移位处理。Java 语言的位运算符及含义见表 1-5。

表 1-5 Java 中的位运算

运算符	含 义
&	按位进行与运算。可用于检查某个 2 进制位是否为 1，如 a & 1 如果不是 0，则最低位必为 1
~	按位进行取反运算，即把 1 变为 0，把 0 变为 1
|	按位进行或运算。可用于对某个 2 进制位置 1
^	按位进行异或运算。异或运算两个操作数对应 2 进制位相同则结果值为 0，不同则为 1
<<	按位左移。运算符左侧对象左移由右侧指定的位数，低位补 0，最高位抛弃。在未溢出的情况下，左移位运算相当于对左操作数进行乘 2 运算
>>	按位右移，也称算术右移。右移过程中保持符号位不变，也就是说，若值为正，高位补 0，若值为负，高位补 1。算术右移相当于对左边操作数进行除 2 运算
>>>	按位进行无符号右移，也称逻辑右移。无论运算符左边的运算对象值正负，都在高位补 0

例如，3<<2 值 1 左移 2 位，实际 2 进制运算为 00000011 左移 2 位，结果为 00001100，相当于 3 乘以 2 的 2 次方。

区别&、|、^ 是布尔运算还是位运算，只需要判定操作数类型即可，如果操作数都是布尔类型，则为布尔运算；如果都是整数类型，则为位运算。

1.6.5 其他运算

除了上述的 4 类基本运算外，Java 还支持其他的一些运算，如条件运算、赋值及复合赋值运算等运算符。

1. 条件运算 ?：

条件运算符是 Java 语言中唯一的三元运算符，基本语法格式为：

<条件> ? <表达式 1> : <表达式 2>

当<条件>为 true，运算返回<表达式 1>的值；当<条件>为 false，运算返回<表达式 2>的值。

2. 复合赋值运算

除了基本的赋值运算之外，Java 语言还支持复合赋值运算。复合赋值运算就是一种将赋值运算符与其他算术运算符组合在一起使用的一种简捷使用方式。Java 语言的复合赋值运算符及使用方式见表 1-6。

表 1-6 复合赋值运算

运算符	用 法	等 价 于
+=	s += i	s = s+i
-=	s -= i	s = s-i
*=	s *= i	s = s*i
/=	s /= i	s = s/i

续表

运 算 符	用 法	等 价 于
%=	s %= i	s = s%i
&=	a &= b	a = a&b
|=	a |= b	a = a|b
∧=	a ∧= b	a = a∧b
<<=	s <<= i	s = s<<i
>>=	s >>= i	s = s>>i
>>>=	s >>>= i	s = s>>>i

3．instanceof 运算符

运算符 instanceof 用来测试一个指定对象是否为指定类型的对象实例，若是则返回 true，否则返回 false。

4．[ ]和（）

方括号[]是数组运算符，方括号[]中的数值是数组的下标，整个表达式就代表数组中该下标所在位置的元素值。

括号（）用于改变表达式中运算符的优先级。

5．点运算符

点运算符"."主要用于访问类中成员。

1.6.6 运算符的优先级与结合性

Java 语言所有运算符的优先级及结合性见表 1-7。

表 1-7 运算符优先级与结合性

优 先 级	运 算 符	结 合 性
1	() [] .	从左到右
2	! +(正) -(负) ~ ++ --	从右向左
3	* / %	从左向右
4	+(加) -(减)	从左向右
5	<< >> >>>	从左向右
6	< <= > >= instanceof	从左向右
7	== !=	从左向右
8	&	从左向右
9	^	从左向右
10	|	从左向右
11	&&	从左向右
12	||	从左向右
13	?:	从右向左
14	= += -= *= /= %= &= |= ^= ~= <<= >>= >>>=	从右向左

表 1-7 中优先级按照从高到低的顺序组织，即优先级 1 的优先级最高，优先级 14 的优先级最低。

1.6.7 类型转换

Java 程序中的每一个数据（包括变量、常量、表达式、方法返回数据等）都必须有且只有一个数据类型。当不同类型的数据进行运算（包括赋值运算）操作时，必须先进行类型转换，数据类型一致才能运算。

Java 中的数据类型转换分为自动类型转换和强制类型转换两种情况。

1. 自动类型转换

Java 语言支持不同类型数据的混合运算。不同类型的数据会先自动转化为同一类型，然后再进行运算。转换规则是将参与运算的操作数自动转化为运算表达式中占内存空间字节数最多的数据类型。因此，自动类型转换也称为类型自动提升。

Java 语言中基本数据类型按所占内存空间字节数从"小"到"大"的顺序为：byte→short→char→int→long→float→double。

例如，表达式 12 + 62d + 40f 运算的结果是 double 类型。

不同类型的操作数进行赋值运算，如果下列两个条件都能满足，将执行自动类型转换。

① 这两种类型是兼容的。数字类型彼此兼容；数字类型和字符类型或布尔类型不兼容；字符类型和布尔类型也互不兼容。

② 目标类型数据（左值）比源类型数据（右值）所占内存空间大。

例如，两个变量分别为 byte 类型和 short 类型，在进行数学运算 + 时，会进行自动类型转换，都会自动转换为 int，因此运算的结果类型为 int 而不是 short，再赋值给 short 类型变量时，就会出现"不兼容的类型"的编译错误。

```
byte numOranges = 123;
short numApples = 5;
short num = numOranges + numFruit;//编译错，因为运算后表达式类型为 int
```

2. 强制类型转换

为了实现两种数据类型兼容，但所占内存空间字节数由"大"到"小"的转换，必须进行强制类型转换。强制类型转换的语法为：

(目标类型)表达式;

在强制转换中，数据不可以超出转换后类型的范围，否则可能导致溢出或损失。当把 int 型的值赋给 byte 型变量时，如果整数的值超出 byte 类型的取值范围，实际是截取最低字节数据赋给 byte 型变量。例如，执行下面 3 条语句的结果是 9：

```
byte b;
int i=265;
b=(byte)i;
```

当把浮点数的值强制类型转换为 int 类型时，会截去小数部分。如果浮点数的值已经超出 int 类型的取值范围，则将去掉小数点后的数值对 int 型的值域取模，然后再赋给 int 型变量。

需要注意，boolean 和整数类型不能相互转换，boolean 和浮点数类型也不能相互转换。

1.6.8 表达式

表达式是由操作数和运算符按一定的语法形式组成的符号序列。每个表达式运算后都会得到一个确定的值，该值就称为表达式的值。

Java 规定了表达式的运算规则，对操作数类型、运算符性质、运算结果类型及运算次序都做了严格的规定，程序员使用时必须严格遵循系统的规定。

所有表达式都会有一个确定的类型，表达式类型就是表达式运算结果的类型。

对于整数类型数据参与运算时，如果有一个或多个操作数为 long，整个表达式按 64 位精度计算，其他非 long 类型的操作数自动提升到 64 位的 long 类型参与运算，表达式结果类型为 long；否则的话，表达式默认按 32 位精度计算，即使所有操作数都不是 int，也都会被自动提升为 32 位的 int 类型再参与运算，表达式结果类型为 int。

只要有操作数为浮点数据类型，运算就成为浮点运算，参与运算的整数都会自动转换为浮点数据类型。如果有操作数类型为 double，那么运算就会按 64 位浮点数方式计算，参与运算的数都会自动转换为 double 类型，表达式结果类型也为 double；否则运算按 32 位浮点数方式计算，表达式结果类型也为 float。

1.7 枚举类型

枚举类型是一个常量集合的自定义数据类型，可以看成一种特殊的类。作为常量，枚举类型中表示常量的标识符通常都是大写。

枚举类型主要用于声明一组常量值，默认情况下，第 1 个枚举常量的值为 0，后面每个枚举常量的值依次递增 1。

Java 中使用 enum 关键字声明枚举类型，语法如下：

  enum 枚举类型名称 {枚举常量 1, 枚举常量 2,..., 枚举常量 n}

枚举常量之间用逗号","分隔。声明好的枚举类型是一个新的数据类型，枚举名称就是该数据类型的名称。

例如，下面的语句就声明了季节的枚举类型 Season 和表示颜色的枚举类型 Color：

  enum Season { WINTER, SPRING, SUMMER, FALL } ;
  enum Color { RED, WHITE, BLUE };

下面的语句将输出枚举常量值 WHITE：

  System.out.println(Color.WHITE);

1.8 流程控制

程序的流程控制分为顺序、选择、循环 3 种结构。

顺序控制结构是指将程序要执行的各种语句按出现的先后顺序排列起来的程序结构。顺序结构是最简单的一种基本结构。

分支结构是根据给定条件进行判定，以决定执行某个分支程序段。

循环控制结构的特点是在给定条件成立时，反复执行某段程序，直到条件不成立为止。给定的条件称为循环条件，反复执行的程序段称为循环体。

Java 有 if 语句和 switch 语句 2 种分支控制语句；有 3 种循环语句 for、while、do…while 实现循环结构；还有 break、continue、return 等流程转移语句。

Java 条件和循环语句中作为判断条件的表达式，必须为布尔类型的表达式。

1.8.1　if 语句

Java 语言的 if 语句有两种形式：基本 if 语句和嵌套 if 语句。
基本 if 语句的语法格式为：

```
if(<布尔表达式>)
    <语句块 1>
[else
    <语句块 2>
]
```

其中，方括号内的内容是可选项。其含义是，如果<布尔表达式>的值为 true，则执行<语句块 1>；否则，如果 else 子句存在，执行<语句块 2>；结束 if 语句。If 语句执行结束后，会执行后续的其他语句。

当 if 语句中的语句块中又出现了 if 语句，可以看成是嵌套 if 语句。以下为典型的嵌套的 if 语句形式：

```
if(<布尔表达式 1>)
    <语句块 1>
else if(<布尔表达式 2>)
    <语句块 2>
[[...
else if(<布尔表达式 n>)
    <语句块 n>]
else
    <语句块 n+1>]
```

Java 语言的语法规定 else 总是与它前面最近的 if 语句配对。

1.8.2　switch 语句

if 语句解决了依据条件从两种方案中选择其中之一的情况。在实际应用中还会经常遇到多个分支情况，使用嵌套的 if 语句来解决会比较麻烦。Java 提供 switch 语句支持多分支流程控制。

1. 基本 switch 语句

switch 语句的基本语法格式为：

```
switch（<表达式>）{
    case 常量 1:            //case 标号（Label）
        <语句块 1>;
        [break;]            //中止当前 switch 语句
    case 常量 2:
        <语句块 2>;
        [break;]
    …
    case 常量 n:
        <语句块 n>;
        [break;]
```

```
        [default: 语句块;]
    }
```

其含义是，首先计算<表达式>的值，然后依次与 case 标号中的常量值作比较。如果表达式的值与某个 case 语句中的常量值相等，控制流就会转到该 case 语句之后的语句块中的第 1 条语句，执行对应语句块中的语句；如果找不到与表达式的值相等的常量值，控制流就会转到 default 语句之后的语句块中；如果没有 default，switch 语句会结束执行。

break 语句在 switch 语句中为可选语句，用于在 switch 语句的某处结束当前的 switch 语句的执行，程序流程跳转到 switch 语句之后的第 1 条语句。一般情况下，应该统一在每个 case 子句的最后，增加 break 语句，表示当某个 case 处理完成后，退出 switch 语句，之后再继续执行 switch 之后的其他语句。

在使用 switch 语句时，需注意以下几点：

① switch 表达式类型支持整数（byte、short、int，但不支持 long）、字符（char）、枚举及字符串（String）类型，不支持布尔类型（boolean）。另外，也支持包装数据类型：Byte, Short, Integer 和 Character。

② case 标号中只能使用常量或者字面常量，同一个常量值不能重复出现在多个 case 中。

③ case 标号之后的语句（包括 break 语句）实际上整体是一个语句块，但是可以不使用 {} 括起来。

④ 多个 case 语句可以共用一组执行语句。其格式为：

    case 常量 1: case 常量 2: … case 常量 n: 语句块;

⑤ default 语句最多只能有一个，一般应该放在所有 case 之后。

⑥ case 语句块中需要使用 break 语句来结束 switch 语句，不然会按语句顺序连续执行下去，直到 switch 结束。

2. switch 表达式

JDK 14 发布版本正式支持 switch 表达式。具体包括：在 switch 语句中使用箭头标号语法；case 条件，多个可以写在一行，用逗号分开；可以省略 break 关键字；switch 可以作为表达式直接返回一个值。具体标准参见 https://openjdk.java.net/jeps/361。

例如，下面定义的 rangeOf( ) 方法中，switch 语句中使用了箭头标签（arrow labels），case 条件中使用多个字面常量，并且省略了 break 语句：

```
static void rangeOf(int k) {
    switch (k) {
        case 1,2,3          -> System.out.println("Ranking one");
        case 4,5,6,7,8,9    -> System.out.println("Ranking two");
        default             -> System.out.println("Not Ranked");
    }
}
```

连续使用如下的方法调用：

```
rangeOf(1);
rangeOf(19);
rangeOf(8);
```

会得到如下的输出结果：

```
Ranking one
Not Ranked
Ranking two
```

switch 语句扩展成为 switch 表达式的基本语法为：

```
<目标类型> result = switch (<参数>) {
    case Label1 -> <表达式 1>;
    case Label2 -> <表达式 2>;
    …
    default -> <表达式 3>;
};
```

如果<目标类型>确定，整个 switch 表达式的类型就是目标类型；如果<目标类型>不确定，那么 switch 表达式类型就是各 case 分支的表达式计算出来的独立类型。

大多数情况下 case 标号箭头（"case Label ->"）后面是单个表达式，对于后面由多条语句构成的语句块，可以在最后使用 yield 语句来返回 switch 表达式值。例如：

```
int j = switch (s) {
    case "BJTU" -> 1;
    case "SSE"  -> 2;
    default     -> {
        System.out.println("Neither BJTU nor SSE, hmmm...");
        yield 0;
    }
};
```

yield 语句也可以用于传统的 case 标号（"case Label :"）下，返回一个值并结束 switch 表达式。例如：

```
int result = switch (s) {
    case "BJTU":
        yield 1;
    case "SSE":
        yield 2;
    default:
        System.out.println("Neither BJTU nor SSE, hmmm...");
        yield 0;
};
```

1.8.3　while 语句

while 语句的定义形式为：

```
while (<布尔表达式>)
    <语句块>;
```

while 语句是后判定型循环，首先计算<布尔表达式>的值，当值为 true 时，才执行循环体<语句块>，然后继续判定<布尔表达式>的值，直到其值为 false 才终止循环。

如果循环<布尔表达式>的值永远为 true，则循环会一直执行，不会停止，此情况常称为死循环。

1.8.4 do…while 语句

do…while 循环语句的定义形式为：

  do
    <语句块>
  while (<布尔表达式>);

do…while 语句是后判定型循环，先执行循环体<语句块>，再计算<布尔表达式>判定循环条件。当循环条件为 true 时，反复执行循环体，直到循环条件为 false 终止循环。

do…while 语句的循环体将至少被执行一次，而 while 语句的循环体有可能一次都不被执行。

1.8.5 for 语句

for 语句是最灵活也是最常用的循环结构的流程控制语句。

1. 基本型 for 循环

基本型 for 循环的定义形式为：

  for (<表达式 1>;<表达式 2>;<表达式 3>)
    <语句块>;

其中，<表达式 1>和<表达式 3>可以是任意表达式；<表达式 2>必须为 boolean 表达式，表示循环条件。在使用基本型 for 循环时，常把<表达式 1>用于初始化循环变量，<表达式 2>是循环的判定条件，<表达式 3>常用作循环增量表达式。三个表达式都可以被省略，但是两个分号不能省略。如果作为循环判定条件的<表达式 2>不存在，则默认条件一直为 true。

for 语句的执行过程为：

① 计算<表达式 1>，一般用于对循环变量赋初值；
② 计算<表达式 2>，若其值为 true，则执行循环体的<语句块>，然后转步骤③；否则转步⑤；
③ 计算<表达式 3>的值，一般用于修改循环变量；
④ 转步②，继续执行；
⑤ 退出循环，执行 for 语句后面的语句。

<表达式 1>和<表达式 3>可以是逗号表达式。逗号表达式是指通过逗号运算符连接起来的两个表达式。逗号运算符也称为顺序运算符，是所有运算符中级别最低的。逗号表达式的一般形式为：

  <表达式 1>, <表达式 2>

逗号表达式的求解过程是：先求解<表达式 1>，再求解<表达式 2>。整个逗号表达式的值和类型就是<表达式 2>的值及类型。

2. 增强型 for 循环

增强型 for 循环主要是用于枚举、数组和集合对象的元素遍历，其定义形式为：

  for (<类型> <变量> : <集合对象>)
    <语句块>;

for 后的括号中的两个元素之间用一个冒号":"分隔开。第一个元素用于声明一个具有

给定<类型>的临时<变量>；第二个元素指定一个可迭代的<集合对象>，如数组、枚举、集合数据对象。第一个元素声明的<变量>用于依次获取<集合对象>元素的值，因此，其类型需要与<集合对象>中存放的元素类型兼容。

例如，如下的程序就使用增强型 for 循环来遍历枚举类型 Season 定义的常量值。

```
public class Test {
    enum Season { WINTER, SPRING, SUMMER, FALL }

    public static void main(String[] args) {
        for (Season s : Season.values()){
            System.out.println(s);
        }
    }
}
```

其中方法 values 返回枚举类型 Season 中的所有枚举值。程序输出结果为：

WINTER
SPRING
SUMMER
FALL

使用增强型 for 循环，在遍历集合对象时能使程序更加简洁。

如果循环控制语句的循环体中又包含了循环控制语句，这样就构成了嵌套循环。这 3 种循环语句之间可相互嵌套，构成复杂的逻辑嵌套结构。同 if 语句的嵌套一样，Java 支持无限级循环嵌套。通过循环和分支语句的嵌套可以实现任意复杂的业务逻辑。

1.8.6 流程转移语句

实现 Java 语言的流程转移，可以使用 break、continue、return，以及 yield 和 throw 语句。其中，yield 语句用于 switch 表达式中，参考之前的 switch 语句的说明；throw 语句用于异常抛出，在后面介绍异常处理时再讲解。与 C / C++语言不同，在 Java 中尽管有 goto 关键字，但是不存在 goto 语句。这里仅对 break、continue 和 return 进行介绍。

1．标号语句

Java 允许在语句前加上标号，构成标号语句。标号语句的定义形式为：

<标号标识符>: <语句>

其中标号标识符应是 Java 语言中合法的标识符，语句需要为 Java 的有效语句。其含义是，为冒号"："后的语句指定名为"标识符"的标号。

在 Java 程序中，用到标号的地方基本是在循环语句之前，一般用于多重循环的外循环之前，用于和 break 及 continue 结合使用，进行循环的跳转控制。

为了便于代码的理解和维护，正常代码尽量不要使用标号来进行流程控制。

2．break 语句

break 语句用于跳出外部语句，语法格式为：

break [标号标识符];

break 语句有 3 种主要用法：

（1）在 switch 语句中，用于终止 case 语句序列，跳出 switch 语句；

（2）用在循环结构中，用于终止循环语句，跳出当前循环结构；

（3）与标签语句配合使用，跳出标号指定的循环语句。带标号的 break 语句的定义形式为：

  break 标号标识符；

3．continue 语句

  与 break 语句不同，continue 语句并不终止当前循环。在循环体中遇到 continue 语句时，本次循环结束，回到循环条件判断是否执行下一次循环，所以 continue 语句仅跳过当前循环体内 continue 之后的剩余语句。

  在循环语句中，continue 语句一般与 if 语句一起使用，即当满足某种条件时，跳过本次循环剩余的语句，强行检测判定条件以决定是否进行下一次循环。

  带标号的 continue 语句是结束当前循环的其他语句，跳转到标号指定循环的下一次循环。仅允许程序从内循环退出到外循环。带标号的 continue 语句格式如下：

  continue 标号标识符；

break 与 continue 语句示例如下。

例 1-2 带标号的 break 与 continue 语句演示。

文件名：**BCLable.java**

```java
public class BCLable {
    public static void main(String[] args) {
        OuterLoop:
            for (int i = 2;; i++) {
                System.out.println("i=" + i);
                for (int j = 2; j < i; j++) {
                    if (i % j == 0) {
                        continue OuterLoop;
                    }
                    System.out.println("\t j=" + j);
                }
                if (i == 5) {
                    break OuterLoop;
                }
            }
    }
}
```

  程序中语句 continue OuterLoop 的作用当 i % j 为 0 时，控制流程转移到标号 OuterLoop 的位置，继续外循环的下一次循环；语句 break OuterLoop 控制程序的结束，当 i 等于 5 时，带标号的 break 语句会到达标号 OuterLoop 处，中止标号语句对应的外循环，从而结束程序的执行。程序输出结果为：

```
i=2
i=3
    j=2
i=4
i=5
    j=2
    j=3
```

j=4

4. return 语句

return 语句当前方法，将程序控制流程返回方法的调用者。语法格式如下：

    return [<表达式>];

当含有 return 语句的方法被调用时，执行 return 语句并从当前方法中退出，返回到调用该方法的语句处。

如包含有<表达式>，会先计算表达式的值，结束当前方法，并返回表达式的值给调用者。在这种情形下，要求当前方法定义时方法返回类型要和表达式类型兼容。

如果不包含表达式，实际是不返回任何值，仅在返回类型为 void 的方法中使用。

习题

1. 简述 Java 平台的组成。
2. 简述一个 Java 应用程序的主要组成。
3. 简述 Java 标识符组成规则。
4. Java 中的基本数据类型有哪几种？不同类型对应常量的表示方法及取值范围是什么？
5. Java 中有哪些运算符？这些运算符的优先关系是怎样的？
6. Java 提供了几类控制语句，每类中有哪些语句？其基本的功能含义是什么？
7. 举例说明 switch 语句与 if 语句的异同。
8. 举例说明 break 语句、continue 语句和 return 语句三者之间的区别。
9. 举例说明&和&&之间的区别。
10. 对例 1-2 进行修改，使它能输出任意两个整数之间的所有素数。

第 2 章 类 和 对 象

现实世界是由对象组成的，面向对象程序设计语言正是为解决现实世界的问题而产生的，Java 面向对象程序设计语言是目前最接近于人类思维的计算机语言之一。类是 Java 程序的基本组成，任何 Java 程序都是由一个个的类组成的。

本章主要介绍类的定义，类与对象的关系，对象间的消息传递，包，嵌套类等 Java 语言中的一些重要的概念及实现。

2.1 面向对象的软件开发过程

面向对象的软件开发中，首先要考虑应用程序中数据结构的设计，其次才是功能。也就是要先设计应用中应该有多少个类，然后才考虑类中的属性和方法。一个应用程序就是由类创建的各种对象组成的，每一个对象封装了算法和数据，对象之间相互协作发送消息，共同完成整体的功能。即：

$$对象 =（算法+数据）$$
$$程序 =（对象+对象+…）$$

一般来说，面向对象软件开发过程包括以下 4 个基本步骤：

（1）获得准确的应用需求；

（2）根据需求设计合适的类，以及建立类之间的关系。类需要设计每个属性的数据类型及所有的方法。类之间要建立合理的关系；

（3）根据不同的类创建合适的一定数量的对象；

（4）启动对象，运行程序。

以上步骤看似简单，其实需要在实践中积累丰富的开发经验，才能设计出更合理的类和对象。

2.2 类和对象的基本概念

对象的概念是面向对象技术的核心。环顾周围的世界，任何地方都可以看见对象，例如：人、狗、汽车、计算机、桌子等。不管是有生命的对象还是无生命的对象，它们都有一些共同的特征，即都有属性和行为。例如人有姓名、年龄、身高等属性和工作、吃饭、运动等行为。汽车有形状、颜色、品牌等属性和加速、刹车、转弯等行为。

软件对象是仿照现实对象建立的，它们也有状态和行为。软件对象用变量表示对象的状态，用方法实现对象的行为。一个对象就是变量和相关的方法的集合。

在现实世界中有很多相同类型的对象，比如你的汽车只是世界上的许多汽车之一，它们都有一些共性特征，如都有发动机、四个轮子等。但每辆汽车又有区别于其他汽车的特征，比如你的汽车是红色，车牌号为 001 等。可以看出每辆汽车是汽车类型的一个实例。

类是对象的一种抽象，描述了某一类对象共同的性质，即统一的状态和行为。用面向对象的术语来说，类定义了对象共有的变量和方法。而对象则被称为是类的一个实例，是类的一次实例化的结果，一个类能创建许多对象实例。类与对象之间的关系可以看成是抽象与具体的关系。

2.3 类的定义

类是组成 Java 程序的基本要素。类中封装了状态和行为，它是对象的原型。其中状态由类中的属性表示，行为由类中的方法表示。

2.3.1 定义类

一个类的定义包含两部分内容，类的声明和类体。一个完整的类定义格式如下：

```
[访问权限][final][abstract] class 类名
    [extends 父类]
    [implements 接口列表]{  //类声明

    定义属性       ⎫
    定义构造方法   ⎬ 类体
    定义方法       ⎭
}
```

在类的声明部分，class 关键字和类名是必需的，class 表示一个类定义的开始，其后是类的名字，类的名字通常首字母大写。类声明中其他部分是可选项，这些选项在后面的章节中分别有详细的讲解。

紧随类声明的一对花括号{}里是类体的定义，类体中定义了属性和方法。

例 2-1 圆的类定义。

文件名：Circle.java

```java
public class Circle {

    //属性定义
    private int x;
    private int y;
    private int radius;

    public Circle(){ //构造方法定义
        x=0;
        y=0;
        radius=0;
    }

    public Circle(int x1,int y1,int radius1){ //构造方法定义
        x=x1;
        y=y1;
        radius=radius1;
    }
```

```
            public void    draw(){    //方法定义
                System.out.println("draw a circle at point: "+x+","+y);
            }
            public void erase(){ //方法定义
                System.out.println("delete a circle ");
                x=0;
                y=0;
            }
    }
```

类 Circle 定义了圆的状态和行为，属性 x,y 和 radius 表示圆心的坐标和半径，方法 draw() 和 erase() 表示画圆和擦掉圆，两个构造方法，一个不带参数，一个带参数，可以用来创建 Cirlce 类的实例对象。

下面详细介绍类中的属性、构造方法和方法的定义。

2.3.2 属性

类的属性表示一个类的状态信息，又称为成员变量。比如一个学生类中可以定义学号、姓名、性别等属性，来描述一名学生的状态。一个类中也可以没有属性，比如只包含 main() 方法的测试类，一般没有属性。

属性的定义格式如下：

    [访问权限][final][static][transient][volatile] 类型 变量名

属性的类型和名字是必须定义的，前面的修饰符部分是可选项，可选项在后面的章节里有详细的讲解。

类型用于说明属性的类型。可以是基本数据类型，如 int，float，boolean 等，也可以是引用类型，如数组、类或接口。

下面例子中，类 VariableDemo 中定义了一些属性，属性可以在定义的同时初始化。

```
    public class VariableDemo {
        public static final int CONST = 15;
        protected int   x;
        boolean open = false;
        private int intNum = 0;

        Circle circle =new Circle();
        Point point ;
    }
```

2.3.3 构造方法

类中有一种特殊的方法，是用来创建对象并完成对象的初始化工作的，这就是构造方法。构造方法有以下特点：

① 构造方法的方法名与类名相同；

② 构造方法没有返回值，在方法声明部分不能写返回类型，也不能写 void；

③ 构造方法只能由 new 运算符调用来创建对象，用户不能直接调用构造方法；

④ 每个类中至少有一个构造方法；

⑤ 定义类时如未定义构造方法，运行时系统会为该类自动定义默认的构造方法，称为默认构造方法。默认构造方法没有任何参数，并且方法体为空，不做任何事情。如果定义了构造方法，则默认无参构造方法会自动失效。

例 2-2 建立构造方法。

文件名：Thing.java

```
public class Thing {
        private int x;

        public Thing() {          //无参数构造方法
            x = 47;               //初始化属性 x
        }

        public Thing( int x1) {   //带参数构造方法
            x = x1;               //用参数 x1 初始化属性 x
        }

        public static void main(String[] args){
            Thing t = new Thing();          //用无参构造方法创建 Thing 对象
            Thing t1= new Thing(3);         //用有参构造方法创建 Thing 对象

        }
}
```

在类 Thing 中有两个构造方法 Thing()和 Thing(int x1)，它们实现了属性 x 的初始化。这两个方法名都与类名相同，但方法的参数不同，所以是构造方法的重载。

如果类 Thing 没有定义任何构造方法，那么运行时系统会自动创建一个默认构造方法：

```
Thing(){
}
```

2.3.4 方法

方法表示类所具有的功能或行为，方法类似于结构化编程语言中的函数。

方法的定义包括两部分：方法的声明和方法体。一个完整的方法定义格式如下：

```
[访问权限][final][static][abstract][native][synchronized]
        返回类型  方法名（[参数列表]) [throws 异常类型列表]{//方法声明
        // 方法体
        局部变量的声明
        java 语句
}
```

方法的声明中返回类型、方法名和一对圆括号是必需的，其他部分是可选项。

方法体是对方法的实现，它包括局部变量的声明以及所有合法的 Java 语句。

1. 返回值

对于一个方法，如果在声明中所指定的返回类型不为 void，则在方法体中必须包含 return 语句，返回指定类型的值。

```
int doSomething(){
```

```
        int x =3;
        int y =4;
        return x+y;
}
```

如果方法没有返回值，方法的返回类型不能省略，必须写成 void。return 语句可以写也可以不写。

```
void doSomething(){
        int x =3;
        int y =4;
        int z=x=y;

        return
}
```

或者：

```
void doSomething(){
        int x =3;
        int y =4;
        int z=x=y;
}
```

返回值的数据类型必须和声明中的返回类型一致，如果返回类型是一个类，则可以返回该类的对象或者它的一个子类对象。

例如，Graphic 是 Circle 的父类，Object 是 Graphic 的父类，如果一个方法的返回类型是 Graphic，那么，return 语句返回的对象既可以是 Graphic 对象，也可以是子类 Circle 对象，但不能返回父类 Object 对象。

2．参数

方法可以有参数，也可以没有参数，如果方法需要接收外部传来的数据，则需要写明参数的类型和个数。方法中定义的参数是形参，调用方法传递的参数是实参。参数的类型分为两种：简单数据类型和引用数据类型。

简单数据类型实现的是值传递，即方法中的形参接收实际参数的值，形参和实参是两套地址，也就是将实参中的值拷贝到形参中，对形参值的改变不会影响到实参的值。

引用数据类型（如类、数组和接口）实现的是地址传递，即方法中实参传递给形参的是数据在内存中的地址，实参与形参共用一块地址空间，任何对形参地址里的值的修改都直接改变实参的值。

例 2-3 说明了参数的值传递和地址传递，请注意实参 x1 和 y1 传递给形参后值的变化，以及 point 对象中 x 和 y 值传递前后的变化。

例 2-3 参数的值传递和地址传递。

文件名：**ParameterTest.java**

```
class Point{
        int x=70;
        int y=80;
}

class Circle{
```

```
        int x=5,y=6;
        Point point;

        void setXY( int x1, int y1 ){
                x1=x;
                y1=y;
        }

        void setPoint( Point ref ){
                ref.x=x;
                ref.y=y;
        }
}

public class ParameterTest{
        public static void main( String args[ ] ){
                Circle p=new Circle( );
                int xValue=-1, yValue=-1;

                System.out.println("值传递: ");
                p.setXY(xValue,yValue);
                System.out.println("xValue = "+xValue+" yValue = "+yValue);

                Point point=new Point( );
                p.setPoint( point );
                System.out.println("地址传递:");
                System.out.println("point.x = "+point.x+" point.y = "+point.y);
        }
}
```

运行结果如下：

值传递：
xValue = -1 yValue = -1
地址传递:
point.x = 5 point.y = 6

可以看出 setXY(int x1, int y1)的两个形参为整型，形参和实参是值传递，形参和实参是不同的地址空间，所以在 setXY 方法中对形参 x1 和 y1 值的改变，不会影响到实参 xValue 和 yValue 的值。

而 setPoint(Point ref)的形参为 Point 的引用数据类型，形参和实参是地址传递，实参 point 和形参 ref 共用一块地址空间，所以在 setPoint 方法中对形参 ref 地址里的值 x 和 y 的修改，也就是对实参 point 的值 x 和 y 的修改。

3．变量的作用域

变量的作用域指明可访问该变量的代码范围。按作用域来分，变量可以分为：成员变量、局部变量、方法参数。

成员变量是定义在类中的属性，它的作用域是当前类有效，所有方法均可以访问成员变量。

局部变量是在某个方法中声明的变量，它具有块作用域，即从它定义点到语句块的结束。当方法结束时，局部变量不再存在。

方法参数也是局域变量的一种，其作用域是当前方法体内。

下面的类说明了不同作用域的变量的定义位置。

```
class MyClass{
    成员变量的声明
    ...
    public void aMethod( 形参变量声明){
        ...
        局部变量的声明
        ...
        if(...){
            局部变量的声明
            ...
        }
    }
    ...
}
```

2.4 对象的使用

对象需要通过 new 运算来创建。使用对象需要通过对应类型的引用变量，利用变量"."运算可以访问对象的属性和方法。Java 使用自动垃圾回收机制来清除不再使用的对象。

2.4.1 创建对象

创建一个对象也就是创建类的一个实例，所以也称类的实例化。创建对象方式如下：

  new 构造方法（[参数列表]）；

对象的生成通常包括声明对象的引用变量和实例化对象。通常的格式为：

  类型 引用变量= new 构造方法（[参数列表]）；

例如：

  Student stu= new Student("LiMing", 18);

声明的对象的类型可以是类或接口，对象名是一个引用变量，用来引用个某个类型的对象。声明一个引用变量，并不是创建一个对象，例如 Student stu，声明了一个名为 stu 的变量，它将用来引用一个 Student 类的对象。在赋值前这个引用变量是空值 null。

操作符 new 通过构造方法为对象分配存储空间，new 操作返回一个新创建的对象的引用。构造方法中的参数用来初始化对象中的属性。如果一个类中未定义构造方法，Java 会自动构造一个默认的无参构造方法。

例如：

  stu =new Student("LiMing", 18);

此时 stu 的值是 Student 对象的引用。

声明一个对象的引用变量不一定非要用 new 构造方法来创建对象赋值，也可以通过赋值号（=）来赋值，前提是引用变量的类型和赋值对象的类型要匹配。赋值后的两个引用变量将引用同一个对象。

分析一下以下几条语句：

```
Circle m= new Circle( 1,2,3);
Circle t =m;
t= new Circle( 4,5,6);
```

语句 Circle m= new Circle(1,2,3)创建了一个 Circle 类的对象，m 变量引用 Circle 对象。

语句 Circle t =m 将 m 对象的引用赋给 t，这样 t 和 m 引用同一个对象。

语句 t= new Circle(4,5,6)创建了一个新的 Circle 对象并将引用赋值给 t，此时 t 和 m 分别引用了不同的 Circle 对象。

2.4.2 使用对象

创建好对象以后，就可以使用对象，比如获取对象的状态信息，改变对象的状态，让对象完成某些操作等。这些功能可以通过访问对象的属性或调用对象的方法来实现。

1．访问对象的属性

通过运算符"."可以访问对象的属性，格式如下：

> 对象引用变量.属性名

通常一个类的属性的访问权限为 private，private 能够将属性保护起来，其他类的对象就不能直接访问保护起来的属性，如果想访问 private 的属性，通常会调用类中提供 public 的 get 和 set 方法来访问属性，这些方法能够保证属性值的正确。2.5 节将详细讲解 Get 和 Set 方法。

2．访问对象的方法

同样，通过运算符"."来调用对象的方法，格式如下：

> 对象引用变量.方法名（[参数列表]）

例如要画圆或擦圆，可以调用 Circle 类中的两个方法：

```
Circle cir= new Circle();  //创建 Circle 的对象
cir.draw();    //调用对象的 draw 方法
cir.erase();   //调用对象的 erase 方法
```

同样，也可以用 new 生成对象，然后直接调用它的方法：

```
new Circle().draw();
```

例 2-4 为创建对象并且访问该对象属性的实例。

例 2-4　成员变量（属性）的访问。

文件名：Circle1.java

```
public class Circle1 {
    int x;
    int y;
    int radius;

    public Circle1(){
        x=y=0;
        radius=3;
    }

    public void draw(){
```

```java
            System.out.println("draw Circle");
        }
            public void erase(){
                System.out.println("erase Circle");
            }
            public static void main(String args[]){
                Circle1 cir = new Circle1();//创建对象
                //访问属性
                cir.x=4;
                cir.y=5;
                cir.radius=6;
                //访问方法
                cir.draw();
                cir.erase();
            }
    }
```

　　Circle1 类的 main()方法首先创建了 Circle1 类的对象并赋值给引用变量 cir，通过 cir.x，cir.y，cir.radius 分别给 Circle1 的 3 个属性赋值。

　　属性的访问也可以用 new 生成对象，然后直接访问。如：new Circle().x=9，属性可以像使用其他普通变量一样使用，例如，求圆的面积：area=3.14* cir.radius* cir.radius。

　　这种通过对象直接访问属性的方式，适用于类中的方法访问本类的属性的情况。这种方式不建议用在一个对象访问另一个对象的属性的情况。因为直接访问属性有可能造成数据修改的错误，比如将圆的半径 radius 赋为负值。

　　当对象不再使用后，应删除该对象，释放它所占用的内存。在 C 中，通过 free 来释放内存，这种内存管理方法需要跟踪内存的使用情况，如果忘记释放内存，系统最终会因内存耗尽而崩溃。Java 则采用自动垃圾收集方式进行内存管理，程序员不再需要跟踪每个生成的对象，避免了上述问题的产生。

　　Java 运行时系统通过垃圾收集线程周期性地释放无用对象占用的内存空间，完成对象的清除。当一个对象的生命期结束或把引用该对象的引用变量赋值为 null 时，该对象就成为一个无用对象。

2.5　封装

　　面向对象的核心包括封装、继承和多态。封装是面向对象的核心基础之一。Java 语言完整支持面向对象的三个方面。

2.5.1　封装与信息隐藏

　　面向对象系统的封装单位是对象，一个对象的属性构成这个对象的核心，一般不将其对外公开。而是将操作属性的方法对外公开，这样变量就被隐藏起来，这种信息隐藏也称为封装。可以把封装和信息隐藏视为同一个概念的两种表述，信息隐藏是目的，封装是达到这个目的的技术。

封装是将对象的状态和行为捆绑在一起的机制，通过对对象的封装，数据和基于数据的操作封装在一起，使其构成一个不可分割的独立实体，数据被保护在对象的内部，尽可能地隐藏内部的细节，只保留一些对外接口使之与外部发生联系。也就是说，用户无须知道对象内部方法的实现细节，但可以根据对象提供的外部接口（方法名和参数）访问该对象，这样就把对别的对象来说并不重要的对象的实现细节隐蔽起来，在使用一个对象时，只需知道怎样引用它的方法而无须知道它的具体实现。

对象的封装特性对创建良好的面向对象应用程序至关重要。封装反映了事物的相对独立性。封装在编程上的作用是使其他对象不能随意存取某个对象的内部数据（属性），从而有效地避免了外部对它的错误操作。另外，当对象的内部做了某些修改时，只要接口的声明没有改变，内部数据或方法的修改就不会影响使用它的其他对象，因此大大减少了对象内部的修改对外部的影响，可以防止发生在整个应用程序中的连锁反应。

例如将一个 Teacher 类的 age 属性的类型由 int 类型改为 Date 类型，不会对使用它的对象产生影响，因为对 age 的访问只能通过 getAge()方法得到，该方法的返回值类型没有改变，所以属性的变化不会引起连锁反应。

```
public class Teacher{                  public class Teacher{
    ...                                    ...
    private   int age;                     private   Date birthDate;
    ...                                    ...
    public int getAge(){                   public int getAge(){
       return age;                            //返回系统日期和 birthDate 之间相差的年数;
    }                                      }
    ...                                    ...
}                                      }
```

封装的好处不只属性的变化不会引起连锁反应，方法的实现细节的变化也不会对使用它的对象有影响，只要方法头的声明没有变化。例如 A 对象用于实现一组数据的排序，其中有一个 sort 排序方法，该方法所用的排序算法是冒泡排序法。另外一个 B 对象需要 A 对象帮它将一组数据排好序，它调用了 A 对象的 sort 方法。如果将 A 对象 sort 方法的排序算法改为选择排序法，对于 B 对象来说没有任何影响，因为 sort 方法声明的参数和返回类型没有改变。

2.5.2 Getter 和 Setter 方法

一个对象不能访问另一个对象的私有属性，那么如何存取这些属性呢？一个好的办法就是为私有属性提供一个 public 的访问方法，外界通过 public 的方法来访问它。

通常会对私有属性提供 public 的 Getter 和 Setter 方法，这样做的好处是私有属性可以得到保护，以防止错误的操作。

Getter 方法是读取对象的属性值，Setter 方法是设置对象的属性值，可以判断操作是否合法。

Getter 方法的语法格式为：

  public 返回类型 getAttributeName();

AttributeName 一般是属性的名字，通过名字可以知道返回的是哪个属性的值。方法没有参数,返回类型和属性的类型一致。

Setter 方法的语法格式为:

  public void setAttributeName(attributeType parameterName);

AttributeName 一般是属性的名字,通过名字可以知道设置的是哪个属性的值,方法参数类型与要设置的属性的类型一致,方法没有返回值。

例 2-5 Getter 和 Setter 方法的使用。

文件名:**Student.java**

```java
public class Student {
    private String name;
    private int mathScore;

    public String getName(){
        return name;
    }

    public void setName(String newName){
        name = newName;
    }

    public int getMathScore(){
        return mathScore;
    }

    public void setMathScore (int newScore){
            if(newScore>=0 && newScore<=100)
                mathScore = newScore;
            else
                System.out.println("error, score between 0 and 100");
    }
    //...
}
```

例 2-5 中每一个私有属性都有一对 Getter 和 Setter 方法,在 setMathScore 方法中对传入的成绩值进行了检验,如果不符合要求则拒绝修改,从而有效地保护了数据。

不是所有的属性都一定需要 Getter 和 Setter 方法,要根据实际需要提供相应的 Getter 和 Setter 方法。

2.6 方法重载

方法的重载(overloading)是指同一个类中的多个方法具有相同的名字,但这些方法具有不同的参数列表,即参数的数量、参数类型和参数的顺序不完全相同。方法重载通常用于创建完成任务相似,但有不同参数类型的几个同名方法。方法重载带来的好处是简化了程序的编写,用户只要记住一个方法名,通过传递不同的参数,就可以完成相同功能。在调用方法时,编译器根据调用时使用的实际参数的类型、个数和顺序来选择合适的方法。

如果两个方法名字、参数列表相同,仅返回类型不同,编译器不能区分,不能通过编译。

Java 标准类库中,对许多方法进行了重载,最常见的重载的方法是 System.out.println(),

用户可以向 println 方法传递各种不同类型的数据和不同参数个数的数据，println 都可以打出期望的结果。

例 2-6 类 OverloadingMethod 定义了 4 个 get 重载方法，对于用户来说只需要记住一个 get 方法名字，就可以传递 4 种不同类型的数据完成相应的功能。

例 2-6　get 方法的重载。

文件名：OverloadingTest.java

```java
class OverloadingMethod{
    void get( int i ){     //方法的重载
        System.out.println("get one int data ");
        System.out.println("i = "+i);
    }
    void get( int x, int y ){ //方法的重载
        System.out.println("get two int datas ");
        System.out.println("x = "+x+" y = "+y);
    }
    void get( double d ){ //方法的重载
        System.out.println("get one double data ");
        System.out.println("d = "+d);
    }
    void get( String s ){ //方法的重载
        System.out.println("get a string ");
        System.out.println("s = "+s);
    }
}

public class OverloadingTest{
    public static void main( String args[ ] ){
        OverloadingMethod mo = new OverloadingMethod( );
        mo.get( 1 );
        mo.get( 2, 3 );
        mo.get( 4.5 );
        mo.get( "a string" );
    }
}
```

运行结果如下：

```
get one int data
i = 1
get two int datas
x = 2 y = 3
get one double data
d = 4.5
get a string
s = a string
```

2.7　this 关键字

this 代表的是类的当前对象，使用 this 关键字，可以引用当前对象中的任何成员。构造方法也可以重载，this 关键字还可以应用于构造方法的重载，在重载的构造方法中通过 this 可以

调用已定义的另一个构造方法。

2.7.1 使用当前对象

　　this 可以访问对象的属性和方法。当方法的局部变量或参数变量与对象的属性重名时，可以用"this.属性名"来区分局部变量。this 经常用在方法中引用被隐藏的属性。例如，下面的 Variable 类用 this 关键字区分重名的属性和局部变量。

```
class Variable{
    int x=0,y=0,z=0;     //属性

    void init( int x, int y ){ //参数变量隐藏了属性
       this.x = x;
       this.y =y;
       int z=5;     //局部变量隐藏了属性
       System.out.println("x = "+x+" y = "+y+" z = "+z);
    }
}
```

　　在 init 方法中参数变量 x 和 y 隐藏了属性 x 和 y，所以 init()方法使用 this 关键字引用属性 x 和 y。init()方法中的 z 是局部变量，它隐藏了类属性 z，所以语句 System.out.println("x = "+x+" y = "+y+" z = "+z)输出的是参数变量的 x 和 y 的值，以及局部变量 z 的值。如果要输出属性 x,y,z 的值，应在它们之前加 this，例如：

```
System.out.println("x = "+this.x+" y = "+this.y+" z = "+this.z)
```

　　this 还可以将当前对象作为参数传给其他对象的方法，这样其他对象就可以使用 this 对象里的属性和方法了。

　　假设有两个类，一个是打印服务类，另一个是学生类。

```
public class PrintService{
    //...
    public printService(Student s){
        System.out.println("ssn="+s.ssn +"name"+s.name);
    }
    //...
}


public class Student {
    public String ssn;
    public String name;
    public PrintService ps = new PrintService();

    public Student(String ssn, String name,) {
        this. ssn = ssn
        this. name = name;
    }

    public void service(){
        ps.printService(this);       //将当前对象作为参数传给 PrintService 类的方法
    }
}
```

在 Student 类中调用 PrintService 对象的 printService 方法，通过 this 将 Student 对象传递给 PrintService 对象的 printService 方法，在该方法中就可以打印 Student 对象的属性了。

2.7.2 调用构造方法

this 关键字还可以应用于构造方法，在重载的构造方法中可以通过 this 调用另一个构造方法，好处是可以简化代码编写，同时也减少出错的概率。

例 2-7 构造方法的重载。

文件名：Employee.java

```java
import java.util.Date;

public class Employee {
    private String name;
    private int    age;
    private Date birthDate;

    public Employee( String name, int age, Date DoB) {
        this. name = name;
        this. age = age;
        this. birthDate = DoB;
    }

    public Employee( String name, int age) {
        this( name, age, null);
    }

    public Employee( String name, Date DoB) {
        this( name, 18, DoB);
    }

    public Employee( String name) {
        this( name, 18);
    }

    //...
}
```

在构造方法中调用另一构造方法的 this()语句必须是第 1 条语句。编译器根据 this 参数列表中的类型和数量决定调用哪个构造方法。例如语句 this(name, 18)调用的是 public Employee(String name, int age)的构造方法，因为实参与虚参类型匹配。

2.8 类成员和实例成员

在类中使用 static 声明一个变量或方法时，就是指定为类成员：

```
[访问约束] static  类型  变量名;
[访问约束] static  返回类型  方法名 ( [参数列表] ){
    …
}
```

用 static 修饰的属性和方法称为类属性和类方法，没有 static 修饰的属性和方法称为实例变量和实例方法。

2.8.1 类变量和实例变量

通常类的每个对象中都有属性（也称实例变量）的一个拷贝。然而在某些情况下，有的属性让所有对象共享它会更好。例如，学生类有学号、姓名、年龄和班级人数 4 个属性，每个学生对象都为前 3 个属性分配了地址空间存放它们的值，而班级人数变量没有必要每个学生对象都拷贝一份，所有学生对象可以共享班级人数变量，当班级新增加一名学生时，只要让共享的班级人数加 1，所有学生对象都可以知道人数的变化，因此可以将班级人数变量设置成 static 的类变量，以达到共享的目的。如果班级人数变量不设成 static 变量，则增加人数时需要修改所有学生对象里班级人数变量的值，因此不仅麻烦还容易出错。这就是引入类变量的原因。

在生成每个类的对象实例时，Java 运行时系统为每个对象的实例变量分配一块内存，可以通过该对象来访问这些实例变量的值，不同对象的实例变量都有自己的值。

类变量则是在系统第一次遇到这个类时为类变量分配内存，而且仅为类变量分配一次地址。这个类的所有实例共享类变量的地址空间。

类变量可以通过类名直接访问，也可以通过实例对象来访问。而实例变量只能通过实例对象来访问。

Java 标准类库中的很多类都定义了类变量，例如，常用的 System.out.println()语句中的 out 属性就是类变量，它可以由类名直接访问。

通常，static 与 final 一起使用来指定一个常量，因为常量是不变的数据，没有必要在每个对象中都备份一份，所以使用 static 来修饰，可以让所有对象共享。

```
public static final String DISABLE = "disable";
```

2.8.2 类方法和实例方法

实例方法既能访问实例变量也能访问类变量，而类方法只能访问类变量，不能访问实例变量。

实例方法只能由实例对象来调用，而类方法既可以由实例对象调用也可以由类名直接调用。类方法的这种特性有时非常有用，一个常见的例子就是一个类的 main()方法必须要用 static 来修饰，是因为在开始执行一个程序时，Java 虚拟机只能通过类名来调用 main()方法作为程序的入口。

Java 标准类库中的很多类都定义了类方法，以方便用户使用。例如，Math 类中有很多数学方法是 static 方法，例如，Math.abs()，Math.sin()，Math.max()等。

例 2-8 类变量和类方法与实例变量和实例方法的使用。

文件名：**MemberTest.java**

```
class Member{
    static int classVar;
    int instanceVar;
```

```java
        static void setClassVar( int i ){
            classVar = i;
            // instanceVar = i; 错误,类方法不能访问实例变量
        }

        static int getClassVar( ){  //类方法只能访问类变量
            return classVar;
        }

        void setInstanceVar( int i ){  //实例方法既可以访问类变量也可以访问实例变量
            classVar = i;
            instanceVar = i;
        }

        int getInstanceVar( ){
            return instanceVar;
        }

    }

    public class MemberTest{
        public static void main( String args[] ){
            Member m1 = new Member();
            Member m2 = new Member();

            m1.setClassVar( 1 );      //类方法可以由实例对象调用
            m2.setClassVar( 2 );      //m1 和 m2 修改的是同一个类变量
            System.out.println("m1.classVar = "+m1.getClassVar( )+" m2.classVar ="
                                +m2.getClassVar( ));

            m1.setInstanceVar( 11 );       //实例方法只能由实例对象调用
            m2.setInstanceVar( 22 );       // m1 和 m2 修改的是各自的实例变量
            System.out.println("m1.InstanceVar="+m1.getInstanceVar()+
                               "  m2.InstanceVar ="+m2.getInstanceVar( ));
            Member.classVar=3;          //类变量可以由类名直接调用
            System.out.println("m1.classVar = "+m1.getClassVar( )+"   m2.classVar="
                                +m2.getClassVar( ));
            System.out.println("classVar = "+Member.getClassVar());
                                                   //类方法可以由类名直接调用
        }
    }
```

运行结果如下:

    m1.classVar = 2 m2.classVar =2
    m1.InstanceVar=11   m2.InstanceVar =22
    m1.classVar = 3   m2.classVar=3
    classVar = 3

需要注意的一点是 main()方法是类方法,它不能直接访问实例方法和实例变量,必须通过对象访问它们,这是初学者容易犯的错误。

2.8.3 类变量和实例变量的初始化

类变量和实例变量可以在类中声明的时候初始化。

```
class BedAndBreakfast {
    static final int BASE_SALARY = 1000;
    int a=9;
    Cat cat = new Cat();
    float f = fun();
}
```

实例变量还可以在构造方法中初始化，用构造方法的参数初始化实例变量的值。

```
public class Circle {
    private int x;
    private int y;
    private radius;

    public Circle(int x1,int y1,int radius1){
        x=x1;
        y=y1;
        radius=radius1;
    }

    //...
}
```

与实例变量不同，类变量不是在构造方法中初始化，而是在类初始化块中初始化。类初始化块是由关键字 static 标识的语句块，它定义在类的里面，方法的外面。例如：

```
class A {
    static int[] array =  new int[10];

    //static 初始化块
    static {
        for(int i=0;i<9;i++)
            array[i]=i;
    }
    // ...
}
```

static 块中的这个 for 循环不适合在 array 声明时初始化数组，因此放在 static 初始化块中完成。类初始化块中的代码仅在类加载时执行一次，如首次生成某个类的对象或者首次访问某个类的一个 static 属性时。

例 2-9 类初始化块只执行一次。

文件名：StaticTest.java

```
class Tyre {
    int number;

    Tyre(int i) {
        number=i;
```

```
        System.out.println("this is a tyre of Bike "+i);
    }
    void change() {
        System.out.println("change a tyre");
    }
}

class Bike {
    static Tyre t1;
    static Tyre t2;
    static {
        t1 = new Tyre(1);
        t2 = new Tyre(2);
        System.out.println("init static variable");
    }
    Bike() {
        System.out.println("this is a Bike");
    }
}

public class StaticTest {
    public static void main(String[] args) {
        Bike.t1.change();
        Bike x = new Bike();
        Bike y = new Bike();
    }
}
```

运行结果如下:

```
this is a tyre of Bike 1
this is a tyre of Bike 2
init static variable
change a tyre
this is a Bike
this is a Bike
```

可以看出,当调用语句 Bike.t1.change(),首次访问 static 属性 t1 时,类初始化块被执行,且只执行一次,后面再创建 Bike 对象时不再执行类初始化块。若注释掉 Bike.t1.change()语句,那么当创建第一个 Bike 对象时会执行类初始化块,而在创建第二个 Bike 对象时,就不再执行类初始化块。

2.9 包

包是一组相关的类、接口的集合,它可以提供访问保护和名字空间管理。使用包管理类可以带来很多好处,比如防止命名冲突,方便查找类,对不同包中的类进行访问控制等。

Java 标准类库中的类或接口就是按包来进行管理的,例如 java.net 包中是一些与网络编程有关的类和接口,java.io 包中是一些与输入输出有关的类和接口等。程序员也可以将自己的类和接口放到不同的包中,比如有关与用户交互的类放在一个包中,与业务逻辑相关的类放到一个包中,与存储相关的类放到一个包中,与输出展示相关的类放到一个包中。这样既方便查找也方便管理,还能防止命名冲突。

2.9.1 创建包

如果要创建包,就要在 Java 源文件的第一条语句用关键字 package 声明包名。定义格式为:

  package pkg1[.pkg2[.pkg3…]];

其中 pkg1[.pkg2[.pkg3…]]表明包的层次。包名一般用小写字母表示。为了防止包名冲突,可以将 Internet 域名作为包名的一部分。例如北京交通大学的学生开发的类可以将交大的域名作为包名的一部分 cn.edu.bjtu,通常将域名的逆序作为包名。

例如声明一个 graphics 包:

```
package graphics;

class Circle {
    ...
}

class Triangle{
    ...
}
```

例子中的 Circle 类和 Triangle 类就在 graphics 包中,它们的完整限定名包含包的名字。Cirlce 的完整限定名就是 graphics.Circle。

package 的作用域是整个源文件,所以一个 Java 源文件中只能有一条包语句声明,该文件中定义的所有的类和接口都放在同一个包中。

如果源文件中没有声明 package 语句,则类和接口放在无名默认包中(default package)。一个 Java 源文件如果有 package 语句,则编译后的字节码文件会放在与包名对应的目录里。例如,Shape.java 文件中声明了包名 package cn.edu.bjtu.graphics,并定义了两个类 Circle 和 Square,编译 Shape.java 文件后产生的 Circle.class 和 Square.class 字节码文件就会放在当前目录加包名组成的目录下...\cn\edu\bjtu\graphics\。

2.9.2 引用包

包中只有 public 类能被包外的类访问,要想访问某个包中的类有以下 3 种引用方式。

(1)通过"包名.类名"的方式。

使用另外一个包中的类。例如:

  graphics.Circle cir = new graphics.Circle();

这种方式在少量使用类的情况下还是比较方便的,但如果大量使用,不但非常烦琐,程序也变得难以阅读。一种更简单常用的方法是使用 import 语句来引入所需要的类。

(2)用 import 语句引入指定的类。import 语句定义在 package 语句之后,类和接口定义之前。

使用 import 语法格式如下:

import pkg1[.pkg2].类名;

有了 import 语句，使用 Circle 类前不需要再加包名：

import graphics.Circle;
Circle cir = new Circle();

（3）用 import 语句引入整个包中的类。这种方式适用于需要使用某个包中的多个类。语法格式如下：

import pkg1[.pkg2].*;

例如：

import graphics.*;
Circle cir = new Circle();
Triangle tri = new Triangle();

注意使用星号（*）只能表示本层的所有类，不包括子层次下的类。例如 import java.awt.* 语句并不能引入 java.awt.color 包中的类。

Java 中的 java.lang 包是不需要 import，因为 java 运行时系统会自动引入它。

2.10 嵌套类

一个类定义在另一个类的里面被称为嵌套类(nested class)，其声明方式为：

```
class EnclosingClass{
        ...
        class ANestedClass{
                ...
        }
}
```

使用嵌套类有以下好处。

（1）嵌套类可以有效地将逻辑上相关的类组织在一起，嵌套这样的"辅助类"，使类之间的关系更加合理。

（2）增加封装性，嵌套类可以不受限制地访问外部类的属性和方法，包括私有属性。这也是内部类所带来的一个好处，它可以更好地为外部类服务。

（3）可以构造出可读性和可维护性更强的代码，类的嵌套可以使代码更加靠近被使用的位置。

嵌套类在 GUI 事件处理中应用的比较多，事件监听器经常被定义为嵌套类。

嵌套类可以被声明为静态的和非静态的。声明为 static 的嵌套类被称为静态嵌套类（static nested class）。非静态的嵌套类被称为内部类（inner class）。

```
class EnclosingClass{
    ...
    static class StaticNestedClass{    //静态嵌套类
        ...
    }

    class InnerClass{    //内部类
```

            ...
        }
    }

2.10.1 静态嵌套类

静态嵌套类与包含它的外部类相关联，与类方法一样，静态的嵌套类不能直接访问外部类中定义的实例变量和实例方法，只能通过一个外部类对象引用使用它们。

对嵌套类的访问，必须通过包含它的外部类的类名来访问，例如：

  EnclosingClass.StaticNestedClass

为了创建静态嵌套类的对象，需要外部类来调用它的构造方法：

  EnclosingClass.StaticNestedClass staticNestedObject =
    new EnclosingClass.StaticNestedClass();

例 2-10 为静态嵌套类的使用实例。

例 2-10　静态嵌套类的使用。

文件名：TestInner.java

```java
class Outer {
    int a;

    public static class Inner {
        public void aMethod() {
            Outer out= new Outer();
            out.a++;        //不能直接访问外部类实例变量，只能通过外部类对象来访问
            System.out.println("this is a inner method");
        }
    }
}

public class TestInner {
    public static void main( String[] args) {
        //static 内部类对象可以直接通过外部类名来创建
        Outer.Inner inner= new Outer.Inner();
        inner.aMethod() ;

    }
}
```

运行结果如下：

  this is a inner method

2.10.2 内部类

内部类（非 static 的嵌套类）可以不受限制地访问外部类的属性和方法，即使这些成员是 private 的也可以访问，这也是内部类所带来的一个好处，它可以更好地为外部类服务。

当内部类的属性或参数与外部类的属性同名时，需要借助 this 关键字引用同名的成员。

例 2-11　内部类中 this 关键字的使用。

文件名：**Outer2.java**
```
class Outer2 {
   private int a=1;

   public class Inner {
         int a=4;

         public void aMethod(int a) {
                a++;       //参数局部变量 a
                this.a++;    // Inner 类的属性 a
                Outer2.this.a++; //外部类 Outer2 的属性 a
                System.out.println("a="+a+"   this.a="+this.a +"
                                            Outer2.this.a="+Outer2.this.a);
         }
   }

   public static void main( String args[] ){
        Outer2 out=new Outer2();
        Outer2.Inner inner =out.new Inner();
        inner.aMethod(5);

   }
}
```
运行结果如下：

　　a=6   this.a=5   Outer2.this.a=2

要实例化内部类，需要先要实例化外部类，然后通过外部类的对象创建内部类对象：

　　EnclosingClass enclosingObject = new EnclosingClass();
　　EnclosingClass. InnerClass innerObject = enclosingObject.new InnerClass();

在外部类的实例方法中可以直接创建内部类的对象，在例 2-12 中的 Outer1 的实例方法 testTheInner 中创建了 Inner 类的对象 inner。

例 2-12　内部类定义和使用。

文件名：**Outer1.java**
```
public class Outer1 {
     private int a;

     public class Inner {   //定义一个内部类
          public void aMethod() {
               a++;   //内部类可以访问外部类的私有成员
               System.out.println("a="+a);
          }
     }

     public void testTheInner() {
          Inner inner = new Inner();   //外部类的方法可以直接创建内部类的对象
          inner.aMethod();
     }

     public static void main( String args[] ){
       Outer1 out=new Outer1();
```

```
        out.testTheInner();
    }
}
```

如果 testTheInner 方法是类方法就不能直接创建 Inner 类对象，它必须通过外部类的实例创建内部类对象。这类似于类方法不能直接访问实例变量，必须通过对象来访问一样。

例 2-13　在类方法中创建内部类对象。

文件名：Outer3.java

```
public class Outer3 {
    public class Inner {
        public void aMethod() {
            System.out.println("this is a inner method");
        }
    }
    public static void testTheInner() {        //static 方法
        Outer3 o = new Outer3();               //首先创建外部类对象
        Inner inner = o.new Inner();           //通过外部类对象创建内部类对象
        inner.aMethod();
    }
}
```

更典型的创建外部类的方法是外部类拥有一个方法，它会返回指向一个内部类的引用。

例 2-14　定义返回指向一个内部类的引用的方法。

文件名：Outer4.java

```
public class Outer4 {
    public class Inner {
        public void aMethod() {
            System.out.println("this is a inner method");
        }
    }
    public   Inner testTheInner() {    //返回一个内部类对象的引用
        return new Inner();
    }
    public static void main(String[] args){
        Outer4 o = new Outer4();
        Inner inner = o.testTheInner();   //通过一个方法创建内部类对象
        inner.aMethod();
    }
}
```

如果在其他地方使用内部类时，其类名前要加上外部类的名字，否则不能识别，在用 new 创建内部类对象时，也要在 new 前面加上外部类对象名。

例 2-15　在其他类中创建内部类对象。

文件名：TestInner5.java

```
class Outer5 {
```

```java
    public class Inner {
            public void aMethod() {
                    System.out.println("this is a inner method");
            }
    }
}

public class TestInner5 {
        public static void main( String[] args) {
                Outer5 outer = new Outer5();
                //在其他类中，内部类应该用完整的类名声明
                Outer5. Inner inner = outer.new Inner();
                inner.aMethod();
        }
}
```

习题

1. 什么是方法的重载，方法重载的好处是什么？

2. 实例变量和类变量有什么区别，实例方法与类方法有什么区别，为什么要定义类变量和类方法？

3. 定义一个课程类 Course，课程类有两个属性，课程名和成绩。定义一个学生类 Student，学生类有 3 个属性：学生姓名和两门 Course 类型的课程。实现要求：

（1）学生类和课程类放在不同的包中。

（2）为课程类和学生类的每个属性编写 Getter 和 Setter 方法，课程类的 Setter 方法要检验成绩的合法性。学生类的 Setter 方法要检验年龄的合法性。

（3）课程类和学生类要定义重载的构造方法。

（4）学生类定义一个计算平均成绩的方法，返回两名课程的平均成绩。

（5）学生类定义一个显示学生信息的方法，打印学生的姓名和选择的两门课程的名字和成绩及平均成绩。

定义一个测试类，创建学生对象，打印学生信息。

4. 定义一个 printWord 的方法，它带有 3 个 String 参数，这个方法打印 3 个字符串所有可能的组合。例如，如果调用 printWord("a","b","c")，会产生这样的输出：abc，acb，bac，bca，cab，cba，每个排列单独占一行。

5. 创建一个银行账户类 SavingsAccount。用一个静态变量来存储每个账户的年利率 annualInterestRate。每个类的对象都包括一个 private 实例变量 SavingsBalance，用来指明账户当前的余额。提供 calculateMonthlyInterest 方法，用 annualInterestRate 除以 12 再乘 balance 来计算月利，并将这个利率加到 SavingsBalance 中。提供一个 static 方法 modityInterestRate，用来为 annualInterestRate 设置新值。然后测试 SavingsAccount 类。编写两个不同的 SavingsAccount 类的对象 saver1 和 saver2，各自拥有的余额为 2000 元和 3000 元。将利率设置为 4%，然后为每个储户计算月利，并打印出新的余额。接着将利率设置为 5%，计算下个月的利率为每个储户打印出新的余额。

第 3 章　继承和多态

面向对象程序设计的三个特色就是数据封装、继承和多态。继承是面向对象编程设计的一个重要特征之一，它是软件重用的一种形式。软件重用可以缩短软件开发的时间，减少系统出错的可能性。多态有助于提高代码的可维护性和可扩展性。本章详细阐述了继承、多态的特性和实现技术，以及相关的抽象类、接口、设计模式概念和实现。

3.1　类的继承

继承是面向对象技术的基本特征之一，通过继承使得子类具有父类的属性和方法，达到设计重用。继承是类与类之间的关系，不是对象与对象之间的关系。在 Java 语言中，一个子类只能继承一个父类，可以利用接口达到多重继承的效果。

3.1.1　继承概念

在 Java 语言中，子类（subclass）从父类（parent class）派生出来，继承了父类的所有属性和方法。子类也称为派生类（derived class）或者扩展类（extended class）；父类也称为超类（super class）或者基类（base class）。

继承的概念虽简单，但是其功能却非常强大。当需要创建一个新类时，如果有一个类已经实现了部分功能，就可以从这个现有的类派生出新的类。通过这种方式就可以重用现有类的代码。子类不仅可以继承父类的状态和行为（属性和方法），同时也可以修改父类的状态或覆盖父类的行为，将它们改成子类的特征，也可以添加新的状态和行为，也就是说，子类更特殊。

子类继承父类可以使代码更加简洁，减少代码冗余，而且继承已测试过的父类代码，可以有效地减少错误的发生。不需要父类的源代码，只要拥有父类的字节码就可以派生出新类。

Java 语言是单继承机制，不支持多重继承，即一个父类可以有多个子类，但一个子类只能有一个父类。这种单继承机制使代码更加可靠，不会出现多个父类有相同的方法或属性所带来的二义性。

3.1.2　继承实现

在 Java 中，在类定义时加入 extends 子句来声明所继承的父类，其格式如下：

```
class 子类名 extends 父类名{
    …
}
```

在 Java 中，所有的类都直接或间接地继承 java.lang.Object 类，如果一个类没有明确地继承一个父类，那么系统会默认它继承 Object 类，Object 类是一切类的父类。

在例 3-1 中，Manager 继承了 Employee 类，而 Employee 类实际继承 Object 类。

例 3-1　继承关系实例。

文件名：Manager.java

```java
class Employee {
    protected String name;
    protected double salary;
    protected int birthDate;

    public String getDetails() {
        return "Name:" + name + "\n" + "Salary:" + salary;
    }
}

public class Manager extends Employee {
    protected String department;

    @Override
    public String getDetails() {
        return "Name:" + name + "\n" + "Salary:" + salary + "Manager of : " + department;
    }
}
```

Manager 继承了父类 Employee 中的所有属性（name, salary 和 birthDate 属性）和方法，同时还增加了 department 属性，覆盖了父类中的 getDetails( )方法。

需要注意的是，父类中构造方法是不能够被子类继承的，但可以使用 super 关键字调用父类的构造方法。

3.1.3　方法覆盖

在 Java 中，子类可继承父类的方法，但有时子类可以采用方法覆盖来修改继承的方法的实现。方法覆盖（overriding）是在子类重新定义了父类的方法，也称方法重写。

覆盖方法具有与其被覆盖的方法相同的名称、参数列表（参数顺序和数量）和返回类型。子类覆盖方法也可以返回被覆盖方法类型的子类型。

在例 3-1 中，子类方法 Manager 中定义的 getDetails()方法的签名（方法名、参数列表及返回类型）和父类完全相同，因此，覆盖了父类的 getDetails()方法。

需要注意，覆盖方法的访问权限不允许缩小。被覆盖的方法不能是 final 方法，也不能为 static 方法。覆盖方法也不能比原方法抛出更多的异常，异常相关内容请参阅第 6 章。

当覆盖方法时，可以使用@Override 注解，指示编译器该方法是覆盖父类中的方法。如果编译器检测到该方法在父类中不存在，将产生编译错误。

覆盖不会删除父类中的方法，子类中覆盖方法可以使用 super 来访问父类中被覆盖的方法。

方法覆盖和方法重载存在以下几点不同：

① 覆盖方法参数列表必须相同，重载方法参数列表必须不相同；

② 覆盖返回类型要一致，重载没有要求；

③ 覆盖用于子类覆盖父类的方法，重载可以在同一个类中，也可以在子类中使用；
④ 构造方法不能覆盖但可以重载；
⑤ 一个方法只能被子类覆盖一次，但可以被多次重载；
⑥ 覆盖对方法的访问权限和抛出的异常有一定的约束，重载则没有限制。

3.1.4 super 关键字

和 this 关键字类似，使用 super 关键字可以访问父类的成员和构造方法。

1. 访问父类成员

在继承关系中，当子类声明了和父类同名的属性，则父类中定义的属性会被屏蔽。

当子类定义的方法与父类中的方法具有相同的方法名字、相同的参数列表和相同的返回类型时，则父类的方法被覆盖。

子类中可以使用 super 关键字来实现对父类成员的访问。

super 调用父类的属性和方法的语法格式如下：

```
super.属性
super.方法名([参数列表])
```

在例 3-2 中，子类用 super.x 和 super.aMethod( )访问父类中的属性和方法。另外，如果子类的构造方法没有明确地调用父类的构造方法，则调用父类默认的无参的构造方法。

例 3-2 访问父类中的成员。

文件名：InheritanceTest.java

```java
class superClass{
    int x;

    superClass( ){
        x = 4;
        System.out.println("in superClass : x = "+x);
    }

    void aMethod( ){
        System.out.println("in superClass.aMethod( )");
    }
}

class subClass extends superClass{
    int x;          //屏蔽了父类的属性 x

    subClass( ){
        x = 6;      //子类的 x
        System.out.println("in subClass : x = "+x);
    }

    void aMethod( ){                //覆盖父类的方法
        super.aMethod( );           //调用父类的方法
        System.out.println("in subClass.aMethod( )");

        //用 super 调用父类属性
```

```java
            System.out.println("super.x = "+super.x+" sub.x = "+x);
        }
    }
    public class InheritanceTest{
        public static void main( String args[ ] ){
                subClass subC = new subClass( );
                subC.aMethod( );
        }
    }
```

运行结果如下：

```
in superClass : x = 4
in subClass : x = 6
in superClass.aMethod( )
in subClass.aMethod( )
super.x = 4    sub.x = 6
```

super 还可以用来简化代码的编写，当子类覆盖父类的方法时，可以利用 super 调用父类的方法避免代码的重复书写，还可以减少出错的可能。在例 3-3 中，GraduateStudent 类中的 getDetail 方法通过使用 super.getDetail()调用了父类的打印信息，随后又接着添加了新的打印信息。

例 3-3　super 可以简化代码的编写。

文件名：GraduateStudent.java

```java
    class Student{
       String name="Li Ming";
       int age=18;

       public void getDetail(){
          System.out.println("name: "+name+"\n"+"age: "+age);
       }

    }

    public class GraduateStudent extends Student{
       String mentorName="Professor Zhang";

       public void getDetail(){
          super.getDetail() ;             //调用父类的方法，简化代码编写
          System.out.println("his mentor is: "+mentorName);
       }

       public static void main(String[] args){
          GraduateStudent gs= new GraduateStudent();
          gs.getDetail() ;
       }

    }
```

运行结果如下：

name: Li Ming

age: 18
his mentor is: Professor Zhang

2．调用父类构造方法

一般父类中的成员都是 private 访问权限，子类无法直接初始化父类的属性，但可以通过 super()调用父类的构造方法来实现。

调用父类的构造方法语法格式如下：

> super([参数列表]);

与 this()调用本身的构造方法相同，通过 super()方式调用父类构造方法只能放在当前类的构造方法的第 1 条语句。

super()语句中的参数类型、顺序和个数必须和父类中定义的某个构造方法完全匹配，否则将调用失败。如果子类构造方法没有明确地调用父类的构造方法，编译器会自动调用默认的无参 super()，如果父类没有默认的无参构造方法（一旦定义了自定义的构造方法，默认无参构造方法就自动失效），则会产生编译错误。

例 3-4 为使用 super 调用父类构造方法的实例。

例 3-4 调用父类的构造方法。

文件名：SuperDemo.java

```java
class Person {
    private String name;
    private int age;
    private String address;

    public Person( String name, int age, String address) {
        this. name = name;
        this. age = age;
        this. address = address;
    }

    public Person( String name, int age) {
        this( name, age, null);
    }

    public Person( String name, String address) {
        this( name, 18, address);
    }

    public Person( String name) {
        this( name, 18);
    }
}

class Employee extends Person{
    private String bossName;

    public Employee(String name, String address, String bossName){
        super(name, address);              //调用父类的构造方法
        this.bossName =bossName;
```

```
    }
    public Employee(String name, String bossName){
        super(name);                      //调用父类的构造方法
        this.bossName =bossName;
    }

    public Employee(String bossName){      //出错,因为父类没有定义无参的构造方法
        //此处会默认调用 super()
        this.bossName =bossName;
    }
}
```

子类 Employee 前两个构造方法的第一句都调用了父类的构造方法,根据 super()语句中的参数列表,可以匹配到父类 Person 中的构造方法。子类 Employee 的第三个构造方法 Employee(String bossName)中没有明确调用父类的构造方法,编译器则会自动调用父类的默认构造方法 super(),但父类 Person 并没有定义无参的构造方法,同时 Student 已有构造方法,系统也不会再为它生成默认的构造方法,因此程序出错。改正的办法是在父类中定义一个 Person() 无参的构造方法。

3.1.5 类型转换

在 Java 中,基本数据类型的类型转换包括自动类型转换和强制类型转换,具体请参考 1.6.7 节。引用类型的类型转换是将一个类型的对象转换成另一个类型的对象。同样,引用类型的类型转换也分为自动类型转换和强制类型转换。

1. 自动类型转换

在 Java 中,父类引用变量可以直接引用子类对象。实际上就是将子类对象自动转换为父类对象,引用变量只能使用父类中定义过的属性和方法。

例如,在下面代码中,子类 Employee 的对象会自动转换为父类类型 Person 和 Object 类型。

```
class Employee extends Person{
    //…
}

Employee emp = new Employee("Biden", "100 Main Ave", 3000.0);
Person per = emp;                                           //自动类型转换
Objet obj = new Employee("Trump", "101 Main Ave", 5000.0);   //自动类型转换
```

2. 强制类型转换

引用类型的强制类型转换可以将一个类型的对象强制转换成另一个类型的对象。
对象的强制类型转换语法格式如下:

(类型)对象

父类引用变量如果需要访问子类中新定义的成员(包括属性和方法),就需要先将父类的对象强制转换成子类类型,才可以访问子类特有的成员。

例 3-5 为强制类型转换的实例。

例 3-5 强制类型转换实例。

文件名：**TestCasting.java**

```java
class Person{
    private String name;
    private String address;

    public Person(String name, String address){
        this.name=name;
        this.address=address;
    }

    public String getName(){
        return name;
    }
    public String getAddress(){
        return address;
    }
}

class Employee extends Person{
    private double salary;

    public Employee(String name, String address,double salary){
        super(name, address);
        this.salary =salary;

    }

    public double getSalary(){
        return salary;
    }
}

public class TestCasting{

    public static void main(String[] args) {
        Person person = new Employee("Joe Smith", "100 Main Ave", 3000.0);

        String name = person.getName();
        String address = person.getAddress();

        Employee employee = (Employee) person;    //强制类型转换
        double salary = employee.getSalary();

        System.out.println("Employee information:\n"+name+"\n"+address+"\n"+salary);

    }
}
```

运行结果如下：

Employee information:
Joe Smith
100 Main Ave
3000.0

在例 3-5 中，person 是父类引用变量，赋值是 Employee 的子类对象，person 对象调用父类中的方法 getName()和 getAddress()没有问题，但如果调用子类的方法 getSalary()就会出错，因为 person 是 Person 类的引用，Person 类没有 getSalary()方法，因此需要将其强制转换成它的子类对象 Employee 后，才可以使用子类中的方法。

强制类型转换要求引用变量引用的对象本身是该类类型（或者其后代对象类型）才可以，否则不可以转换，下面的语句会导致程序运行异常。

```
Person person = new Person ("Trump", "100 Main Ave");
Employee employee = (Employee) person;    //强制类型转换错误
double salary = employee.getSalary();
```

3．Instanceof 运算符

为了避免强制类型转换错误，Java 提供 instanceof 运算符判断对象是否是某个类的实例。instanceof 运算符的语法格式如下，返回值是 true 或 false。

对象 instanceof 类型

在强制类型转换之前，需要先用 instanceof 运算符进行判断，示例用法如下：

```
if (person instanceof Employee){
    Employee employee = (Employee) person;
    double salary = employee.getSalary();
}
```

一个方法中的参数类型如果引用类型，那么该方法可以接收该类型的对象及其所有子类对象。如果在方法中需要根据不同类型的对象做出不同的处理，可以借助 instanceof 运算符判断对象的类型。

假设类 Cat、Dog、Horse 都是 Animal 类的不同子类。在 doSomething()方法中的参数类型为 Animal 类型，根据接收的不同类型的子类对象分别做不同的处理。

```
public class Cat extends Animal{ //...}
public class Dog extends Animal{ //...}
public class Horse extends Animal{//...}

public void doSomething(Animal e) {
    if (e instanceof   Cat) {            // 判断是不是 Cat 类的对象
        System.out.println("this is a cat");
    } else if (e instanceof   Dog) {     // 判断是不是 Dog 类的对象
        System.out.println("this is a dog");
    } else if (e instanceof   Horse) {   //判断是不是 Horse 类的对象
        System.out.println("this is a horse");
    }
}
```

3.1.6　java.lang.Object 类

类 java.lang.Object 是所有类的父类，Java 中每个类都是 Object 类直接或间接的子类。Object 类中有几个重要的方法在子类中会被经常用到。下面介绍 Object 中常用的 3 个方法。

1．equals()方法

equals()方法用于比较一个对象和另一个对象是否相等,是基于两个对象的属性值的比较。

而在 Object 类实现的 equals()方法中，使用双等号运算符（==）进行对象的比较，比较的是两个对象的引用是否相等，不是基于对象属性的值的比较。

Object 类的 equals()方法的定义如下：

```java
public boolean equals(Object obj) {
    return (this == obj);   //比较的是引用
}
```

但通常引用都是基于对象属性值的比较，需要覆盖 equals()方法。标准类库里的工具类（如 String、Integer 等）都已经覆盖了 equals()方法。例 3-6 为两个 String 类型对象的比较示例。

例 3-6 两个对象的比较。

文件名：Compare.java

```java
public class Compare {
    public static void main(String[] args) {
        String str1 = new String ("aaa");
        String str2 = new String ("aaa");

        if (str1.equals (str2))
            System.out.println ("two strings are equal");

        if (str1==str2)
            System.out.println ("str1==str2 is true" );
        else
            System.out.println ("str1==str2 is false" );
    }
}
```

运行结果如下：

```
two strings are equal
str1==str2 is false
```

其中，str1.equals (str2)比较的结果为 true，因为 str1 和 str2 对象的值都为"aaa"。而 str1==str2 比较的结果为 false，因为两个对象是不同的引用。

用户自定义的类如果需要比较值的话，需要覆盖 equals()方法。比较相等的条件根据用户的需要来设定，一般需要将 equals()方法写成比较所有属性是否相等，当都相等时才返回 true。

例 3-7 定义的 Student 类覆盖了 equals()方法，仅对学生的学号是否相等进行了比较，如果学号相同则返回 true。

例 3-7 覆盖 equals 方法。

文件名：Student.java

```java
public class Student{
    private String    id;
    private String    name;

    public Student(String initialId, String initialName)   {
        this.id = initialId;
        this.name = initialName;
    }

    public String    getId()    {
```

```
            return   this.id;
        }
        public String   getName () {
            return   this.name;
        }
        public Boolean equals(Object object)   {         //覆盖 equals()方法，比较学生的学号是否相等
            if (object instanceof Student) {
                Student stu= (Student) object;
                return stu.getId() = = getId() ;
            } else {
                return false;
            }
        }
    }
```

如果创建以下两个 Student 类的对象：

```
Student stu1 =new Student("Mark", 1121);
Student stu2 =new Student("Peter", 1122);
```

可以用 stu1.equals(stu2)。

2．getClass()方法

getClass()方法返回对象所对应的类描述对象，通过返回的类对象可以进一步得到类相关的信息，如类名、父类、对象实现接口的名称等。

例 3-8　getClass()方法的使用。

文件名：GetClass.java

```
class Animal{
    //...
}

class Cat extends Animal{
    //...
}

public class GetClass {
    public static void getObject(Object obj){
        System.out.println("The Object's name is: "+obj.getClass()    //得到对象的类
            +'\n'+"and his Super Class is:"+obj.getClass().getSuperclass() ); //得到对象的父类
    }
    public static void main(String[] args) {
        Cat cat= new Cat();
        getObject(cat);
    }
}
```

运行结果如下：

```
The Object's name is: class Cat
and his Super Class is:class Animal
```

getClass()方法的另一个用法是可以动态创建一个类的实例，而不必在编译时就知道到

是哪个类。下面的 creatNewInstanceOf 方法创建了一个与对象 obj 具有相同类型的一个新的实例。

```
Object creatNewInstanceOf (Object obj){
    return obj.getClass( ).newInstance( );
}
```

3．toString()方法

类 Object 定义的 toString()方法用来返回对象的描述字符串。Object 的 toString()方法返回的格式为 ClassName@ObjectID，ObjectID 是 JVM 中的内部对象 ID。

例如，下面的语句创建 Student 对象，直接输出 Student 对象，就会自动调用 Student 类中默认从 Object 类继承的 toString()方法返回对应的字符串：

```
Student s = new Student ("Mike", "12345678");
System.out.println(s);
```

运行结果如下：

Student @82B71536

显然这个输出结果不是用户想要的，所以自定义类一般都会覆盖 toString()方法，返回对象相关状态的描述。JDK 标准类库中的类均覆盖了 toString()方法。

如果把上述的 Person 类的 toString( )方法覆盖：

```
public String toString() {
    return this.getName() + " (" + this.getId() + ")";      //返回学生的姓名和学号
}
```

运行结果如下：

Mike (12345678)

例 3-9 是一个自定义类中覆盖继承的 toString()方法的完整实例。

例 3-9　toString 的覆盖。

文件名：Point.java

```
public class Point {
    // x,y 坐标点变量
    private int   x;
    private int   y;

    public Point(int   initialX, int   initialY)  {
        this.x = initialX;
        this.y = initialY;
    }

    public int   getX()   {
        return this.x;
    }

    public int   getY()   {
        return this.y;
    }
```

```
            public String    toString()    {      //覆盖 toString()方法
                return "The Point is " + "(" + getX() + "," + getY() + ")";
            }

        public static void main(String[] args) {
            Point p=new Point(30,50);
            System.out.println(p);      //打印 Point 对象
        }
    }
```
运行结果如下：

    The Point is (30,50)

3.1.7　final 关键字

    final 可以用于定义类、类的属性和方法，也可以在方法内声明局部变量时使用。final 类不允许被继承；final 属性是当前对象的常量，只允许初始化或赋值一次；final 方法不允许被覆盖。final 局部变量为方法内常量。

1．final 属性和 final 局部变量

    final 声明的属性表示的是当前对象的常量，一般在声明时属性值就给定初始值，在创建对象时完成初始化，之后其值在当前对象内不允许再修改了。

    static final 声明的属性由于 static 要求在整个程序运行过程中仅允许初始化一次，因此是全局范围的常量，程序运行过程中不再允许修改。

    final 局部变量也可以声明为 final，同样也只允许初始化一次，相当于方法内的常量，其值当前方法内不允许再修改了。

    例 3-10 描述了 final 属性及局部变量的具体使用。

例 3-10　　final 数据的定义。

文件名：FinalData.java

```
    class Value {
        int i = 1;
    }

    public class FinalData {
        final int i1 = 9; // final 属性在创建对象时初始化一次，之后不能改变，相当于对象内常量
        static final int VAL_TWO = 99; // static 仅允许初始化一次，加上 final 相当于全局范围内的常量
        public static final int VAL_THREE = 39;// 全局范围内的常量

        final int i4 = (int) (Math.random() * 20);// 对象内常量的值，每次在创建对象时动态产生
        static final int VAL_FIVE = (int) (Math.random() * 20);// 全局常量，在第一次运行时动态产生

        Value v1 = new Value();// 引用类型属性
        final Value v2 = new Value();// 引用类型 final 属性，v2 值当前对象内不允许再修改了

        public void print(final String id) {// final 参数，相当于局部变量，方法内常量
            final int var = 2021;// final 局部变量
            // var ++; // 错误，常量不允许修改
            // id = id + var;// 错误，常量不允许赋值
```

```
            System.out.println(id + ": " + "i4 = " + i4 + ", VAL_FIVE = " + VAL_FIVE
                    + ", v1= " + v1.i + ", v2= " + v2.i);
        }
        public static void main(String[] args) {
            System.out.println("Creating a FinalData");
            FinalData fd = new FinalData();
            // fd.i1++; // 错误，常量不允许赋值
            // fd1.v2 = new Value(); // 错误，不能改变 final 变量的值
            fd.v2.i++; // 虽然 v2 值不能改变，但 Value 对象里的值是可以改变的
            fd.v1 = fd.v2; // 正确
            fd.print("fd");
            System.out.println("Creating another FinalData");
            FinalData fd1 = new FinalData();
            fd1.print("fd1");
        }
    }
```

运行结果如下：

```
Creating a FinalData
fd: i4 = 6, VAL_FIVE = 18, v1= 2, v2= 2
Creating another FinalData
fd1: i4 = 2, VAL_FIVE = 18, v1= 1, v2= 1
```

从例 3-10 中可以看出，如果基本类型属性或者变量是 final 的，其值是不能修改的；如果引用变量是 final 的，其引用不可以改变，但引用的对象属性是可以改变的。

2．final 方法

声明为 final 的方法不能在子类中被覆盖。使用 final 方法可以防止任何继承类改变方法的本来含义，若希望一个方法的行为在继承期间保持不变，就可以设为 final 方法。通常想明确禁止方法被覆盖的时候，才应考虑将一个方法设为 final。

final 方法的格式如下：

```
[访问约束] final  返回类型  方法名( [参数列表] ){
    …
}
```

3．final 类

final 类不能被继承。出于安全性的原因或者是面向对象设计上的考虑，有时候希望一些类不能被继承。黑客用来破坏系统的一种机制是创建一个类的子类，然后用子类替代父类，做些破坏性的事情，要防止这种破坏，可以将类声明为 final 类型。

JDK 中的很多类都是 final 类，例如 String 类。

定义一个 final 类的格式如下：

```
[public] final class  类名{
    …
}
```

3.2 访问权限控制

访问权限实现了一定范围内的信息隐藏。在 Java 中，针对类的每个属性和方法都可以有

访问权限的控制。Java 支持 4 种属性和方法的访问级别：private、default、protected 和 public。具体的访问权限见表 3-1。

表 3-1　Java 中类成员的访问权限控制

约束符	范围				类图描述符
	当前类	相同包	子类	所有类	
private	可以				-
default	可以	可以			~
protected	可以	可以	可以		#
public	可以	可以	可以	可以	+

3.2.1　私有访问权限

如果类里的一个成员（包括属性、方法和构造方法等）使用 private 访问控制符来修饰，则这个成员只能在当前类的内部被访问。很显然，这个访问控制符用于修饰属性最合适，可以把属性隐藏在类的内部。

类中的一些辅助方法也可以设为 private 访问权限，因为这些方法只是为当前类的其他方法服务，没有必要让其他类知道，private 方法的好处是对方法的修改不会影响其他类。下面的代码片段说明了 private 访问权限的使用，B 类不能访问 A 类的 private 属性和方法。

```
class A {
    private int privateVar;
    private void privateMethod() {
        System.out.println("privateMethod");
    }
}

class B{
    void aMethod() {
        A a = new A();
        a.privateVar=3;         // 非法访问了类 A 中的 private 属性
        a.privateMethod();      // 非法访问了类 A 中的 private 方法
    }
}
```

3.2.2　包访问权限

包访问权限，也称 default 访问控制。可以用于类的成员，也可以用于定义类。包访问控制可以让同一包中的类更自由地相互访问，但限制包外的类的访问。

如果类里的成员（包括属性、方法和构造方法等）不使用任何访问控制符修饰，就是包访问权限，也称 default 访问控制，成员可以被相同包下的其他类直接访问。

一个外部类如果不使用 public 修饰，该类也是包访问权限，可以被相同包下的其他类使用。

下面的代码片段说明了包访问权限的使用。同一个包中的类 B 可以使用类 A，访问 A 中包访问权限的属性和方法。

```java
package aa.bb.cc;

class A {
    int aVar;                //包访问权限属性
    void aAMethod() {        //包访问权限方法
        System.out.println("privateMethod");
    }
}

class B{
    void aBMethod() {
        //使用同包中的类 A
        A a = new A();
        //访问 A 中包访问权限的属性和方法
        a.aVar=3;
        a.aAMethod();
    }
}
```

3.2.3 子类访问权限

如果一个成员（包括属性、方法和构造方法等）使用 protected 访问控制符修饰，那么这个成员既可以被同一个包中的其他类访问，也可以被不同包中的子类访问。

在通常情况下，如果使用 protected 来修饰一个方法，通常是希望其子类来覆盖这个方法。下面的两段代码说明了子类访问权限的使用。

```java
package aa;

class A {
    public A(){
        System.out.println("creat A");
    }

    protected void fun() {
        System.out.println("a fun in A");
    }
}
```

类 B 和类 A 分别在不同的包中，B 类继承了 A 类，所以可以访问 A 类中 protected 权限的 fun 方法。

```java
package bb;

public class B extends A{
    B() {
        System.out.println("creat A");
    }
    public static void main(String[] args) {
        B x = new B();
        x.fun(); //正确，fun 方法是 protected 权限
```

```
        }
    }
```

3.2.4 公共访问权限

如果一个成员(包括属性、方法和构造方法等)或者一个外部类使用 public 访问控制符修饰,那么这个成员或外部类就可以被所有类访问,而不管访问类和被访问类是否处于同一个包中,是否具有父子继承关系。这是一个最宽松的访问控制级别。

类的属性不建议 public 访问权限,因为任何类都可以直接修改变量的值,正确性无法保证。public 方法的主要用途是为其他类提供服务。

下面两段代码说明了 public 权限的使用。

```
package aa;
public class A {
    public int var;

    public A(){
        System.out.println("creat A");
    }

    public void fun() {
        System.out.println("a fun in A");
    }
}
```

尽管 A 和 B 不在同一个包中,但 B 类可以访问 A 类 public 的属性和方法。

```
package bb;

import aa;

public class B {
    public static void main(String[] args) {
        A x = new A();
        x.var=4;    //正确,var 是 public 访问权限
        x.fun();    //正确,fun()是 public 访问权限

    }
}
```

3.3 抽象类与接口

当类中某些方法没有必要具体实现时,可以将其定义为抽象方法,由子类依据需要实现。包含抽象方法声明的类就是抽象类。如果类中所有方法都是抽象的,可以考虑采用接口类型来代替该类的类型定义。

抽象类可以定义属性(实例变量),接口只能定义常量。一个类继承一个抽象类,它就不能继承其他类,但是可以实现多个接口。

抽象类和接口都不能创建对象实例。

3.3.1 抽象类

抽象类不能创建对象，作为父类提供了部分实现，完整实现由子类去完成。
定义一个抽象类的语法如下：

  [public] abstract class 类名{
    …
  }

abstract 定义的没有具体实现的方法，称为抽象方法，只有方法的声明，没有方法体。抽象方法的定义如下：

  [访问约束] abstract 返回类型 方法名([参数列表]);

抽象方法为所有子类定义了一个统一的接口。抽象类中可以包含抽象方法，也可以不包含抽象方法，但是，一旦一个类中包含了 abstract 方法，则这个类必须声明为 abstract 类。

子类如果没有实现父类中所有抽象方法，那么这个子类也必须声明为抽象类。父类中定义抽象方法的一个好处就是强迫子类必须实现所有继承的抽象方法，也就是确保了子类必须实现某些功能，如果子类没有实现所有的抽象方法，子类就不能创建对象。

下面的代码片段定义了一个形状（Shape）的抽象类，其中有两个抽象方法 draw 和 erase，Shape 类的两个子类 Circle 和 Square 都实现了 draw 和 erase 方法。

```java
abstract class Shape {        //抽象类
    abstract void draw();     //抽象方法
    abstract void erase();    //抽象方法
}

class Circle extends Shape { //Circle 类实现了所有抽象方法
    void draw() {
        System.out.println("Circle.draw()");
    }
    void erase() {
        System.out.println("Circle.erase()");
    }
}

class Square extends Shape { // Square 类实现了所有抽象方法

    void draw() {
        System.out.println("Square.draw()");
    }
    void erase() {
        System.out.println("Square.erase()");
    }
}
```

如果子类 Square 或 Circle 没有将父类中的两个抽象方法都实现，那么子类必须声明为抽象类，这意味着子类就不能创建对象。

3.3.2 接口定义

接口（interface）是抽象方法和常量值集合的定义。一般情况下，接口中定义的方法都是抽象方法。接口用来描述类应该做什么，而不指定它们具体的实现。

Java 通过接口使得处于不同层次，甚至互不相关的类可以具有相同的行为。另外，Java 允许类实现多个接口，使用接口可以间接实现"多重继承"。最重要的是接口还可以实现多态功能，3.4 节将详细地讲解多态的概念。

和类的定义类似，接口的定义包括接口声明和接口体两部分，定义接口的语法如下：

```
[public] interface 接口名 [extends 接口列表]{
    常量定义
    方法的声明
}
```

接口声明中必须有 interface 关键字和接口的名字。public 指明任意类或接口均可以使用这个接口；如果没有 public，只有与该接口定义在同一个包中的类或者接口才可以使用这个接口。extends 子句与类声明中的 extends 子句基本相同，不同的是一个接口可以有多个父接口，用逗号隔开，子接口继承所有父接口中所有的常量和方法。

例如，下面定义的接口 MyInterface 继承了两个父接口，并定义了自己的一个常量和一个抽象方法：

```
public interface MyInterface extends Interface1, Interface2 {
    int MAX_NUM=100;
    void aMethod();
}
```

接口中的常量名通常用大写表示，所有常量默认为 public static final 属性。如果试图给接口中的常量指定 public 以外的访问权限，将会导致错误。

除了常量定义，接口中可以定义方法，接口中定义的方法默认为 public abstract 属性，都是抽象方法，只有方法的声明，没有方法的实现。接口还支持定义默认方法和静态方法，默认方法和静态方法是已经实现的方法。

接口使用 default 关键字定义已经实现的默认方法，例如：

```
interface A{
    //定义默认方法
    default void hello() {
        System.out.println("from A");
    }
}
```

当定义新接口继承包含默认方法的接口时，同时也会继承默认方法，当然也可以重新声明默认方法使其抽象，或者重新定义默认方法覆盖它。下面定义的接口 B 覆盖了父接口 A 中继承的方法 hello()：

```
interface B extends A{
    //覆盖默认方法
    default void hello() {
        System.out.println("from B");
```

```
        }
    }
    class DefaultMethodOfInterface implements B, A {
        public static void main(String[] args) {
            new DefaultMethodOfInterface().hello();//打印 from B
        }
    }
```

除了默认方法外，还可以在接口中定义已经实现的静态方法。与类中的静态方法一样，在方法签名的开头带有 static 关键字就可以指定接口中的方法是静态方法，并实现该方法体。静态方法可以直接通过"类型名.方法名"进行调用。

接口中的所有成员都默认是 public 的，因此可以省略 public 修饰符。

和抽象类一样，接口也不能被实例化。可以声明一个接口类型引用变量引用任何实现了接口的类的对象。

3.3.3 接口实现

类实现一个接口就是实现接口里的所有方法。在类的声明中用 implements 子句来表示要实现接口列表，语法格式如下：

```
[public] class 类名 implements 接口列表{
    …
}
```

类必须实现接口中定义的所有方法，否则类就是一个抽象类。一个类可以实现多个接口，在 implements 子句中用逗号分隔。

下面的代码定义了接口 Flyer、父类 Vehicle 和子类 Airplane，子类 Airplane 继承了父类 Vehicle 并实现了接口 Flyer，实现了接口中的所有方法。

```
class Vehicle{
    //…
}

interface Flyer {        //接口定义
    public void takeOff();
    public void land();
    public void fly();
}

public class Airplane extends Vehicle implements Flyer {    //类实现接口
    public void takeOff() {
        System.out.println("airplane takeOff");
    }

    public void land() {
        System.out.println("airplane land");
    }

    public void fly() {
```

```
        System.out.println("airplane fly");
    }
}
```

3.3.4 使用接口类型

接口作为一种引用类型,可以像其他引用类型一样使用,可以用来定义引用变量,也可以作为方法的参数。把接口作为一种数据类型不需要了解所引用对象的具体类,只需要关注接口中定义的方法即可。

例 3-11 为接口应用的示例。其中,Duck 类继承了一个父类 Bird,实现了两个接口 CanSwim 和 CanFly。在 Duck 类中尽管只实现了 swim()方法,而没有对 fly()方法提供一个具体的实现,但它的父类实现了 fly()方法,所以 Duck 类直接或间接地实现了所有接口中的方法。

例 3-11 接口应用示例。

文件名:DuckTest.java

```java
interface CanSwim {      //接口定义
    void swim();
}

interface CanFly {      //接口定义
    void fly();
}

class Bird {      //接口定义
    public void fly() {
        System.out.println("bird can fly");
    }
}

class Duck extends Bird implements CanSwim, CanFly {  //子类继承父类,并且实现了2个接口
    public void swim() {
        System.out.println("Duck can swim");
    }

}

public class DuckTest {
    static void doSwim(CanSwim x) {       //参数是接口
        x.swim();
    }
    static void doFly(CanFly x) {         //参数是接口
        x.fly();
    }
    static void aSuperAction(Bird x) {    //参数是父类
        x.fly();
    }
    public static void main(String[] args) {
        Duck duck = new Duck();
        doSwim(duck);
        doFly(duck);
```

```
        aSuperAction(duck);
    }
}
```

在类 DuckTest 中，doSwim()和 doFly()方法中的参数分别是两个不同的接口，这意味着该接口类型的参数变量可以接收任何实现该接口的类的实例，duck 对象实现了两个接口，所以可以作为实参传递给这两个方法。程序运行结果如下：

```
Duck can swim
bird can fly
bird can fly
```

如果一个类实现了一个接口，类似于父类类型和子类对象的关系，那么实现了接口的类的对象是可以赋给接口类型的引用变量。

例如，有一个接口和一个实现了该接口的类 Airplane 实现了接口 Flyer，可以将 Airplane 对象赋值给 Flyer 类型变量，但是不能将一个 Flyer 引用变量直接赋值给一个 Airplane 类型的引用变量，因为不是所有的 Flyer 都是 Airplane。

```
Airplane airplane = new Airplane();
Flyer f;
f=airplane;      //可以
airplane= f;     //出错
```

如果接口类型变量引用的是具体类的对象，可以把接口强制类型转换成该类类型。例如：

```
Airplane airplane2 = (Airplane) f
```

但如果接口类型变量引用的对象不是要强制转换类的对象，强制类型转换就会出现运行时错误。

接口引用变量只能访问接口里定义的方法，如果要访问对象本身的成员，则必须先强制类型转换才能访问。

```
Flyer t = new Flyer ();    //错误，接口不能实例化
Flyer f = new Airplane ();
f. increaseSpeed ( );      //错误，因为 increaseSpeed 是类 Airplane 的方法，不是 Flyer 的方法
((Airplane) f). increaseSpeed ();    //先强制类型转换成 Airplane 对象，才可以使用 increaseSpeed 方法
(Airplane) f. increaseSpeed ();      //运算优先级高于强制类型转换，错误
```

3.4 多态

将一个方法调用同某个对象连接到一起就称为"绑定"。若在程序运行前绑定，也就是在编译阶段决定方法与对象的绑定称为"早期绑定"。若在程序运行时才绑定，称为"动态绑定"，也称为"后期绑定"或"运行期绑定"。

例如，父类 Person 的 display()方法显示个人信息，其子类 Student、Employee 和 Professor 均覆盖 display()方法，用于显示各自特定的个人信息。如果测试类中定义一个方法：

```
public void display(Person p){
    p.display();
}
```

因为参数 p 可以接收 Person 对象及其子类对象（Student、Employee 和 Professor 对象），在编译时无法确定 p 引用的是哪个类型的对象，这些对象都覆盖了 display()方法。只有在运

行时才能根据传递的实际参数类型来确定运行哪个 display()方法。这种在运行时而不是在编译时绑定方法就是动态绑定。

类的子类可以定义自己的独特行为，但可以共享父类的某些相同功能。不同类型的对象以各自不同方式响应同一方法调用，就是多态的行为。Java 中通过继承和接口都可以实现多态。

3.4.1 继承与多态

Java 中子类可继承父类的方法，也可以采用覆盖来修改方法的实现，对父类的方法进行重新定义。

例 3-12 说明了如何通过继承实现多态。父类 Shape 有多个子类：Circle、Square 和 Triangle，Shape 类中定义了一个抽象的 draw()方法，3 个子类覆盖了 draw()方法，分别画自己的形状。

例 3-12　继承类实现多态。

文件名：PolymorphismClass.java

```java
class Shape {
  void draw(){
     System.out.println("Shape.draw()");
  }
}

class Circle extends Shape {
  void draw() {
     System.out.println("Circle.draw()");
  }
}

class Square extends Shape {
  void draw() {
     System.out.println("Square.draw()");
  }
}

class Triangle extends Shape {
  void draw() {
     System.out.println("Triangle.draw()");
  }
}

public class PolymorphismClass{
  public static void doDraw(Shape i) {
       i.draw();       //多态，根据传递的不同对象实现出不同的行为
  }
  public static void main(String[] args) {
      Circle circle = new Circle();
      Square square = new Square();
      Triangle triangle = new Triangle();

      doDraw (circle);
```

```
            doDraw (square);
            doDraw (triangle);
      }
}
```

测试类 PolymorphismClass 的 doDraw (Shape i)方法中的参数 i 可以接收 Shape 类对象及其子类对象，因此方法中调用的 i.draw()语句在编译期间无法确定是哪个类的 draw()方法，对 draw()方法的所有调用都是在运行期间通过动态绑定进行的。在 main 方法中调用了 3 次 doDraw()方法，传递了 3 个不同的子类对象，i.draw()根据传递的不同对象画出不同的形状，这就是多态。程序运行结果如下：

```
Circle.draw()
Square.draw()
Triangle.draw()
```

也可以将测试类简化写成以下形式，程序运行结果相同。

```
public class PolymorphismClass{
  public static void main(String[] args) {
      Shape s = new Circle();
      s.draw ();
      s = new Square();
      s.draw ();
      s = new Triangle();
      s.draw ();
  }
}
```

3.4.2　接口与多态

接口类型的方法参数可以接收任何实现了该接口的类的对象，当调用接口定义的方法时，实际会执行对象中实现的方法，体现出多态。

在例 3-12 中，尽管 Shape 中定义了 draw()方法，但是由于所有子类都覆盖了该方法，Shape 定义的 draw()方法实际不会被执行。因此，可以将该方法声明为 abstract 方法，或者直接将其定义为接口。例 3-13 用接口的方式重写了例 3-12，将 ShapeInterface 定义为接口，类 Circle1、Square1 和 Triangle1 都实现了 ShapeInterface 接口，覆盖了 draw()方法以分别画自己的形状，同样实现了多态。

例 3-13　接口实现多态。

文件名：PolymorphismInterface.java

```
interface ShapeInterface{
   void draw();
}

class Circle1 implements ShapeInterface {
   public void draw() {
      System.out.println("Circle.draw()");
   }
}
```

```java
class Square1 implements ShapeInterface {
    public void draw() {
        System.out.println("Square.draw()");
    }
}

class Triangle1 implements ShapeInterface {
    public void draw() {
        System.out.println("Triangle.draw()");
    }
}

public class PolymorphismInterface{
    public static void doDraw(ShapeInterface i) {
        i.draw();      //多态，根据传递的不同对象实现出不同的行为
    }
    public static void main(String[] args) {
        Circle1 circle = new Circle1();
        Square1 square = new Square1();
        Triangle1 triangle = new Triangle1();

        doDraw (circle);
        doDraw (square);
        doDraw (triangle);
    }
}
```

3.4.3 多态的优点

多态不仅能够简化代码编写，还可以避免在需求发生变化时引起连锁反应。

在例 3-12 中，如果 doDraw()方法的形参不使用多态，那么就需要为每个子类分别写 doDraw()方法：

```java
class Shapes {
    public static void doDraw(Circle i) {
        i.draw();
    }

    public static void doDraw(Square i) {
        i.draw();
    }

    public static void doDraw(Triangle i) {
        i.draw();
    }

    public static void main(String[] args) {
        Circle circle = new Circle();
        doDraw (circle);
        Square square = new Square();
        doDraw (square);
        Triangle triangle = new Triangle();
```

```
            doDraw (triangle);
        }
    }
```

程序需要修改增加新的形状类，如果没有多态则需增加更多的 doDraw()方法。这不仅增加了代码量，还使得代码不易维护。

3.5 设计模式

设计模式（design pattern）描述了在软件开发中典型问题的解决方案。这些解决方案是经过相当长时间的实践总结出来的。Java 设计模式可以看成是反复使用、分类编目的代码设计经验的总结。使用设计模式是为了重用代码、让代码更容易被他人理解、保证代码可靠性。设计模式是软件工程的基石。

Java 中常用的核心设计模式有 23 种，具体请参阅由 Erich Gamma、Richard Helm、Ralph Johnson 和 John Vlissides 合著的 *Design Patterns —Elements of Reusable Object-Oriented Software* 一书，该书也是面向对象设计方面最有影响的书籍。

本节介绍两个基础的设计模式：单例模式和策略模式。

3.5.1 单例模式

单例模式（singleton pattern）也称为单实例模式，确保一个类在整个程序运行的生命周期中只能存在该类的一个实例，整个系统都要使用这个实例。

单实例模式的类定义需要满足以下要求：

① private 构造方法，确保其他类不能创建该类的实例对象；

② private static 的属性保存单实例类的唯一实例对象，static 保证程序允许过程中仅初始化一次；

③ 提供 public static 方法返回该单实例对象，应用中其他类直接使用"类名.方法"获取该单实例对象。

例 3-14 定义了一个单实例类 StudentInfo，并演示如何使用单实例对象。

例 3-14　单实例模式应用举例。

文件名：TestStudentInfo.java

```
class StudentInfo { // 单实例类的定义
    private static StudentInfo singletonInstance = new StudentInfo(); // 单实例引用变量
    private String name;
    private String address;

    private StudentInfo() { // 构造方法是 private 访问权限
        this.name = "zhang mei";
        this.address = "Beijing";
    }

    public static StudentInfo getSingletonInstance() { // static 方法返回单实例对象
        return singletonInstance;
    }
```

```java
        public String getName() {
            return name;
        }

        public String getAddress() {
            return address;
        }
    }
    public class TestStudentInfo {
        public static void main(String[] args) {
            StudentInfo studentInfo = StudentInfo.getSingletonInstance(); // 得到单实例对象
            System.out.println("Name:      " + studentInfo.getName());    // 访问单实例对象的方法
            System.out.println("Address:   " + studentInfo.getAddress());
        }
    }
```

运行结果如下：

```
Name:      zhang mei
Address:   Beijing
```

3.5.2 策略模式

假设现在要设计一个图书销售系统，图书按类别有不同的折扣，例如，教材类 8 折；连环画类 7 折，生活类图书 5 折，其余类别的图书没有折扣，实现代码如下：

```java
    public class Order   {
        public double calculatePrice( String bookType, double amount)   {
            double price
            if (bookType.equals("教材")) {
                price = ... ;
            } else if (bookType.equals("连环画")) {
                price = ... ;
            } else if (bookType.equals("生活")) {
                price  = ... ;
            }

             //...

           return price;
          }
    }
```

当有更多种类的图书参加促销时，就需要不断地修改代码，增加 else if 语言。这会使得代码变得复杂和难以维护。策略模式（strategy pattern）就是用于解决这类比较普遍的问题的。

策略模式是定义一系列的算法，把它们一个个封装起来，并且使它们可相互替换。策略模式对应于解决某一个问题的算法族，允许用户从该算法族中任选一个算法解决某一问题，同时可以方便地更换算法或者增加新的算法。图 3-1 是一个策略模式的结构图。

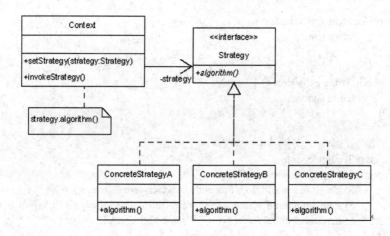

图 3-1　Strategy 模式结构图

策略模式涉及以下 3 个角色。

① 抽象策略角色（Strategy）：给出所有的算法，通常由接口或抽象类来表示。
② 具体策略角色（ConcreteStrategy）：实现具体算法的类。
③ 环境角色（Context）：选择具体的算法并执行。

下面用图书折扣的例子说明策略模式的实现。

（1）使用接口定义抽象策略角色：

```
//为策略对象定义一个接口
interface PriceStrategy {
    double calculateBookPrice(double amount);
}
```

（2）定义具体策略角色对应的类，依据需要可以随时增加新的类定义。

```
//定义教育类图书策略类
class EDUPriceStrategy implements PriceStrategy {
    public double calculateBookPrice(double amount) { // 实现接口里的方法，计算折扣
        return amount * 0.8;
    }
}

//定义动画类图书策略类
class CartoonPriceStrategy implements PriceStrategy {
    public double calculateBookPrice(double amount) { // 实现接口里的方法，计算折扣
        return amount * 0.7;
    }
}

//定义生活类图书策略类
class LivingPriceStrategy implements PriceStrategy {
    public double calculateBookPrice(double amount) { // 实现接口里的方法，计算折扣
        return amount * 0.5;
    }
}
```

（3）定义环境角色，内部有一个策略类的属性。

```
class StrategyClient {
    private PriceStrategy bookPriceStrategy; // 策略类引用

    public void setPriceStrategy(PriceStrategy bookPriceStrategy) {
        this.bookPriceStrategy = bookPriceStrategy; // 设置具体的策略类对象
    }

    public double calulatePrice(double amount) {
        return bookPriceStrategy.calculateBookPrice(amount); // 多态调用某个策略类里的算法
    }
}
```

（4）编写测试类：

```
public class TestStrategyClient {

    public static void main(String[] args) {
        StrategyClient client = new StrategyClient();

        // 创建一个策略类对象
        LivingPriceStrategy livingBookStrategy = new LivingPriceStrategy();
        client.setPriceStrategy(livingBookStrategy);// 传入具体的策略类对象
        double price = 27;
        double result = client.calulatePrice(price); // 运行策略对象的算法
        System.out.printf("生活类图书，原价：%.2f，打折以后的价格：%.2f\n", price, result);

        CartoonPriceStrategy cartoonBookStrategy = new CartoonPriceStrategy();
        client.setPriceStrategy(cartoonBookStrategy);
        price = 19;
        result = client.calulatePrice(price);
        System.out.printf("卡通类图书，原价：%.2f，打折以后的价格：%.2f\n", price, result);

        EDUPriceStrategy eduBookStrategy = new EDUPriceStrategy();
        client.setPriceStrategy(eduBookStrategy);
        price = 35;
        result = client.calulatePrice(price);
        System.out.printf("教育类图书，原价：%.2f，打折以后的价格：%.2f\n", price, result);
    }
}
```

运行结果如下：

生活类图书，原价：27.00，打折以后的价格：13.50
卡通类图书，原价：19.00，打折以后的价格：13.30
教育类图书，原价：35.00，打折以后的价格：28.00

习题

1. 方法的覆盖和方法的重载有什么不同？
2. this 和 super 分别有什么特殊的含义？
3. 创建一个 Animal（动物）类，让 Horse（马），Dog（狗），Cat（猫）等动物继承 Animal

类。在 Animal 类中定义一些方法，让其子类覆盖这些方法，编写一个运行时多态的程序。

4．修改练习 3，使 Animal 成为一个接口。

5．利用接口编写计算三角形、梯形面积及周长的程序。

6．在面向对象的绘图应用程序中，可以绘制圆形、矩形、直线等很多其他的图形对象。这些对象都具有相同的特定状态（如位置、方向、线条颜色和填充颜色）和行为（如移动、旋转、改变大小和绘制）。一些状态和行为对所有图形是相同的，如位置、填充颜色和移动。另一些状态和行为需要不同的实现，如改变大小和绘制。

请设计 GraphicObject 类和所有子类的方法，其中用到抽象类和抽象方法，方法的覆盖和多态、super 关键字等概念。并测试其正确性。它们之间的关系用类图表示。

7．编写一个家电设备的接口和多态应用的程序，要求如下：

（1）创建一个 ElectricalDevice 接口，它有两个方法 turnOn()和 turnOff()。

（2）创建一个 AudioDevice 类和一个 Refrigerator 类，这两个类实现了 ElectricalDevice 接口。AudioDevice 有两个方法 increaseVol()and decreaseVol()。Refrigerator 有一个方法 setFreezingLevel()。

（3）创建 AudioDevice 的两个子类 TV 和 Radio。TV 有两个方法 changeChannel()和 adjustColor()。Radio 有一个方法 adjustWavelength()。TV 和 Radio 覆盖了父类里的 increaseVol()和 decreaseVol()方法。子类覆盖的方法中首先调用 super 父类的方法，然后再添加自己的语句。

（4）创建一个 TestElecDevice 类，该类从键盘上接受一个命令行参数，输入 TV 或者 Radio 参数。在这个类中创建两个实例变量 ed（ElectricalDevice 类型）和 ad（AudioDevice 类型）。在 main()方法中为 ed 赋值一个 Refrigerator 对象，并调用 ed 的 turnOn()和 turnOff()方法。接下来根据输入的参数给 ad 赋值 TV 或 Radio 对象，并调用 increaseVol()和 decreaseVol()。

请在每个类的方法里写一个输出语句。例如，在 Refrigerator 的 turnOn()方法中写 System.out.println("The refrigerator is on")语句。

8．模拟一个网上超市购物车的结算，付款总额为购物车里的所有货品的单价乘数量的总和。但是针对不同的会员有不同的折扣策略，高级会员有 10%的折扣；中级会员有 5%的折扣；对初级会员没有折扣。要求用策略模式编程实现。

第 4 章 数组与字符串

在 Java 中，数组是一种特殊的容器对象，用于存储同一类型的数据元素。通过数组的下标可以访问数组中的单个数据元素。数组的大小不允许改变，因此适合于确定对象元素数量的情况下使用。

Java 中的字符串使用特定的 String 类来表示，并且提供了 StringBuffer 和 StringBuilder 类来操作字符序列内容。

本章介绍数组和字符串的相关操作的实现。

4.1 数组

数组是存储同一类型的、固定数量的数据的一种容器对象。

数组中存储的单个数据称为元素。数组中的元素既可以是基本数据类型的数值，也可以是对象。

数据元素通过整数的数组下标来访问，因此每个数组元素也可以称为下标变量。数组的下标是从 0 开始的，因此，第 9 个数组元素的下标为 8，如图 4-1 所示。

图 4-1 一个 10 个元素的数组存储形式

数组中数据元素的个数称为数组的大小或长度。当数组被创建时，必须指定数组的长度，在数组创建后，长度不能再改变。数组对象本身包含一个表示数组大小的属性 length。

访问数组元素使用下标运算[ ]。

数组中的元素是顺序存放的。数组对象本身的大小是固定的，而且在该数组对象的整个生命周期中不允许改变。

数组是 Java 中存储和随机访问顺序对象的效率最高的一种数据结构。

4.1.1 创建数组

创建数组包括声明数组变量和创建数组对象两个方面。

数组是对象，因此数组变量是引用类型的变量。

声明数组变量需要指定数组类型和变量名。数组类型就是数组中元素的类型再加上[ ]，数组元素类型可以是基本数据类型如 int，long 等，也可以是确定的类名。数组变量名就是数

组名,必须符合 Java 标识符的要求。声明数组变量的一般语法格式如下:

  type[] arrayVar;

也可以写成以下格式:

  type arrayVar[]; //不推荐使用

例如,以下语句分别声明了一个整数数组 anArray 和一个 Integer 对象数组 integerArray:

  int[] intArray;   // 一般称:int 数组
  Integer[] integerArray;   // 一般称:Integer 对象数组

数组的大小在声明数组变量时不需要指定,因为声明变量实际上只指定数组引用变量的类型。与 Java 的其他对象类型变量的声明一样,声明数组变量并不创建数组对象,只是告诉编译器,该变量可以存储指定类型的数组。

由于数组本身是一个对象,因此可以使用 new 运算符来创建具体的数组,这时需要指定数组的大小,格式如下:

  new type[size];

例如,下面的语句创建了包含一个 100 个整数元素的数组,数组名为 intArray:

  intArray = new int[100];

数组创建后,数组大小就不允许被改变,因此,如果程序在运行时需要频繁地调整数据集合的大小,就不要选择数组而采用其他集合类型(如 ArrayList 等)。

4.1.2 访问数组元素

在数组创建后,使用数组名、下标运算及下标值就可以访问各具体的数组元素,数组元素的具体格式如下:

  数组变量[下标值或者下标变量]

每个数组元素相当于对应类型的变量。例如,对下标为 index 的元素赋值 someIntValue 的语句格式如下:

  intArray[index] = someIntValue;

下面的代码对数组元素值依次填充 0~99:

```
int[] intArray = new int[100];
for (int i = 0; i < 100; i++)
    intArray[i] = i;
```

需要说明的是,如果使用 0~99 之外的整数下标来访问上面 intArray 数组元素,会产生数组下标越界的异常,并可能会终止程序执行。因此,在使用循环方式访问数据元素时应避免越界。在每个数组对象中其实都包含一个数组长度的属性 length,使用这个属性可以有效防止循环访问的越界。例如,下面的语句不管数组中有多少个元素,依次显示所有数组元素的值而不会产生越界:

```
for (int i = 0; i < intArray.length; i++)
    System.out.println(intArray[i]);
```

如果只是依次访问数组的每个元素,推荐使用 Java 的增强型 for 循环语句,因为不使用

下标,也就完全避免了越界的发生。增强型 for 循环语句的格式如下:

```
for (type variable : collection)
    statements
```

其功能是依次将集合 collection 中的元素赋值给临时变量 variable,并执行语句 statements。例如,下面语句依次输出数组 intArray 中的每个元素的值:

```
for (int element : intArray)
    System.out.println(element);
```

如果仅仅为了输出数组中的每个元素值,Java 提供了一个更加简便的方法,就是使用 java.util.Arrays 类的 toString()静态方法。Arrays.toString(anArray)会返回结果字符串,字符串格式以方括号包含数组 anArray 的所有元素值,元素之间以逗号分隔,如"[2, 3, 5, 7, 11, 13]"。使用下面语句可以直接输出数组所有元素值:

System.out.println(Arrays.toString(intArray));

例 4-1 为数组的声明、创建和访问数组元素的实例。

例 4-1 数组元素访问的简单实例。

文件名:ArrayTest.java

```java
import java.util.*;

public class ArrayTest {

    public static void main(String[] args) {
        int[] intArray; // 声明 int 数组
        Integer[] integerArray; // 声明 Integer 数组

        intArray = new int[100]; //创建数组对象
        // 对数组元素值依次填充 0 到 99
        for (int i = 0; i < 100; i++)
            intArray[i] = i;
        //输出数组元素值
        for (int i = 0; i < intArray.length; i++)
            System.out.println(intArray[i]);
        //使用增强型 for 循环输出数组元素值
        for (int element : intArray)
            System.out.println(element);
        // 使用 Arrays 类的 toString()方法输出数组元素列表
        System.out.println(Arrays.toString(intArray));
    }
}
```

4.1.3 数组初始化

在创建数组并对数组元素赋值初始值时,一般是先创建一个数组,然后依据实际需要,依次对每个数组元素赋值。对于数组元素个数及数值是确定的情况下,Java 提供另外一种创建和初始化数组的便捷方式,就是在声明数组的同时初始化数组,格式如下:

<类型>[] <数组名> = { <逗号分隔的元素初始值列表> };

数组初始化不需要使用 new 来创建数组，而且，数组的长度自动设置为括号{}中的数值个数。例如，下面的语句定义了一个 int 数组 anArray，并且使用了 10 个整数初始化数组，数组长度自动为 10，对应元素依次初始化为指定的数值，其中，anArray[0]的值为 100。

  int[] anArray = {100, 200, 300, 400, 500, 600, 700, 800, 900, 1000};

使用匿名数组可以重新初始化一个数组而不需要使用新的数组名，这时，元素个数和值都可能发生改变。匿名数组的格式如下：

  new int[] { 17, 19, 23, 29, 31, 37 }

使用匿名数组来初始化一个数组的实例如下：

  smallPrimes = new int[] { 17, 19, 23, 29, 31, 37 };

例 4-2 为数组初始化后计算数组元素的平均值的代码。

例 4-2 数组初始化实例。

文件名：**ArrayInitialize.java**

```java
import java.util.Arrays;

public class ArrayInitialize {
    // 数组作为参数，计算并输出数组的平均值
    void avg(int[] anArray) {
        int count = 0;
        for (int e : anArray)
            count += e;
        System.out.println("The average of   " + Arrays.toString(anArray) + " is : "
                + (float) count / anArray.length);
    }

    public static void main(String[] args) {
        ArrayInitialize ai = new ArrayInitialize();
        // 数组初始化
        int[] intArray = { 17, 19, 23, 29, 31, 37 };
        // 输出平均值
        ai.avg(intArray);
        // 使用匿名数组重新初始化数组 intArray，元素个数和值都改变
        intArray = new int[] { 17, 19, 23, 29, 31, 37, 45, 54 };
        // 重新输出平均值
        ai.avg(intArray);
    }
}
```

程序运行后的输出结果如下：

  The average of   [17, 19, 23, 29, 31, 37] is : 26.0
  The average of   [17, 19, 23, 29, 31, 37, 45, 54] is : 31.875

4.1.4 数组参数与返回数组

在 Java 中，数组可以作为参数传递到方法中，方法也可以返回数组对象引用。
在使用数组类型的参数时，由于数组本身是一个对象，因此，参数实际上就是数组对象

的引用。在使用时,方法定义的数组类型的形参应该和实际调用时传递的数组类型一致。

返回数组和返回任何其他对象是相似的,实际返回的也是数组对象的引用,即使数组是在方法中创建的,方法返回后数组依然有效。只有对数组的引用都失效后,该数组才会由垃圾收集器来处理。

在例 4-3 中,构造器使用了数组作为参数;方法 flavorSet()中创建了一个大小为 n 的 String 类型数组 results,其中,n 为方法参数,在完成选择后,返回结果数组 results。

例 4-3 数组作为参数与方法返回数组对象实例。

文件名:IceCream.java

```java
import java.util.Arrays;
import java.util.Random;

public class Icecream {
    private static Random rand = new Random();
    String[] flavors;

    // 数组作为构造方法的参数
    public Icecream(String[] myChoices) {
        flavors = myChoices;
    }

    // 随机选择 n 个字符串,返回结果数组
    public String[] flavorSet(int n) {
        int limit = flavors.length;
        if (n > limit)
            System.out.println("值" + n + "大于范围" + limit);
        String[] results = new String[n];

        boolean[] picked = new boolean[limit];
        for (int i = 0; i < n; i++) {
            int t;
            do
                t = rand.nextInt(limit);
            while (picked[t]); // 保证每个字符串最多只取一次
            results[i] = flavors[t];
            picked[t] = true;
        }
        return results;
    }

    public static void main(String[] args) {
        String[] choices =
            { "巧克力", "草莓", "香草", "薄荷", "酸奶", "香芋", "四个圈", "脆皮" };
        Icecream ic = new Icecream(choices);
        // 循环 5 次,随机产生不同的结果
        for (int i = 0; i < 5; i++)
            System.out.println(Arrays.toString(ic.flavorSet(3)));
    }
}
```

下面是程序运行某一次的结果:

[巧克力, 香芋, 香草]
[四个圈, 香芋, 薄荷]
[脆皮, 酸奶, 香芋]
[四个圈, 薄荷, 巧克力]
[薄荷, 草莓, 脆皮]

4.2　数组的基本操作

数组基本操作包括数组的复制、比较、排序、查找等。Java 类库中提供了一个工具类 java.util.Arrays，其中定义了若干对数组的常规操作的静态方法：equals()方法用于比较两个数组是否相等；fill()方法用于填充数组元素的值；sort()方法用于排序数组；binarySearch()方法用于在一个已经排序好的数组中查找指定值的元素；toString()方法生成元素值的字符串；等等。所有这些方法可以针对基本数据类型或者对象类型的数组进行操作。

4.2.1　数组复制

前面已经介绍，在数组创建后数组本身大小是不允许被改变的。可以通过使用同一个数组名引用一个新的数组来实现数组大小的改变，但本质上是产生了一个新的数组对象。

```
int src [] = new int[6];        // src 引用 6 个元素的数组对象
src = new int[10];              // src 引用 10 个元素的新数组对象
```

在实际应用中，在改变数组大小时，原数组中的内容也可能需要保留，这就需要将原来数组的内容复制到新数组中去。使用数组变量的赋值，两个数组变量引用同一个数组对象，并未实现复制的功能。

```
int[] dest = src;    // dest 和 src 引用同一个数组对象
dest[2] = 2022;      // src[2]元素值也为 2022
```

如果实际需要将一个数组中的内容复制到另外一个独立的数组中去，Java 类库中提供的 System.arraycopy()可以实现数组内容的复制，对应的方法签名如下：

```
static void arraycopy(Object src,int srcPos,Object dest,int destPos,int length);
```

实现了从指定源数组 src 中复制从指定的 srcPos 位置开始、到目标数组 dest 的指定位置、复制长度为 length 的数组内容复制功能。

在 Java 工具类 Arrays 中，还提供 Arrays.copyOf()和 Arrays.copyOfRange()方法来实现数组内容的复制，返回复制后的新数组，这两个方法同样也支持基本数据类型和对象类型的数组。对应的方法签名如下：

```
static <T> T[] copyOf(T[] original, int newLength); //复制指定的 original 数组，使副本具有指定的长度 newLength，返回副本对象
static<T> T[] copyOfRange(T[] original, int from, int to);//将数组 original 的指定范围复制到一个新数组，返回新数组对象
```

以 Arrays.copyOf()方法为例，将 original 中的所有元素复制到新数组 copied 中的语句为：

```
int[] copied = Arrays.copyOf(original, original.length);
```

在需要将数组长度增加时，则可以使用如下的语句：

```
original = Arrays.copyOf(original, 2 * original.length);
```

在执行时,实际是创建了一个新的数组,数组长度是原来的两倍,并且复制了原来数组中的元素内容,扩充部分填充 0 值(依据数据类型不同可能为 0,false 或 null)。如果新数组小于原来数组,那么只会复制前面有效的元素内容。

例 4-4 分别实现了基本数据类型的数组复制和对象类型的数组复制。

例 4-4 数组的填充、复制实例。

文件名:CopyingArrays.java

```java
import java.util.Arrays;

public class CopyingArrays {
    // 输出 int 数组元素值列表
    void showArray(String prompt, int[] a) {
        System.out.println(prompt + ": " + Arrays.toString(a));
    }

    // 输出对象数组的元素值列表
    // 此处使用了泛型方法,T 为类型参数,支持各种对象类型
    <T> void showArray(String prompt, T[] a) {
        System.out.println(prompt + ": " + Arrays.toString(a));
    }

    public static void main(String[] args) {
        CopyingArrays ca = new CopyingArrays();

        // 基本数据类型数组:两个 int 数组
        int[] first = new int[5];
        int[] second = new int[8];
        // 数组元素值填充
        Arrays.fill(first, 2);
        Arrays.fill(second, 2022);
        // 输出数组元素值列表
        ca.showArray("数组 1", first);
        ca.showArray("数组 2", second);
        // 将 first 数组元素全部复制到 second 数组开始
        System.arraycopy(first, 0, second, 0, first.length);
        // 显示复制后的数组元素值
        ca.showArray("复制后的数组 2", second);

        // 对象数组:String 数组
        String[] firstObject = new String[8];
        String[] secondObject = new String[5];
        // 数组元素值填充
        Arrays.fill(firstObject, new String("北京"));
        Arrays.fill(secondObject, new String("冬奥"));
        // 输出数组元素值列表,调用的是泛型方法,方法中的 T 将会替换成 String
        ca.showArray("对象数组 1", firstObject);
        ca.showArray("对象数组 2", secondObject);
        // 将 secondObject 数组元素全部复制到 firstObject 数组的最后
        System.arraycopy(secondObject, 0,
                firstObject, firstObject.length - secondObject.length,
                secondObject.length);
```

```
        // 显示复制后的数组元素值
        ca.showArray("复制后对象数组 1", firstObject);

        // 使用 Arrays.copyOf()和 Arrays.copyOfRange()方法
        // 也可以实现数组内容的复制，返回复制后的新数组，扩充部分填充 0 值
        second = Arrays.copyOf(first, first.length + 2);
        ca.showArray("复制后的数组 2", second);

        // 创建了一个新的数组，数组长度是原来的两倍，
        // 并且复制了原来数组中元素内容，扩充部分填充 0 值(null)
        secondObject = Arrays.copyOf(firstObject, firstObject.length * 2);
        ca.showArray("复制后对象数组 2", secondObject);
    }
}
```

运行结果如下：

数组 1: [2, 2, 2, 2, 2]
数组 2: [2022, 2022, 2022, 2022, 2022, 2022, 2022]
复制后的数组 2: [2, 2, 2, 2, 2, 2022, 2022, 2022]
对象数组 1: [北京, 北京, 北京, 北京, 北京, 北京, 北京, 北京]
对象数组 2: [冬奥, 冬奥, 冬奥, 冬奥, 冬奥]
复制后的对象数组 1: [北京, 北京, 北京, 冬奥, 冬奥, 冬奥, 冬奥, 冬奥]
复制后的数组 2: [2, 2, 2, 2, 2, 0, 0]
复制后的对象数组 2: [北京, 北京, 北京, 冬奥, 冬奥, 冬奥, 冬奥, null, null, null, null, null, null, null]

4.2.2 数组比较

两个数组相等，要求两个数组元素个数相同，对应位置的每个元素值也必须相等。

方法 Arrays.equals()用于比较两个数组是否相等，如果相等返回 true，否则返回 false。例如，用于比较两个对象数组是否相等的方法签名如下：

    static boolean equals(Object[] a, Object[] a2);

例 4-5 是基本数据类型的数组和对象类型的数组分别进行比较的实例。

例 4-5　数组的比较。

文件名：**ComparingArrays.java**

```java
import java.util.Arrays;

public class ComparingArrays {

    void showResult(String prompt, boolean a) {
        System.out.println(prompt + ": " + (a ? "内容相同" : "内容不同"));
    }

    public static void main(String[] args) {
        // 准备测试数据：基本数据类型数组
        int[] first = new int[10];
        int[] second = new int[7];

        Arrays.fill(first, 2022);
```

```
            Arrays.fill(second, 2022);

            ComparingArrays ca = new ComparingArrays();

            // 数组比较
            ca.showResult("长度不同", Arrays.equals(first, second));
            // 使用 copyOf()复制数组
            second = Arrays.copyOf(first, first.length);
            ca.showResult("复制后", Arrays.equals(first, second));

            // 准备测试数据：对象数组
            String[] firstObjects = new String[4];
            String[] secondObjects = { "北京", "北京", "北京", "北京" };
            Arrays.fill(firstObjects, new String("北京"));
            // 数组比较
            ca.showResult("对象数组", Arrays.equals(firstObjects, secondObjects));

            firstObjects[2] = "交通大学";
            ca.showResult("元素值修改后",
                    Arrays.equals(firstObjects, secondObjects));
        }
    }
```

运行结果如下：

```
长度不同: 内容不同
复制后: 内容相同
对象数组: 内容相同
元素值修改后: 内容不同
```

4.2.3 数组排序

Arrays 类提供了用于数组的排序方法 Arrays.sort()，使用的是对大多数的数据集效率都比较高的快速排序算法。

对于基本数据类型，Arrays.sort()提供两种使用方式。

① 对指定的基本数据类型数组按升序进行排序：

  static void sort(primType[] a);

② 对指定基本数据类型数组，指定范围[fromIndex, toIndex]内按升序进行排序：

  static void sort(primType[] a, int fromIndex, int toIndex);

例 4-6 为使用 int 数组实现的数字组合摇奖游戏的模拟摇奖程序，从指定范围的数据中抽取指定数量的数字，然后进行排序后输出。

例 4-6 博彩游戏。

文件名：**Lottery.java**

```
        import java.util.*;

        public class Lottery {

            public static void main(String[] args) {
```

```java
        Scanner in = new Scanner(System.in);
        System.out.print("请指定最大数字: ");
        int n = in.nextInt();
        System.out.print("请指定选出个数:   ");
        int k = in.nextInt();
        in.close();

        // 创建并填充数组
        int[] numbers = new int[n];
        for (int i = 0; i < n; i++) {
            numbers[i] = i + 1;
        }

        // 选出指定数量(k)的数字,保存在结果数组中
        int[] result = new int[k];
        for (int i = 0; i < k; i++) {
            // 随机生成 0 到最大值 n-1 之间的一个数(作为数组下标)
            int r = (int) (Math.random() * n);
            // 保存到结果数组
            result[i] = numbers[r];

            // 避免数字重复,删除所选数字
            numbers[r] = numbers[n - 1];
            n--;
        }
        System.out.println("抽奖组合(unsorted): " + Arrays.toString(result));

        // 自然排序,排序结果数组
        Arrays.sort(result);
        // 输出数组内容
        System.out.println("抽奖组合(sorted): " + Arrays.toString(result));
    }
}
```

博彩游戏 24 选 6 的运行过程如下:

```
请指定最大数字: 24
请指定选出个数:   6
抽奖组合(unsorted): [5, 1, 6, 13, 11, 14]
抽奖组合(sorted): [1, 5, 6, 11, 13, 14]
```

对于对象数组,由于要比较的元素本身是对象,在排序前需要确定依据对象的哪个或者哪些属性的值来排序。在 java.lang.Comparable 接口中,定义了 compareTo()方法,如果 Java 类实现了 Comparable 接口,那么,该类的对象是可以进行比较和排序的,称为自然排序。

Arrays.sort()提供的两种自然排序方式如下。

① 根据元素的自然顺序对指定对象数组按升序进行排序:

    static void sort(Object[] a)

② 根据元素的自然顺序对指定对象数组的指定范围按升序进行排序:

    static void sort(Object[] a, int fromIndex, int toIndex)

如果类没有实现 Comparable 接口,如何进行该类对象的排序呢?这时可以实现一个对应

类的比较器。比较器类是一个实现了 java.util.Comparator 接口的独立的泛型类,其中的 compare(T o1, T o2)方法用于比较两个具体对象,根据第一个参数小于、等于或大于第二个参数分别返回负整数、零或正整数,从而可以实现相应对象的比较和排序。用户可以定义自己的比较器。

Arrays.sort()提供的两种使用比较器排序的方式。

① 根据指定比较器产生的顺序对指定对象数组进行排序:

  static <T> void sort(T[] a, Comparator<? super T> c);

② 根据指定比较器产生的顺序对指定对象数组的指定范围进行排序:

  static <T> void sort(T[] a,int fromIndex,int toIndex,Comparator<? super T> c);

直接使用 Collections.reverseOrder()返回的比较器,可以对对象进行降序排序。

java.lang.String 类实现了接口 Comparable<String>,又有一个比较器 CASE_INSENSITIVE_ORDER 属性,因此可以进行自然排序和比较器排序。

例 4-7 为使用 String 类型数组的不同排序方法的实例。

例 4-7 对象数组排序。

文件名:**SortingString.java**

```
import java.util.*;

public class SortingString {
    public static void main(String[] args) {
        String[] sa = { "Russia", "china", "America",
                "England", "france", "Greece" };
        System.out.println("排序前:" + Arrays.toString(sa));

        Arrays.sort(sa);
        System.out.println("排序后: " + Arrays.toString(sa));

        Arrays.sort(sa, Collections.reverseOrder());
        System.out.println("反向排序: " + Arrays.toString(sa));

        Arrays.sort(sa, String.CASE_INSENSITIVE_ORDER);
        System.out.println("忽略大小写排序: " + Arrays.toString(sa));
    }
}
```

运行结果如下:

  排序前: [Russia, china, America, England, france, Greece]
  排序后: [America, England, Greece, Russia, china, france]
  反向排序: [france, china, Russia, Greece, England, America]
  忽略大小写排序: [America, china, England, france, Greece, Russia]

例 4-8 中定义了 Pair 类,定义了两个属性 i 和 j。Pair 类实现了 Comparable<Pair>接口,对应的 compareTo()方法是对 Pair 对象的属性 i 排序。同时,也定义了一个比较器类 PairComparator,实现了 Comparator<Pair>接口,其中 compare()方法是针对 Pair 对象的属性 j 进行排序。

例 4-8 对象数组按对象的指定属性排序。

文件名：**Pair.java**

```java
import java.util.*;

//比较器类
class PairComparator implements Comparator<Pair> {
    // 按对象的属性 j 来排序，如果 j 相等则按 i 的值排序
    public int compare(Pair o1, Pair o2) {
        if (o1.j < o2.j)
            return -1;
        if (o1.j > o2.j)
            return 1;
        if (o1.j == o2.j)
            return (o1.i < o2.i ? -1 : (o1.i == o2.i ? 0 : 1));
        return 0;
    }
}

//自定义 Pair 类
public class Pair implements Comparable<Pair> {
    int i;
    int j;

    public Pair(int n1, int n2) {
        i = n1;
        j = n2;
    }

    public String toString() {
        String result = "[" + i + "," + j + "]";
        return result;
    }

    // 按属性 i 排序，如果 i 相等再按 j 的值排序
    public int compareTo(Pair o2) {
        if (i < o2.i)
            return -1;
        if (i > o2.i)
            return 1;
        if (i == o2.i)
            return (j < o2.j ? -1 : (j == o2.j ? 0 : 1));
        return 0;
    }

    // 测试程序
    public static void main(String[] args) {
        // 准备数据
        Pair[] a = { new Pair(1, 2), new Pair(3, 3), new Pair(2, 5),
                new Pair(8, 1), new Pair(4, 6), new Pair(7, 4),
                new Pair(5, 8), new Pair(6, 7), new Pair(1, 8) };
        System.out.println("排序前:" + Arrays.toString(a));

        // 自然排序，按 i 的值排序，如果 i 相等再按 j 的值排序，升序
```

```
            Arrays.sort(a);
            System.out.println("自然排序:" + Arrays.toString(a));
            // 反向排序，按 i 的值排序，如果 i 相等再按 j 的值排序，降序
            Arrays.sort(a, Collections.reverseOrder());
            System.out.println("反向排序:" + Arrays.toString(a));
            // 按比较器排序，此处实现的是按 j 的值排序，如果 j 相等再按 i 的值排序
            Arrays.sort(a, new PairComparator());
            System.out.println("按比较器排序:" + Arrays.toString(a));
        }
    }
```

运行结果如下：

排序前:[[1,2], [3,3], [2,5], [8,1], [4,6], [7,4], [5,8], [6,7], [1,8]]
自然排序:[[1,2], [1,8], [2,5], [3,3], [4,6], [5,8], [6,7], [7,4], [8,1]]
反向排序:[[8,1], [7,4], [6,7], [5,8], [4,6], [3,3], [2,5], [1,8], [1,2]]
按比较器排序:[[8,1], [1,2], [3,3], [7,4], [2,5], [4,6], [6,7], [1,8], [5,8]]

4.2.4 数组查找

数组查找是指在指定数组中查找某个元素。如果是基本数据类型数组，需要指定元素的值；如果是对象类型数组，一般需要指定被查找对象元素的某个属性值，称为键（key）。

对于未排序数组，元素查找只能通过顺序依次查找，这种方式效率比较低，一般采用先对数组排序再查找的方式。

对于有序的数组，就可以使用 Arrays.binarySearch()方法来进行快速查找，该方法使用的是速度较快的折半查找算法，当且仅当指定的键被找到时，方法返回的值为对应元素的下标（>= 0），否则返回负值。

类似于用于排序的 Arrays.sort()方法，Arrays.binarySearch()方法也支持基本数据类型数组和对象数组的快速查找。

例 4-9 为基本数据类型数组查找的一个实例。

例 4-9 基本数据类型数组的查找实例。

文件名：SearchingArray.java

```
import java.util.*;

public class SearchingArray {

    public static void main(String[] args) {
        // 准备 10 个随机整数元素的数组
        int[] a = new int[10];
        for (int i = 0; i < 10; i++) {
            a[i] = (int) (Math.random() * 20) + 1;
        }
        System.out.println("排序前:" + Arrays.toString(a));
        // 对数组排序
        Arrays.sort(a);
        System.out.println("排序后:" + Arrays.toString(a));
```

```java
        // 对于随机产生的整数 r，查找数组中是否存在
        int r = (int) (Math.random() * 20) + 1;
        int location = Arrays.binarySearch(a, r);
        if (location >= 0) {
            System.out.println("[" + r + "] 找到：  " +
                    " a[" + location + "]=" + a[location]);
        } else {
            System.out.println("[" + r + "] 未找到 ");
        }
    }
}
```

程序运行的其中一次结果如下：

排序前:[1, 10, 9, 1, 3, 7, 6, 2, 7, 17]
排序后:[1, 1, 2, 3, 6, 7, 7, 9, 10, 17]
[7] 找到：   a[5]=7

如果数组中包含重复元素，使用 Arrays.binarySearch()方法只能返回一个元素的下标值。

4.2.3 节已经介绍，对于对象数组，可以使用比较器来排序。对于使用过比较器排序的数组如果使用 binarySearch()方法来查找元素，也必需指定排序时所用的比较器。

例 4-10 为使用 String 类型数组的不同排序方法及其对应查找方法的使用实例。

例 4-10 查找对象数组元素的实例。

文件名：SearchingString.java

```java
import java.util.*;

public class SearchingString {
    public static void main(String[] args) {
        int index = -1;
        String[] sa = { "Russia", "china", "America",
                "England", "france", "Greece" };
        System.out.println("排序前: " + Arrays.toString(sa));

        // 未排序数组，使用 binarySearch()无意义
        // index = Arrays.binarySearch(sa, "Russia");
        // System.out.println("找到位置： "+ index );

        Arrays.sort(sa);
        System.out.println("排序后: " + Arrays.toString(sa));
        index = Arrays.binarySearch(sa, "Russia");
        System.out.println("找到位置： " + index);

        Arrays.sort(sa, Collections.reverseOrder());
        System.out.println("反向排序: " + Arrays.toString(sa));
        index = Arrays.binarySearch(sa, "Russia", Collections.reverseOrder());
        System.out.println("找到位置： " + index);

        Arrays.sort(sa, String.CASE_INSENSITIVE_ORDER);
        System.out.println("忽略大小写排序: " + Arrays.toString(sa));
        index = Arrays.binarySearch(sa, "Russia",
                String.CASE_INSENSITIVE_ORDER);
```

```
            System.out.println("找到位置：" + index);
        }
    }
```
运行结果如下：

```
排序前: [Russia, china, America, England, france, Greece]
排序后: [America, England, Greece, Russia, china, france]
找到位置：3
反向排序: [france, china, Russia, Greece, England, America]
找到位置：2
忽略大小写排序: [America, china, England, france, Greece, Russia]
找到位置：5
```

再次强调，Arrays.binarySearch()方法只能用于已经排序的数组，对于未排序数组，使用该方法没有意义。

4.3 多维数组

数组的元素可以是数组对象，这样就构成了多维数组。一个二维数组实质就是一维数组元素构成的数组，一个三维数组实质就是二维数组元素构成的数组。

在声明和创建一个二维数组时，需要使用两对方括号，当对应访问二维数组的元素时必须指定两个下标值。例如，下面的代码声明和创建了一个二维 String 数组 names，然后分别对第 1 个、第 2 个和第 4 个元素赋值。该数组实际包含从 names[0][0]到 names[1][2]共 6 个 String 元素：

```
String [][] names = new String[2][3];
String name = "dong";
names[0][0] = "chen";
names[0][1] = new String("xu");
names[1][0] = name;
```

当然，多维数组也可以在声明时就进行初始化，使用嵌套的大括号表示数组的层次。下面代码是对一个 int[2][3]类型的二维数组初始化的例子，数组的大小会自动确定：

```
int[][] a = { { 1, 2, 3, }, { 4, 5, 6, } };
```

二维数组的元素 a[0]和 a[1]相当于两个一维数组，上面语句也就相当于先创建二维数组，然后分别对元素赋值：

```
//创建二维数组
int[][] a =new int[2][3];
//对数组元素赋值
a[0]=new int[]{1, 2, 3};
a[1]=new int[]{4, 5, 6};
```

在使用 new 创建数组时，所有元素值会被初始化成 0 值（依据元素类型不同，可能是 0，false 或 null）。当输出多维数组所有元素值列表时，不能再使用 Arrays.toString()，而应该使用 Arrays.deepToString()方法才能实现。

在多维数组中，每个元素实际上是一个数组对象，这些数组对象只要类型相同就可以，数组长度可以不相等。例如，下面语句定义了元素长度不同的二维数组：

```
int[][] c = {{ 1, 2 },{3},{ 4, 5, 6 },{ 7, 8, 9, 10,11} };
```

对应的 4 个元素分别是[1, 2]，[3]，[4, 5, 6] 和 [7, 8, 9, 10, 11]。

例 4-11 为使用多维数组的简单实例。

例 4-11 多维数组的简单实例。

文件名：MultiDimArray.java

```java
import java.util.*;

public class MultiDimArray {
    public static void main(String[] args) {
        // 二维数组初始化
        int[][] a = { { 1, 2, 3 }, { 4, 5, 6 } };
        // 在输出多维数组所有元素值列表时，不能再使用 Arrays.toString()，
        // 而应该使用 Arrays.deepToString()方法
        System.out.println(a);// a.toString()
        System.out.println(Arrays.toString(a));// ??
        System.out.println(Arrays.deepToString(a));

        // 使用匿名数组可以重新初始化一个数组
        int[][] b = new int[2][3];
        b[0] = new int[] { 10, 20, 30 };
        b[1] = new int[] { 40, 50, 60 };
        System.out.println(Arrays.deepToString(b));

        // 二维对象数组
        String[][] names = new String[2][3];
        String name = "dong";

        names[0][0] = "chen";
        names[0][1] = new String("xu");
        names[1][0] = name;
        System.out.println(Arrays.deepToString(names));

        // 非规则二维数组，Autoboxing
        Integer[][] c = { { 1, 2 }, { 3 }, { 4, 5, 6 }, { 7, 8, 9, 10, 11 } };
        System.out.println(Arrays.deepToString(c));
    }
}
```

运行结果如下，其中，前两行输出为未使用 deepToString()的输出，不能正确输出多维数组元素的值。

```
[[I@2f92e0f4
[[I@28a418fc, [I@5305068a]
[[1, 2, 3], [4, 5, 6]]
[[10, 20, 30], [40, 50, 60]]
[[chen, xu, null], [dong, null, null]]
[[1, 2], [3], [4, 5, 6], [7, 8, 9, 10, 11]]
```

4.4 可变长参数的方法

从 Java 5 开始,方法中允许定义形参长度可变的参数,从而为方法指定数量不确定的形参。可变长参数的具体使用格式是在定义方法时在最后一个形参类型后、形参名称前增加分隔符 "...",表明该形参可以接收多个参数值。

在调用可变长参数的方法时,参数个数可以不确定,当多个实际参数值传入时,在方法内实际上是将传入的多个实际参数当作数组进行处理。

例 4-12 为可变长参数的方法定义和使用实例,方法 sum()可以接收不确定数量的 double 值实参,计算实际参数值的总和并返回结果。

例 4-12 命令行参数实例。

文件名:VarArgs.java

```java
public class VarArgs {
    //可变长参数的方法,参数声明采用分隔符 ...
    public double sum(double... numbers) {
        double sum = 0;
        for (double d : numbers)
            sum += d;
        return sum;
    }

    public static void main(String args[]) {
        VarArgs va = new VarArgs();
        //空参数
        System.out.println(va.sum());
        //3 个参数
        System.out.println(va.sum(12.1, 3.5, 200));
        //直接使用 4 个元素的数组作为参数
        System.out.println(va.sum(new double[] { 1, 60, 200, 3000 }));
    }
}
```

运行结果如下:

```
0.0
215.6
3261.0
```

需要注意的是,一个方法只能有一个可变参数,且可变参数应为最后一个参数。在调用时,如果同时能匹配固定参数和可变长参数的方法,会优先匹配固定参数方法;如果能同时和两个包含可变参数的方法相匹配,则编译会报错,因为编译器不知道该调用哪个方法。

4.5 字符串

如前所述,字符串字面常量是采用双引号括起来的 0 到多个 Unicode 字符序列,序列中也可以包含转义字符，其类型总是 String 类型。使用字符串的串接运算符（+）可以将两个字符串串接成一个新的字符串。下面为字符串字面常量的使用示例：

```
""                          // 空字符串
"\""                        // 包含一个 " 的字符串，此处使用了转义符
"This is a string"          // 包含了 16 个字符的字符串
"This is a " + "new string" // 字符串串接操作会产生一个新的字符串，包含 20 个字符
```

字符串字面常量可以看成是常量表达式，实际是 String 类实例的引用。String 类对象中的字符序列不允许被修改。当对字符串进行修改的时候，需要使用 StringBuffer 和 StringBuilder 类。

4.5.1 String

String 类的实例是不可变的对象，当使用 String 类中的方法对 String 对象进行改变时，都会生成一个新的 String 对象。

String 类中的操作字符串的主要方法如下：

取子串 substring()；

使用正则表达式分割字符串 split()；

查找字符或者子串 indexOf()和 lastIndexOf()；

替换字符串内容 replace()、replaceFirst ()和 replaceAll()；

字符串比较 compareTo()、compareToIgnoreCase()、equals()、equalsIgnoreCase()、regionMatches()等。

将数字转换为字符串，可以简单地将数值和空字符串用+进行连接操作。例如，对于 int 类型的变量 i，可以使用以下语句转换为对应的字符串：

```
String s1 = "" + i;
```

也可以使用 Stirng 中的 valueOf()方法返回字符串：

```
String s2 = String.valueOf(i)
```

或者使用对应包装类的 toString()方法：

```
int i;
double d;
String s3 = Integer.toString(i);
String s4 = Double.toString(d);
```

例 4-13 将数值转换为字符串，并且使用 String 中的相关方法，获取一个浮点数小数点前后的数字个数。

例 4-13 获取一个浮点数小数点前后的数字个数。

文件名：**ToStringTest.java**

```java
public class ToStringTest {
    public static void main(String[] args) {
        double d = 2020.08;
        String s = Double.toString(d);
        int dot = s.indexOf('.');
        System.out.print(d + "：小数点前有 " + dot + "个数字,");
        System.out.println("之后有 " + (s.length() - dot - 1) + "个数字");
```

　　　　　}
　　}
运行结果如下：
　　　2020.08：小数点前有 4 个数字，之后有 2 个数字

String 类会单独维护一个字符串常量的字符串池，字符串池中的每个字符串文本都是唯一的。程序中相同的字符串文本实际上是共享字符串池中的同一个实例。非字符串字面常量通过使用 String 中定义的 intern()方法，也可以引用字符串池中的字符串常量。

例 4-14 描述了字符串池的机制，对"Hello"字符串字面常量会引用字符串池的同一个对象，而非字面常量的串接运算会产生一个新的 String 对象。

例 4-14 字符串池的验证实例。

文件名：**StringLiteralsTest.java**

```
class Other {
    static String hello = "Hello";
}

public class StringLiteralsTest {
    public static void main(String[] args) {
        String hello = "Hello", lo = "lo";
        System.out.println(hello == "Hello");
        System.out.println(Other.hello == hello);
        System.out.println(hello == ("Hel" + "lo"));
        System.out.println(hello == ("Hel" + lo));
        System.out.println(hello == ("Hel" + lo).intern());
    }
}
```

运行结果如下：
　　　true
　　　true
　　　true
　　　false
　　　true

4.5.2 StringBuffer 和 StringBuilder

对于需要经常改变内容的字符串，就最好不用 String 类型，避免产生系统性能问题。和 String 不同，StringBuffer 和 StringBuilder 类中定义的方法都是对对象本身进行操作，不会生成新的对象。在对对象多次修改时，这有利于提升性能。

StringBuffer 是线程安全的可变字符序列，其方法是线程安全的。通过方法调用可以改变所包含的字符序列的长度和内容。主要操作包括将字符添加到缓冲区的末端的 append()方法及在指定的点添加字符的 insert()方法。

StringBuilder 类提供与 StringBuffer 兼容的 API，在大多数实现中，比 StringBuffer 要快。但是其方法不是线程安全的，在多个线程同时执行相关方法时，可能会发生数据不一致的问题。StringBuilder 修改字符序列的方法包括：append()、insert()、delete()、replace()、 setCharAt()、reverse()等。

在处理字符串内容时,对于字符串缓冲区是被单个线程使用的情形下,多使用有速度优势的 StringBuilder 类。只有在应用程序要求线程安全的情况下,才使用 StringBuffer 类。

例 4-15 为 StringBuilder 类的使用实例,完成了字符序列的追加、插入、反转等操作。

例 4-15 使用 StringBuilder 类操作字符序列内容。

文件名:**StringBuilderTest.java**

```java
public class StringBuilderTest {
    public static void main(String[] args) {
        String s = "北京交通大学";

        StringBuilder sb = new StringBuilder(s);
        System.out.println(sb);

        // 追加
        sb.append("软件学院");
        System.out.println(sb);

        // 插入
        sb.insert(0, "BJTU");
        System.out.println(sb);

        // 反转
        sb.reverse();
        System.out.println(sb);
    }
}
```

运行结果如下:

北京交通大学
北京交通大学软件学院
BJTU 北京交通大学软件学院
院学件软学大通交京北 UTJB

4.6 命令行参数

命令行参数实际就是 main()方法中字符串数组类型的参数。

每一个 Java 程序都有一个带字符串数组类型(String[])参数的 main()方法,其含义就是 main()方法可以接收一个字符串数组,在程序运行时,可以按照需要通过命令行传递多个实际的外部参数值,因此 main()方法的这个参数也就称为命令行参数。

运行有命令行参数的 Java 命令的一般格式为:

java <类名> [<参数 1> <参数 2> …]

命令行参数所包含的是类名之后的内容,也就是说,第一个命令行参数 args[0]接收的是<参数 1>的值,以此类推。需要注意的是,多个命令行参数之间默认使用空格作为分隔符,如果某个参数内部本身包含空格,则需要将该参数放置在双引号中。

例 4-16 为命令行参数的实例,依据第一个参数不同,分别输出不同的问候语。

第 4 章 数组与字符串

例 4-16 命令行参数实例。

文件名：**Message.java**

```java
public class Message {
    public static void main(String[] args) {
        // if (args[0] == "-h") {           //this will be false
        if (args[0].equals("-h")) {
            System.out.print("Hello,");
        } else if (args[0].equals("-g")) {
            System.out.print("Goodbye,");
        }
        // print the other command-line arguments
        for (int i = 1; i < args.length; i++) {
            System.out.print(" \n" + args[i]);
        }
        System.out.println("!");
    }
}
```

图 4-2 为使用不同命令行参数运行程序的结果，在第二次运行时，使用了带空格的命令行参数，为了在显示结果时便于区分每个参数，在输出每个参数时都加了回车。

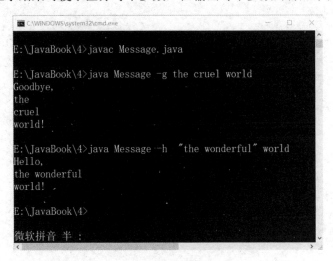

图 4-2　命令行参数输出结果

习题

1. 定义两个整数数组 array1 和 array2，并初始化第一个数组 array1。

（1）编写程序遍历数组 array1 的元素并输出数组元素的平均值；

（2）将 array1 赋值给 array2，修改 array2 的元素值，然后重新计算和输出 array1 的元素的平均值；

（3）对数组进行排序，输出排序后的结果。

2. 定义一个二维整数数组 matrix，包含 5 个一维数组元素，使用循环实现 5 个一维数组的初始化。编写程序按指定格式输出数组元素的内容，输出格式和内容如下：

matrix[0] is <>
matrix[1] is <0>
matrix[2] is <0, 2>
matrix[3] is <0, 3, 6>
matrix[4] is <0, 4, 8, 12>

3．使用命令行参数输入一个字符串，判定该字符串是否是回文。回文是正向和反向字符序列的值都相同的字符串，如"上海自来水来自海上"就是回文。

4．参考例 4-8，自定义一个图书类，实现 Comparable 接口。利用该图书类，完成一个简单的图书管理功能，实现分别按书名、作者、出版社、日期排序和查找的功能。

第 5 章　泛型与集合框架

泛型是 Java 语言内置的提高可靠性的一种特性，类似于 C++中的模板，最初用于支持强类型的集合。泛型编程指的是编写可以重用于多种不同类型对象的代码，相对于类型的强制转换，应用泛型可以编写出更安全、更易于阅读的代码。

集合是将多个元素组合到一个单元的对象，便于存储和操作聚合的数据，也称为容器。在 Java 的集合框架中，定义了大量的用于存储和操作对象集合的泛型类和算法，这些容器对象可以依据需要动态地改变容量大小。Java 集合框架中接口和类均使用泛型。

本章介绍泛型、Java 的集合框架及相关类和接口。

5.1　泛型

泛型也称为参数化类型，简单说就是类型可以作为类或方法的参数。这样，在解决相关应用的问题时，可以不必指定某些参数的类型。

5.1.1　泛型类型

泛型类型就是使用一个或多个类型变量的类型，屏蔽了数据存储类型的细节。泛型类型包括泛型类和泛型接口。

1. 定义泛型类

定义一个类型变量的泛型类的语法格式如下：

```
[public] class ClassName<typeVariable1[,typeVariable2,…]>{
    类成员（属性、构造器、方法定义）；
}
```

其中，类型变量（typeVariable1、typeVariable2 等）必须放在尖括号内。类型变量本身是类型，可以用于类定义中使用类型的相关地方，包括声明属性类型、方法返回类型、构造器和方法的参数类型，以及方法内部的局部变量类型。一般情况下，类型变量名采用单个大写字母来表示，常用的类型变量名有以下几种：

E——元素（Element），多用于集合框架，表示元素类型；

K——键（Key）；

N——数字（Number）；

T——类型（Type）；

V——值（Value）；

S——第二类型　（多个类型变量时使用）；

U——第三类型　（多个类型变量时使用）。

例 5-1 中定义了类名为 Box 的泛型类，其中类型变量为 T，T 在 Box 类中应用于声明属性 t 的类型、方法 get() 的返回类型，以及作为方法 add() 的参数类型。

例 5-1 简单的泛型类。

文件名：Box.java

```java
public class Box<T> {
    private T value;

    public void add(T value) {
        this.value = value;
    }

    public T get() {
        return value;
    }
}
```

需要注意的是，泛型类可以有多个类型参数，这种情形下，在声明类名时需要使用不同的类型参数名。例如，定义类 Box<T,T> 就会因为重复使用 T 而产生编译错，而定义类 Box<T,U> 则不存在此问题。

2. 使用泛型类

在使用泛型类时，必须执行泛型类型调用，也就是使用具体类名替代泛型类中的类型变量。可以使用任何引用类型（如类、接口、数组甚至另外的类型参数）作为泛型类的类型参数。需要注意的是，泛型不支持基本数据类型，如 int，char 等。

例 5-1 中定义的泛型类 Box 的具体用法如下：

```java
Box<Integer>    integerBox; //定义一个引用变量，类型为 Box<Integer>
integerBox = new Box<Integer>(); //创建 Box<Integer>对象
```

可以将泛型类型调用理解为普通的方法调用，只是将一个具体类型如 Integer 作为类的一个实际参数而已。上面的语句实际上申明了一个 Box<Integer>对象的引用变量 integerBox。Box<Integer>类的具体定义相当于将例 5-1 代码中所有出现类型变量 T 的位置全部替换为 Integer 后的类定义。在创建具体的 Box<Integer>对象时，同样需要使用 new 关键字，注意其中小括号的位置。

在泛型类实例化后，通过引用变量调用具体方法时不再需要使用类型强制转换。例 5-2 为使用例 5-1 中定义的泛型类的实例。

例 5-2 使用简单的泛型类。

文件名：BoxDemo.java

```java
public class BoxDemo {
    public static void main(String[] args) {
        Box<Integer> integerBox = new Box<Integer>();
        integerBox.add(10);
        // integerBox.add("A Test!"); //编译错
        Integer someInteger = integerBox.get(); // 不需要类型强制转换
        System.out.println(someInteger);
    }
}
```

需要注意的是，如果在 Box<Integer>类型的对象中增加不兼容类型，如 String，将不会通过编译。编译时可以使用 -Xdiags:verbose 参数来显示编译错误的详细提示信息：

```
C:\JavaBook\5>javac -Xdiags:verbose BoxDemo.java
BoxDemo.java:5: 错误: 无法将类 Box<T>中的方法 add 应用到给定类型;
                integerBox.add("A Test!"); //编译错
                          ^
    需要: Integer
    找到:    String
    原因: 参数不匹配; String 无法转换为 Integer
    其中, T 是类型变量:
      T 扩展已在类 Box 中声明的 Object
1 个错误
```

需要强调一点，类型变量并不是实际类型。例如，T 可以是由 T.class 定义的具体类，而泛型类中的 T 与该具体类无关，只是一个变量。而且，类型变量 T 也不是 Box 类名的一部分，实际上在使用 Box 类时，必须包含 Box<具体类名>，而编译后，文件系统中也只有 Box.class 对应 Box 类。

Java 7 开始支持类型推定，因此，只要编译器可以从上下文中确定或推断类型参数，就可以用一组空的类型参数（<＞）替换调用泛型类的构造方法所需的类型参数，这个通常也称为钻石标注（Diamond）。例如，可以使用以下语句创建 Box<Integer>的实例：

```
Box<Integer> integerBox = new Box<>();
```

3. 定义和使用泛型接口

定义泛型接口的方式与泛型类相似。下面的语句定义了一个有两个类型参数的泛型接口 Pair<K, V>：

```
public interface Pair<K, V> {
    public K getKey();
    public V getValue();
}
```

下面定义的类 OrderedPair<K, V>实现了泛型接口 Pair<K, V>：

```
public class OrderedPair<K, V> implements Pair<K, V> {

    private K key;
    private V value;

    public OrderedPair(K key, V value) {
     this.key = key;
     this.value = value;
    }

    public K getKey()   { return key; }
    public V getValue() { return value; }
}
```

以下语句创建 OrderedPair 类的两个实例：

```
Pair<String, Integer> p1 = new OrderedPair<String, Integer>("Even", 8);
Pair<String, String>   p2 = new OrderedPair<String, String>("hello", "world");
```

代码 new OrderedPair<String，Integer>将 K 实例化为 String，V 实例化为 Integer。代码 new OrderedPair<String，String >将 K 和 V 都实例化为 String。使用钻石标注可以将代码简化为：

```
OrderedPair<String, Integer> p1 = new OrderedPair<>("Even", 8);
OrderedPair<String, String>   p2 = new OrderedPair<>("hello", "world");
```

除了常用的引用类型，类型参数也可以使用泛型类型来替换，例如，下面的代码在使用 OrderedPair<K, V>时，K 实例化为 String，V 实例化为 Box<Integer>。

```
OrderedPair<String, Box<Integer>> p =
    new OrderedPair<>("primes", new Box<Integer>());
```

5.1.2 泛型方法

类型参数同样也可以在方法或构造方法中声明，用于创建泛型方法（generic methods）和泛型构造方法（generic constructors）。泛型方法或泛型构造方法的声明方式类似于泛型类型，只是类型参数有效范围只限于对应的方法内部，而泛型类型的类型参数是整个类或者接口都有效的。

泛型方法可以不是泛型类中的方法。

使用泛型方法可以用同一个方法接收不同的对象引用类型实际参数，同时又可避免对于使用 Object 类型的形式参数接收对象引用类型的实际参数时带来的类型检查问题。

例 5-3 中定义的类中，定义了一个泛型方法 inspect()，其中使用了一个类型参数 U，该方法可以接收任何类型的对象作为输入参数，并将该对象的类型输出。

例 5-3 泛型方法简单实例。

文件名：GenericMethodBox.java

```java
public class GenericMethodBox<T> { // 泛型类，类型参数 T 整个类有效

    private T t;

    public void add(T t) {
        this.t = t;
    }

    public T get() {
        return t;
    }

    // 泛型方法，类型参数 U 当前方法有效
    public <U> void inspect(U u) {
        System.out.println("T: " + t.getClass().getName());
        System.out.println("U: " + u.getClass().getName());
    }

    public static void main(String[] args) {
        GenericMethodBox<Integer> integerGM = new GenericMethodBox<Integer>();
        integerGM.add(10);
        integerGM.inspect("Hello GenericMethodBox!");
    }
}
```

程序运行的结果如下：

T: java.lang.Integer
U: java.lang.String

如果传递不同的类型，输出结果会发生相应的改变。

对于静态的泛型方法，如果使用类名直接调用，一般需要标明类型参数。例如，下面的非泛型类 Util 中定义了一个 static 泛型方法 compare()：

```java
public class Util {
    public static <K, V> boolean compare(Pair<K, V> p1, Pair<K, V> p2) {
        return p1.getKey().equals(p2.getKey()) &&
                p1.getValue().equals(p2.getValue());
    }
}
```

在使用时方法 compare 前面会有类型参数<Integer, String>：

```java
Pair<Integer, String> p1 = new OrderedPair<>(1, "apple");
Pair<Integer, String> p2 = new OrderedPair<>(2, "pear");
boolean same = Util.<Integer, String>compare(p1, p2);
```

同样，类型推定允许调用泛型方法时忽略类型参数，就像是普通方法调用一样：

```java
boolean same = Util.compare(p1, p2);
```

泛型构造方法的定义和使用类似于泛型方法，在此不再描述。

5.1.3 受限类型参数

有时，传递到类型参数的具体类型可能需要受到限制，例如，一个操作数值的泛型方法可以接收的类型可能只是 Number 类或者其子类，这就是受限类型参数（bounded type parameters）的用途。

受限类型参数可以用于泛型类型，也可以用于泛型方法。

定义一个受限类型参数的语法格式如下：

<typeParaName extends upperBound>

这里的关键字 extends 的含义包含了继承类和实现接口两个方面。例如，如果限制类型参数 U 为 Number 类或者其子类，其受限类型参数定义为：

<U extends Number>

例 5-4 中泛型方法 inspect()定义为参数 U 为 Number 类或者其子类的受限类型。

例 5-4 使用受限类型参数。

文件名：**BoundedTypeParam.java**

```java
public class BoundedTypeParam<T> {

    private T t;

    public void add(T t) {
        this.t = t;
    }

    public T get() {
```

```
            return t;
        }
        // 参数 U 为 Number 类或者其子类的受限类型
        public <U extends Number> void inspect(U u) {
            System.out.println("U: " + u.getClass().getName());
        }

        public static void main(String[] args) {
            BoundedTypeParam<Integer> numberGM = new BoundedTypeParam<Integer>();
            Integer i = 2022;
            numberGM.inspect(i);
            Float f = 2.4F;
            numberGM.inspect(f);
            //numberGM.inspect("Hello BoundedTypeParam!");//编译错
        }
    }
```

由于 Integer 和 Float 都是 Number 的子类，因此程序运行结果如下：

```
U: java.lang.Integer
U: java.lang.Float
```

如果使用字符串来调用 inspect()方法，如例 5-4 中的最后一条语句的用法，则会发生编译错误。编译时可以使用 -Xdiags:verbose 参数，显示编译错误的详细提示信息如下：

```
C:\JavaBook\5>javac -Xdiags:verbose BoundedTypeParam.java:
BoundedTypeParam.java:25: 错误: 无法将类 BoundedTypeParam<T>中的方法 inspect 应用到给定类型;
                    numberGM.inspect("Hello BoundedTypeParam!");//编译错
                            ^
    需要: U
    找到: String
    原因: 推论变量 U 具有不兼容的上限
        下限：Number
        下限：String
    其中，U,T 是类型变量:
        U 扩展已在方法 <U>inspect(U)中声明的 Number
        T 扩展已在类 BoundedTypeParam 中声明的 Object
1 个错误
```

前面的例子是具有单个边界的类型参数，但类型参数可以有多个边界。在定义类型参数时，如果类型参数还有需要指定实现的接口，即出现了多个边界，使用&字符将类名、接口名连接起来，格式如下：

<T extends B1 & B2 & B3>

需要注意的是，多重边界最多只会出现一个类名（单继承），可以有多个接口（实现多个接口）。如果出现了一个类，类名必须写在第一个位置，然后才写接口名，否则会出现编译错。下面的例子中<T extends A & B & C>，A 必须放在第一。

```
class A { /* ... */ }
interface B { /* ... */ }
interface C { /* ... */ }
class D <T extends A & B & C> { /* ... */ }
```

5.1.4 泛型类型的继承

Java 允许将一个对象赋值给类型兼容的对象，例如，由于 Number 类是 Integer 类的超类，一个 Integer 对象可以赋值给 Number 对象引用变量。

```
Number someNumber;
Integer someInteger = new Integer(10);
someNumber = someInteger; // OK
```

在方法调用时，参数传递和方法值的返回同样也遵循这个规则，例如，下面调用方法的参数传递也都是有效的：

```
public void someMethod(Number n){
    // 忽略了方法体内语句
}

someMethod(new Integer(10)); // OK
someMethod(new Double(10.1)); // OK
```

在泛型中，这个规则同样有效。在执行泛型类型调用时，可以将 Number 及 Number 的子类作为类型参数传递到 Number 兼容的参数：

```
Box<Number> box = new Box<Number>();//Box 中的 add()方法实际允许接收类型为 Number
box.add(new Integer(10)); // OK
box.add(new Double(10.1)); // OK
```

但是，考虑下面的方法签名：

```
public void boxTest(Box<Number> n){
    // 忽略了方法体内语句
}
```

其中可以接收的参数类型是 Box<Number>，是否允许传递 Box<Integer>或 Box<Double>类型？仔细思考一下可以发现，由于 Box<Integer>和 Box<Double>本身并不是 Box<Number>的子类，所以并不能实现这种参数传递。图 5-1 对此进行了形象的描述。

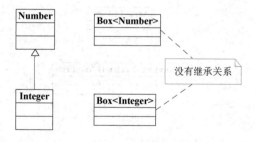

图 5-1 Box 类之间不存在继承关系

与常规类的继承相同，对于泛型类来说，同样也可以继承其他泛型类或者实现泛型接口。例如，类 ArrayList<E> 实现了 List<E> 接口，这样，ArrayList<Number> 可以转换为 List<Number>，但是，ArrayList<Integer> 依然不能转换为 ArrayList<Number> 或者 List<Number>。图 5-2 描述了这些类和接口之间的相互关系。

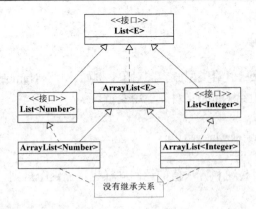

图 5-2 ArrayList<Integer>与 ArrayList<Number>关系

5.1.5 通配符

在泛型使用中,未知类型可以使用通配字符"?"来表示。

例如,指定表示某种特定类型数字的列表对象的定义如下:

　　List<? extends Number> numList;

其中,<? extends Number>表示未知的某种特定类型,但是必须是 Number 类或者 Number 类的子类。这种受限通配符中,Number 是特定未知类型的上限。同样也允许使用 super 关键字代替 extends 关键字来指定特定未知类型的下限,如<? super Number>定义的某种特定类型必须是 Number 类或者 Number 类的超类。

对于没有限制的某种特定未知类型,可以使用<?>来表示,称为未限限的通配符。实际上,未受限的通配符<?>与<? extends Object>的含义是一样的。

1. 使用通配符

前面已经介绍,ArrayList<Integer>和 ArrayList<Float>都不是 ArrayList<Number>的子类。但是,却全都是 ArrayList<? extends Number>的子类,这些类之间的关系如图 5-3 所示。

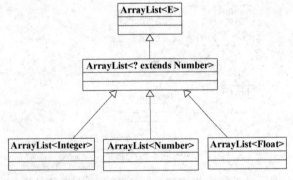

图 5-3 使用通配符定义的类的层次图示例

由此可以看出,下面的语句都是正确的:

　　ArrayList<? extends Number> numList;
　　numList = new ArrayList<Integer>();　　// OK

```
numList = new ArrayList<Float>();        // OK
```

但是，这种未知类型的对象列表中是不能直接添加元素的，原因也在于无法明确限制元素类型。下面的向列表直接增加元素的语句是不能通过编译的：

```
ArrayList<? extends Number> numList;
numList = new ArrayList<Integer>();      // OK
numList.add(2022);                        // 编译错

numList = new ArrayList<Float>();        // OK
numList.add(2.4);                         // 编译错
```

但是，使用这种未知类型的对象列表可以读取其中的元素，因此多用于方法的参数类型。例如，如果在具体的 Integer 列表或者 Float 列表中添加了具体元素，就可以使用以下方法来读取元素：

```
void getNumbers(ArrayList<? extends Number> someNumber) {
    for (Number a : someNumber)
        System.out.println(a.toString());
}
```

例 5-5 为使用通配符表示未知类型的应用实例。

例 5-5 使用通配符表示未知类型的应用实例。

文件名：Wildcard.java

```java
import java.util.*;

class Wildcard {
    static void getNumbers(ArrayList<? extends Number> someNumber) {
        for (Number a : someNumber)
            System.out.println(a.toString());
    }

    public static void main(String args[]) {

        ArrayList<? extends Number> numList;
        numList = new ArrayList<Integer>(); // OK
        //numList.add(2022); // compiler-time error
        numList = new ArrayList<Float>(); // OK
        // numList.add(2.4F); // compiler-time error

        ArrayList<Integer> integerList = new ArrayList<Integer>(); // OK
        integerList.add(2022);
        integerList.add(2);
        integerList.add(4);
        getNumbers(integerList);

        ArrayList<Float> floatList = new ArrayList<Float>(); // OK
        floatList.add((float) 2022.2);
        floatList.add((float) 2.4);
        floatList.add((float) 2.21);
        numList = floatList;
        getNumbers(numList);
```

            }
        }

其中，调用 getNumbers(integerList)是直接传递 ArrayList<Integer>类型的对象变量，而调用 getNumbers(numList)则是传递 ArrayList<? extends Number>类型的变量。程序运行结果如下：

    2022
    2
    4
    2022.2
    2.4
    2.21

需要注意，通配符使用受限类型参数时只能使用单重边界。

    List<? extends SuperHearing> audioBoys; //OK
    List<? extends SuperHearing & SuperSmell> dogBoys;// 编译错！

2．通配符捕获

如果调用一个使用了通配符的方法时传递了一个具体类型，编译器就会推断实际的类型参数，这样，该方法就可以使用推断出的确定类型调用其他方法了，这也称为通配符捕获（capture wildcard）。通配符捕获只能在编译器可以保证通配符只表示某一个具体的类型时才可以使用。

下面以实例来说明泛型方法中的通配符的捕获。例 5-6 定义了一个泛型类 Pair：

例 5-6 泛型类 Pair 的定义。

文件名：**Pair.java**

```java
public class Pair<T> {
    private T first;
    private T second;

    public Pair() {
        first = null;
        second = null;
    }

    public Pair(T first, T second) {
        this.first = first;
        this.second = second;
    }

    public T getFirst() {
        return first;
    }

    public T getSecond() {
        return second;
    }

    public void setFirst(T newValue) {
        first = newValue;
    }
```

```java
public void setSecond(T newValue) {
    second = newValue;
}
}
```

以下的方法试图实现一个 Pair 类型对象中的两个属性值 first 和 second 的交换：

```java
public static void swap(Pair<?> p){
? t = p.getFirst(); //编译错
p.setFirst(p.getSecond());
p.setSecond(t);
}
```

但是，由于通配符 ? 并不是类型变量，因此不能将其作为类型来声明变量，这个方法不能通过编译。也就是通配符 ? 作为类型来声明临时变量。针对这种情况，可以编写一个泛型辅助方法 swapHelper() 来解决这个问题，代码如下：

```java
public static <T> void swapHelper(Pair<T> p)
{
    T t = p.getFirst();
    p.setFirst(p.getSecond());
    p.setSecond(t);
}
```

比较一下，会发现，swapHelper() 的参数不再是 Pair<?>，而是 Pair<T>，可以使用 T 来声明变量。重写 swap() 方法，直接调用 swapHelper() 即可实现属性值的交换。代码如下：

```java
public static void swap(Pair<?> p) {
    swapHelper(p); //使用推断的确定类型调用
}
```

在这个例子中，swapHelper() 方法中的参数 T 捕获了通配符。尽管不知道通配符对应的具体类型，但是一定是某个确定类型，因此可以使用泛型类型 T 来表示。

通配符捕捉的完整实例代码如例 5-7 所示。

例 5-7 通配符捕捉实例。

文件名：**WildcardCapture.java**

```java
public class WildcardCapture {
    public static boolean hasNulls(Pair<?> p) {
        return p.getFirst()==null || p.getSecond()==null;
    }

    public static void showPair(Pair<?> p) {
        System.out.println("[" + p.getFirst() + ", " + p.getSecond() + "]");
    }

    public static void swap(Pair<?> p) {
        swapHelper(p);
    }

    public static <T> void swapHelper(Pair<T> p) {
        T t = p.getFirst();
        p.setFirst(p.getSecond());
```

```
                    p.setSecond(t);
            }
            public static void main(String[] args) {
                    Pair<Integer> pair = new Pair<Integer>();
                    if (hasNulls(pair)) {
                            pair.setFirst(2022);
                            pair.setSecond(2);
                    }
                    showPair(pair);
                    swap(pair);
                    showPair(pair);
            }
    }
```

程序运行结果如下：

```
[2022 , 2]
[2 , 2022]
```

5.1.6 类型擦除

没有类型参数的泛型类名或泛型接口名称为原始类型（raw type），也称为源类型。原始类型也可以用于声明变量和参数，但是，在代码中应该尽量避免使用原始类型。一个泛型类在编译过程中，编译器去掉了泛型类或方法中所有类型参数相关信息，这个过程称为类型擦除（type erasure），对应生成的类文件名并没有包含泛型参数。

1. 原始类型

对应于已经定义的泛型类型，原始类型可以看成是没有使用任何类型参数的泛型类或接口的同名类型。例如，对于泛型类 Box<T>的原始类型就是 Box，泛型接口 Pair<K, V>的原始类型就是 Pair。

当使用原始类型时，实际会使用 Object 类型作为对应泛型类型的类型参数。下面的语句在将泛型类型对象赋值给原始类型变量时是兼容的：

```
Box<String> stringBox = new Box<>();
Box rawBox = stringBox;              // OK，但是有类型转换警告
```

但是，将原始类型赋值给泛型类型变量，或者调用有类型参数的方法，都会出现编译警告：

```
Box rawBox = new Box();              // rawBox is a raw type of Box<T>
Box<Integer> intBox = rawBox;        // warning: unchecked conversion
rawBox.set(8);    // warning: unchecked invocation to set(T)
```

警告显示原始类型绕过泛型类型检查，将不安全代码的捕获推迟到运行时。因此，应该避免使用原始类型。

2. 类型擦除

一个泛型类在编译后，对应生成的类文件名并没有包含泛型参数。在编译过程中，编译器去掉了泛型类或方法中所有类型参数相关信息，这个过程称为类型擦除（type erasure）。类型擦除的主要目的是保证使用泛型的 Java 应用与未引入泛型之前的 Java 类库及应用的二进制兼容。

在例 5-8 中，对于泛型类 ArrayList<E>，不管使用原始类型还是使用了具体类型，由于

类型擦除的原因，当实际运行时，类名都是 ArrayList。

例 5-8 类型擦除。

文件名：ErasedTypeEquals.java

```java
import java.util.*;

public class ErasedTypeEquals {
    public static void main(String[] args) {
        // 使用泛型类型
        ArrayList<String> sList = new ArrayList<String>();
        ArrayList<Integer> iList = new ArrayList<Integer>();
        // 使用原始类型
        ArrayList list = new ArrayList<Float>();
        System.out.println("ArrayList<String>\t:" + sList.getClass());
        System.out.println("ArrayList<Integer>\t:" + iList.getClass());
        System.out.println("ArrayList\t\t:" + list.getClass());
        System.out.println(list instanceof ArrayList);
    }
}
```

运行结果如下：

```
ArrayList<String>       :class java.util.ArrayList
ArrayList<Integer>      :class java.util.ArrayList
ArrayList               :class java.util.ArrayList
True
```

如果在代码中混合使用泛型代码和泛型之前的 API 或代码，在编译时可能会碰到类似于如下的警告提示，一般是因为使用了泛型类的原始类型。使用编译选项-Xlint:unchecked 可以看到具体的原因信息。

注意：WarningDemo.java 使用了未经检查或不安全的操作。
注意：要了解详细信息，请使用 -Xlint:unchecked 重新编译。

例 5-9 中，在 createList ()方法中使用了 ArrayList 原始类型。

例 5-9 同时使用泛型类型和原始类型。

文件名：WarningDemo.java

```java
import java.util.*;

public class WarningDemo {
    static ArrayList createList() {// 使用了原始类型
        return new ArrayList();
    }

    public static void main(String[] args) {
        // 混合使用泛型类型和原始类型
        ArrayList<Integer> bi = createList();
    }
}
```

使用编译选项-Xlint:unchecked 看到具体的原因信息如下：

```
C:\JavaBook\5> javac -Xlint:unchecked WarningDemo.java
WarningDemo.java:10: 警告: [unchecked] 未经检查的转换
```

```
                    ArrayList<Integer> bi = createList();
                                       ^
```
　　　　需要：ArrayList<Integer>
　　　　找到：　　ArrayList
　　1 个警告

另外需要说明的是，由于类型擦除，类型参数不能用于 instanceof 和 new 运算，也不能创建该类型的数组，在用于强制类型转换时，也会产生类型未检查编译错。例 5-10 的代码不能通过编译：

例 5-10　因为类型擦除，类型参数 E 使用受限。

文件名：TestClass.java

```java
public class TestClass<E> {
    public void myMethod(Object item) {
        if (item instanceof E) {        //编译错，类型参数不能用于 instanceof
            //...
        }
        E item2 = new E();              //编译错，不能使用 new 实例化类型参数类
        E[] iArray = new E[10];         //编译错，不能创建泛型数组
        E obj = (E)new Object();        //警告，类型参数用于强制类型转换时类型未检查
    }
}
```

使用 -Xlint:unchecked 选项编译，出错与警告的提示信息如下：

```
C:\JavaBook\5> javac -Xlint:unchecked TestClass.java
TestClass.java:3: 错误: instanceof 的泛型类型不合法
        if (item instanceof E) { //编译错，类型参数不能用于 instanceof
                            ^
TestClass.java:6: 错误: 意外的类型
        E item2 = new E(); //编译错，不能使用 new 实例化泛型类
                      ^
```
　需要：类
　找到：　　类型参数 E
　其中, E 是类型变量：
　　E 扩展已在类 TestClass 中声明的 Object
```
TestClass.java:7: 错误: 创建泛型数组
        E[] iArray = new E[10]; //编译错，不能创建泛型数组
                         ^
TestClass.java:8: 警告: [unchecked] 未经检查的转换
        E obj = (E) new Object(); //警告，类型参数用于强制类型转换时类型未检查
                ^
```
　需要：E
　找到：　　Object
　其中, E 是类型变量：
　　E 扩展已在类 TestClass 中声明的 Object
3 个错误
1 个警告

5.2　集合框架简介

如前所述，使用数组数据结构时，数组大小是固定，在实际应用中，往往在编写程序时

并不能确定需要操作和存储的对象数量，因此使用数组受到一定限制。java.util 类库中提供了非常完整的集合容器来解决这个问题，包括列表（List）、集（Set）、队列（Queue）和映射（Map）等基本类型，这些对象类型统称为集合类（collection classes）。

一个特定的集合对象可以包含多个对象元素，并实现了对应数据结构的相关操作。

集合框架（collections frameworks）是 Java 平台提供的表示和操作集合的统一架构。集合框架包含以下 3 个部分。

（1）集合接口。用于表示集合的抽象数据类型，允许集合操作独立于实现细节。接口多用于方法的参数类型。

（2）集合实现。实现了对应集合接口的具体类，本质上是可重用的数据结构。实现类可以创建具体的对象。

（3）集合算法。算法是对实现了集合接口的对象执行具体计算（如查找、排序等）的方法。同一个方法可以用于相关集合接口的不同实现。这些方法可以看成是工具方法，一般都是 static 方法，可以用类名直接调用。本质上，算法是可重用的功能。

5.2.1 集合接口

Java 集合框架中的核心集合接口中封装了不同的集合类型，允许集合的操作独立于集合的具体实现。Java 集合框架中的核心接口主要包括：Collection、Set、List、Queue、Deque、SortedSet 和 Map、SortedMap 等接口。

核心接口是 Java 集合框架的基础，这些核心接口构成的继承层次图如图 5-4 所示。由图可以看出，核心集合接口包含两个独立的继承树，集合（Collection）子树和映射（Map）子树。集（Set）是一种不包含重复元素的集合（Collection），而有序集（SortedSet）则是包含有序元素的集（Set）。

所有的核心集合接口都是泛型接口。在创建集合实例时，必须指定具体元素类型。

下面分别介绍各种集合接口。

（1）Collection 接口。Collection 可以用于表示一组对象，每个对象称为集合的元素。对于一些相对具体的抽象，如是否允许重复元素、元素是否有序等，采用更具体的子接口来定义。

（2）Set 接口。Set 是 Collection 接口的子接口，表示不包含重复元素的集合，元素在集合中不一定有序，用于表示数学中集的概念。HashSet 类是最常用的 Set 接口的实现类。

（3）List 接口。List 是 Collection 接口的子接口，表示有序的集合，也称为列表或者序列（sequence）。因为有序，所以可以对列表中每个元素的插入位置进行控制，如根据元素的整数索引（在列表中的位置）来访问元素、修改列表中的元素。与 Set 不同，List 通常允许重复的元素。ArrayList 类是最常用的 List 接口的实现类。

（4）Queue 接口和 Deque 接口。Queue 接口和 Deque 接口都是 Collection 接口的子接口，用于保存有处理顺序的多个元素。除了基本的 Colloection 操作外，还提供附加的插入、提取和检查操作。

Queue 接口也称为队列。队列中元素的顺序一般为 FIFO（first in first out，先进先出）模式。在 FIFO 队列中，新元素都是添加在队尾。LinkedList 类是最常用的 Queue 接口的实现类。

Deque 接口也称为双向队列，可同时用作 FIFO 和 LIFO（last in first out，后进先出）。在双向队列中，可以在两端插入、检索和删除所有新元素。ArrayDeque 类是最常用的 Deque 接口的实现类。

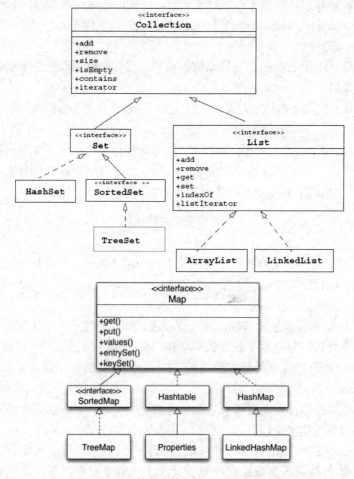

图 5-4　主要的集合核心接口及部分实现类

　　（5）Map 接口。Map 接口表示将键映射到值的对象，常称为映射。一个映射不能包含重复的键；每个键最多只能映射到一个值。HashMap 类是最常用的实现 Map 接口的类。
　　（6）SortedSet 接口。SortedSet 是 Set 接口的子接口，是元素有序的集。这些元素一般是升序，也可以根据在创建有序集时提供的 Comparator 进行排序。TreeSet 类是最常用的实现 SortedSet 接口的类。
　　（7）SortedMap 接口。SortedMap 是 Map 接口的子接口，是元素依据键升序顺序的映射。有序映射用于表示自然顺序的<键-值>对的集合。TreeMap 类是最常用的实现 SortedMap 接口的类。

5.2.2　集合实现

　　集合实现是用于存储集合的数据对象，其类定义实现了对应的集合接口。集合实现包括通用功能实现、特殊功能实现、并发实现、封装实现、快捷实现和抽象实现。通用功能实现类是最常用的实现类，用于常规的应用。特殊功能实现类用于特殊情形和非标准的性能特点、使用限制或行为。并发实现用于支持高并发性，是 java.util.concurrent 包的一部分。封装实现用于与其他实现类型的结合，用于提供附加或限制的功能。快捷实现一般是通过静态工厂方法提供的便利有效的通用功能实现，用于特殊的集合，如单实例集。抽象实现是用于构造自定义集合实现的框架实现。

Java 集合框架提供的通用功能实现类实现了 Set，List 和 Map 接口，这些具体实现类可以满足大多数应用的需要。表 5-1 列出了通用功能实现类。

表 5-1 集合框架通用功能实现类

接口	实现类					
	Hash 表	可变长数组	树	链表	Hash 表 + 链表	队列
Set	HashSet		TreeSet		LinkedHashSet	
List		ArrayList		LinkedList		
Map	HashMap		TreeMap		LinkedHashMap	
Queue				LinkedList		PriorityQueue
Deque				LinkedList		ArrayDeque

所有实现类都提供对应接口中定义的所有方法，并允许空（null）元素、键和值，而且，都有防错的迭代器，都是可以序列化并且支持克隆，但都不是线程安全的。

如果需要线程安全的集合，可以使用集合的封装实现（Wrapper），通过使用工具类 java.util.Collections 的静态工厂方法可以将任何集合转换并返回线程安全的同步集合（Synchronized Collections）。另外，java.util.concurrent 包提供包括 BlockingQueue 接口、ConcurrentMap 接口的实现，支持比同步更高并发需求。关于线程安全内容请参阅第 7 章的内容。

5.2.3 集合算法

Java 集合框架提供了集合的排序、置换、常规数据操作、查找、组合等算法。这些算法都是多态算法，提供可重用的功能，并且，全部使用静态方法，方法的第一个参数为操作执行的集合。大多数算法都是针对 List 对象，也有部分是操作 Collection 对象。

例如，在 Collections 类中提供的算法有：

（1）根据元素的自然顺序对指定列表按升序进行排序。

    public static <T extends Comparable<? super T>> void sort(List<T> list);

（2）使用默认随机源对指定列表进行置换。

    public static void shuffle(List<?> list);

（3）使用二分搜索法搜索指定列表。

    public static <T> int binarySearch(List<? extends Comparable<? super T>> list,
                      T key);

5.3 集合实现

通用功能的 List 接口的实现类包括 ArrayList 和 LinkedList，但是，大多数情况下是使用访问速度更快的 ArrayList 类。只有当需要频繁对元素进行增加和删除时，才会考虑使用 LinkedList 类。

Set 接口有三个通用功能实现类：HashSet 类、TreeSet 类和 LinkedHashSet 类。其中，对于大多数的集合操作，HashSet 相对 TreeSet 更快，但是没有元素顺序的保证。只有当需要使用 SortedSet 接口中定义的方法，或者需要按值的顺序来访问元素时，才会使用 TreeSet 类。LinkedHashSet 类则介于 HashSet 和 TreeSet 之间，提供插入顺序的元素遍历，操作速度接近于 HashSet。

Map 接口的 3 个通用功能实现类分别为 HashMap 类、TreeMap 类和 LinkedHashMap 类。一般情况下，都是考虑最大速度而不关心元素的访问顺序，因此使用 HashMap 类。如果需要使用 SortedMap 接口中定义的方法或者需要使用键顺序的元素遍历，就需要使用 TreeMap；如果需要近似 HashMap 的性能又需要有插入顺序的元素遍历，则使用 LinkedHashMap。

Queue 接口通用实现类为 LinkedList 和 PriorityQueue 类。LinkedList 提供先入先出（FIFO）队列操作，用于添加、轮询等。PriorityQueue 类是一个基于堆数据结构的优先级队列，这个队列根据构造时指定的顺序对元素进行排序，这个顺序可以是元素的自然排序，也可以是使用比较器的排序。

Deque 接口包括 LinkedList 和 ArrayDeque 类。Deque 接口支持两端元素的插入、删除和检索。ArrayDeque 类是 Deque 接口的可调整大小的数组实现，而 LinkedList 类是列表实现。LinkedList 的实现比 ArrayDeque 的实现更加灵活。在效率方面，ArrayDeque 比 LinkedList 在两端的增删操作更有效率。LinkedList 实现中最好的操作是在迭代过程中删除当前元素。LinkedList 实现比 ArrayDeque 实现消耗更多的内存。

由于 Java 集合框架的接口和类都定义在 java.util 包中，因此，在使用 Java 集合框架中的类和接口时，需要使用如下的 import 语句：

```
import java.util.*;
```

本节仅针对其中最常用的 List 接口实现类 ArrayList 类、Set 接口实现类 HashSet 类、Map 接口的实现类 HashMap 类以及同时实现了 List、Queue 和 Deque 的类 LinkedList 进行详细的描述。

5.3.1 ArrayList 类

ArrayList 是 Java 集合框架中实现了 List 接口的实现类，用于存储、检索和操作集合中的对象。

（1）创建 ArrayList 对象

ArrayList 对象是容量可以自增长的集合对象，在实例化时也可以指定初始容量，初始容量是 ArrayList 在必须增长之前可以容纳的初始元素数量。

ArrayList 的构造方法有以下几种形式：

```
//使用默认初始容量 10 创建空列表
public ArrayList()
// 使用指定的初始容量创建空列表
public ArrayList(int initialCapacity)
//使用指定的集合创建列表，列表会自动包含原来集合中所有元素
public ArrayList(Collection<? extends E> c)
```

ArrayList 类是一个泛型类，在声明和实例化时，需要指定元素对象的具体类型。例如：

```
ArrayList<String> strList = new ArrayList<String>();
```

使用集合作为参数来构造 ArrayList 对象，可以将 Collection 的子接口及实现类的对象转换为 ArrayList 对象，因此也称为转换构造方法（conversion constructor）。例如，对于 Collection<String> c，它可以是 List、Set 或其他类型的集合，可以作为参数来创建一个新的 ArrayList 对象，该列表对象包含 c 中的所有元素：

```
List<String> list = new ArrayList<String>(c);
```

（2）添加元素

ArrayList<E>的 add()方法实现将元素添加到此列表的尾部，或者添加到指定的位置：

```
public boolean add(E e);  //添加元素到列表尾部
public void add(int index,E element);  //将指定的元素插入此列表中的指定位置
```

ArrayList<E>的 addAll()方法实现将一个集合的所有元素添加到此列表的尾部，或者添加到指定的位置：

```
public boolean addAll(Collection<? extends E> c)
public boolean addAll(int index,Collection<? extends E> c)
```

（3）遍历元素

遍历集合中的所有元素有 3 种通用方法：使用增强型 for 循环语句、使用 Iterator 对象和使用聚合操作（Aggregate Operations）。

假设集合对象 strList 的类型为 ArrayList<String>，下面语句使用增强型 for 循环语句输出集合 strList 中的所有元素：

```
for (String s : strList)
    System.out.println(s);
```

Iterator 对象，通常称迭代器，用于遍历集合，并根据需要从集合中移除特定元素。通过调用集合的 iterator()方法可以获得集合的迭代器。Iterator 接口中定义的方法如下：

```
boolean hasNext();     //判断是否存在元素
E next();              //返回元素
void remove();         //删除当前元素
```

而下面的语句则是使用 Iterator 对象的 hasNext()和 next()两个方法来遍历集合 strList 中的所有元素。

```
Iterator<String> iter = strList.iterator();//获得迭代器
//遍历集合元素
while (iter.hasNext())
    System.out.println(iter.next());
```

其中 hasNext()判定是否还存在未访问的元素，而 next()方法直接返回元素对象的引用。

在 JDK 8 及更高版本中，遍历集合可以通过获取流并对其执行聚合操作来实现。具体流的操作可参考 Java 的 Stream API 相关介绍，对应 java.util.stream 包。聚合操作通常与 Lambda 表达式结合使用，可以使用更少的代码行。以下一条语句就实现了遍历集合中的所有元素并输出其值：

  strList.stream().forEach(e -> System.out.println(e));

另外，ArrayList 对象也可以使用 listIterator()方法返回的 ListIterator 对象来遍历元素，java.util.ListIterator 中定义了更多的对元素进行操作的方法：

  void add(E o) ;
  boolean hasPrevious();
  E next();
  int nextIndex();
  E previous();
  int previousIndex();
  void remove();
  void set(E o);

（4）与数组相互转换

集合对象可以使用 toArray()方法将自身转换为 Object 数组。例如，若 c 是一个集合，下面语句将 c 转换成一个新的数组对象，元素类型为 Object，数组长度为 c 中元素个数：

  Object[] a = c.toArray();

如果集合中元素是已知的某种引用类型，也可以将集合直接转换称对应类型的数组。例如，集合 c 的类型为 Collection<String>，则其元素类型为 String，下面语句将 c 转换成一个新的数组对象，元素类型为 String，数组长度为 c 中元素个数：

  String[] a = c.toArray(new String[0]);

在处理数组数据时，有时也需要利用 List 接口中定义的方法，这时可以利用 Arrays.asList() 方法返回其数组参数的列表视图，将数组当成 List 来处理。对 List 的更改会直接写入原来的数组，反之亦然。只是集合的大小是数组的大小，不允许更改。另外，如果需要一个固定大小的列表，使用 Arrays.asList()比通用列表实现更有效。下面语句将创建的字符串数组对象直接转换为 List 来使用：

  List<String> list = Arrays.asList(new String[size]);

例 5-11 为使用 ArrayList 来管理 String 对象元素的集合的一个实例。其中，使用了 3 种方式来遍历列表中的元素。

例 5-11　包含 String 类型元素的 ArrayList 实例。

文件名：ArrayListTest.java

```java
import java.util.*;

public class ArrayListTest {
    public static void main(String[] args) {
        // 创建 ArrayList 实例
        List<String> strList1 = new ArrayList<String>();

        // 增加元素，特点：有序、允许重复
```

```java
        String s1 = "软件学院";
        String s2 = "计算机与信息技术学院";
        String s3 = "交通运输学院";
        String s4 = "软件学院";
        strList1.add(s1);
        strList1.add(s2);
        strList1.add(s3);
        strList1.add(s4);

        // 使用 for-each 输出集合中的所有元素：
        for (String s : strList1)
            System.out.println(s);

        // 将已有列表添加到新列表中
        ArrayList<String> strList2 = new ArrayList<String>();
        strList2.add("\n 北京交通大学");
        strList2.addAll(strList1);

        // 使用 Iterator 对象来遍历集合中的所有元素
        Iterator<String> iter = strList2.iterator();
        while (iter.hasNext())
            System.out.println(iter.next());

        // 使用聚合操作来遍历集合中元素
        strList2.stream().forEach(e -> System.out.println(e));
    }
}
```

运行结果如下：

```
软件学院
计算机与信息技术学院
交通运输学院
软件学院

北京交通大学
软件学院
计算机与信息技术学院
交通运输学院
软件学院

北京交通大学
软件学院
计算机与信息技术学院
交通运输学院
软件学院
```

除了 ArrayList 类，实现 List 接口的另一个常用类为 LinkedList。ArrayList 提供恒定时间的位置访问，而且速度非常快。位置访问在 LinkedList 中是线性时间，ArrayList 中为常量时间。但是，如果需要经常在列表的开头添加元素，或者迭代列表以从列表内部删除元素，那么应该考虑使用 LinkedList，因为这些操作在 LinkedList 中是常量时间，而在 ArrayList 中则是线性时间。

5.3.2 HashSet 类

HashSet 是 Java 集合框架中实现了 Set 接口的实现类，用于存储、检索和操作没有重复元素的集合中的对象。

HashSet<E>的 add()方法实现将元素添加到当前集。通过对 add()方法返回值的判断可以检查重复元素。如果当前集中尚未包含指定元素，则添加指定元素，返回 true；如果当前集已包含该元素，则添加不成功，返回 false：

  public boolean add(E e)

如果集合 B 中的所有元素都在集合 A 中，那么集合 B 称为集合 A 的子集。使用 HashSet 的 containsAll()方法可以判定子集关系。例如，如下语句中，如果当前集合包含指定集合 c 中的所有元素，则返回 true，表示 c 为当前集合的子集：

  public boolean containsAll(Collection<?> c);

集合 A 和集合 B 的并集是指其中的任何元素总能在集合 A 或 B 中找到。使用 HashSet 的 addAll()方法可以实现并集：

  public boolean addAll(Collection<? extends E> c);

集合 A 和集合 B 的交集是指其中的任何元素必须同时在集合 A 和 B 中。使用 HashSet 的 retainAll()方法可以实现交集：

  public boolean retainAll(Collection<?> c);

该方法仅保留当前集合中那些也包含在指定集合 c 的元素。换句话说，移除当前集合中未包含在指定集合 c 中的所有元素。

集合 A 中集合 B 的余集是指所有集合 A 中不存在于集合 B 的元素的集合。使用 HashSet 的 removeAll ()方法可以实现余集，从当前集合中移除包含在指定集合 c 中的所有元素：

  public boolean removeAll(Collection<?> c);

同样，可以使用增强型 for 循环语句、Iterator 对象或者聚合操作来遍历 HashSet 中的所有元素。

例 5-12 为典型的使用 HashSet 来管理 String 对象集合的实例。

例 5-12 包含 String 类型元素的 HashSet 实例。

文件名：HashSetTest.java

```java
import java.util.*;

public class HashSetTest {
    public static void main(String[] args) {
        // 创建 HashSet 实例
        Set<String> hashList = new HashSet<String>();

        String s1 = "软件学院";
        String s2 = "计算机与信息技术学院";
        System.out.println("Add " +s1 +":"+ hashList.add(s1));
        System.out.println("Add " +s2 +":"+ hashList.add(s2));
        System.out.println("Add " +s2 +":"+ hashList.add(s2));
```

```java
        // 使用增强型 for 循环输出集合中的所有元素:
        System.out.println("\n 使用增强型 for 循环输出集合中的所有元素: ");
        for (String s : hashList)
                System.out.println(s);
        System.out.println();

        String sArray[] = new String[6];
        sArray[0] = "陈旭东";
        sArray[1] = "马迪芳";
        sArray[2] = "徐保民";
        sArray[3] = "陈旭东";
        sArray[4] = "徐保民";
        sArray[5] = "陈旭东";
        for (String s : sArray) {
                if (hashList.add(s) == false)
                        System.out.println("重复元素: " + s);
                else
                        System.out.println("成功添加: " + s);
        }

        // 使用 Iterator 对象来遍历集中的所有元素
        System.out.println("\nHashSet 中的元素: ");
        Iterator<String> iter = hashList.iterator();
        while (iter.hasNext())
                System.out.println(iter.next());

        // 使用聚合操作来遍历集合中元素
        System.out.println("\n 使用聚合操作来遍历集合中元素: ");
        hashList.stream().forEach(e -> System.out.println(e));
    }
}
```

运行结果如下：

```
Add 软件学院: true
Add 计算机与信息技术学院: true
Add 计算机与信息技术学院: false

使用增强型 for 循环输出集合中的所有元素:
计算机与信息技术学院
软件学院

成功添加: 陈旭东
成功添加: 马迪芳
成功添加: 徐保民
重复元素: 陈旭东
重复元素: 徐保民
重复元素: 陈旭东

HashSet 中的元素:
计算机与信息技术学院
马迪芳
```

软件学院
徐保民
陈旭东

使用聚合操作来遍历集合中元素：
计算机与信息技术学院
马迪芳
软件学院
徐保民
陈旭东

5.3.3 HashMap 类

　　HashMap 是 Java 集合框架中实现了 Map 接口的实现类，用于保存<键，值>关联关系的元素。元素的键与一个具体值关联，通过指定键可以获取关联的值。由于键不允许重复，因此，HashMap 不允许包含重复元素。另外，HashMap 并不保证<键，值>对的有序访问。

　　声明 HashMap 类型的变量时，需要指定 HashMap 的两个参数类型，第一个为键的类型，第二个则是值的类型。例如，如果每个 HashMap 元素的键的类型为 Integer，值的类型为 Teacher，声明和实例化时，可以使用如下的语句：

　　　　HashMap<Integer,Teacher> TeacherMap = new HashMap<Integer,Teacher>();

　　HashMap<K,V>使用 put()方法来添加和修改元素。在此映射中关联指定值 value 与指定键 key。如果该映射以前没有包含了一个该键的映射关系，则添加新的元素；否则，旧值被替换。

　　　　public V put(K key, V value);

　　HashMap 的 size()方法可以返回元素个数，也就是此映射中的键-值映射关系数。
　　方法 get()可以获取指定键所映射的值；如果不存在该键，则返回 null。

　　　　public V get(Object key)

　　如果需要针对所有的键进行单独处理，可以利用方法 keySet()返回所有键的 Set 集，键不允许重复。如果要针对所有的值进行单独处理，可以利用方法 values()返回所有值的 Collection 集合，值允许重复。

　　　　public Set<K> keySet()
　　　　public Collection<V> values()

　　例 5-13 为 HashMap 的声明、实例化和使用实例，其中，HashMap 的每个元素的值为 Teacher 类型的对象，每个 Teacher 对象的键则为 Integer 类型的教师编号。

　　例 5-13　HashMap 实例。
　　文件名：HashMapTest.java

```
import java.util.*;
import java.lang.Integer;

class Teacher {
    int teacherID;
    String name;

    public Teacher(int teacherID, String name) {
```

```java
            this.teacherID = teacherID;
            this.name = name;
        }

        int getteacherID() {
            return teacherID;
        }

        String getName() {
            return name;
        }
    }

    public class HashMapTest {
        public static void main(String[] args) {
            // 创建 Map 对象并添加数据
            Map<Integer, Teacher> teacherMap = new HashMap<Integer, Teacher>();
            Teacher t1 = new Teacher(1, "陈旭东");
            Teacher t2 = new Teacher(2, "马迪芳");
            Teacher t3 = new Teacher(3, "徐保民");
            teacherMap.put(t1.getteacherID(), t1);
            teacherMap.put(t2.getteacherID(), t2);
            teacherMap.put(t3.getteacherID(), t3);

            // 获取所有 Key，依据 key 分别取得对应的 value
            Set<Integer> sKey = teacherMap.keySet();
            for (Integer key : sKey) {
                Teacher retTeacher = teacherMap.get(key);
                System.out.println("教师" + key + " - " + retTeacher.getName());
            }
        }
    }
```

运行结果如下：

```
教师1 - 陈旭东
教师2 - 马迪芳
教师3 - 徐保民
```

5.3.4 LinkedList 类

Java 中 LinkedList 类是一种常用的数据容器，是链表数据结构的实现。LinkedList 类同时实现了 List 接口、Queue 接口和 Deque 接口，因此同时支持列表和 FIFO、LIFO 等数据结构。LinkedList 的本质是双向链表，它的顺序访问高效，而随机访问效率比较低。

LinkedList 常用的数据操作方法包括增、删、改、查四个方面。

（1）增

```
public boolean add(E e)//链表末尾添加元素，返回是否成功；
public void add(int index, E element)//向指定位置插入元素；
public boolean addAll(Collection<? extends E> c)//将一个集合的所有元素添加到链表后面，返回是否成功；
public boolean addAll(int index, Collection<? extends E> c)//将一个集合的所有元素添加到链表的指
```

定位置后面,返回是否成功;
  public void addFirst(E e)//添加到第一个元素;
  public void addLast(E e)//添加到最后一个元素;
  public boolean offer(E e)//向链表末尾添加元素,返回是否成功;
  public boolean offerFirst(E e)//头部插入元素,返回是否成功;
  public boolean offerLast(E e)//尾部插入元素,返回是否成功;

(2) 删

  public void clear()//清空链表;
  public boolean remove(Object o)//删除某一元素,返回是否成功;
  public E remove()//删除并返回第一个元素;
  public E remove(int index)//删除指定位置的元素;
  public E removeFirst()//删除并返回第一个元素;
  public E removeLast()//删除并返回最后一个元素;
  public E poll()//删除并返回第一个元素;
  public E pollFirst()//删除并返回第一个元素;
  public E pollLast()//删除并返回最后一个元素;

(3) 查

  public boolean contains(Object o)//判断是否含有某一元素;
  public E get(int index)//返回指定位置的元素;
  public E getFirst()//返回第一个元素;
  public E getLast()//返回最后一个元素;
  public int indexOf(Object o)//查找指定元素从前往后第一次出现的索引;
  public int lastIndexOf(Object o)//查找指定元素最后一次出现的索引;
  public E element()//返回第一个元素;
  public E peek()//返回第一个元素;
  public E peekFirst()//返回头部元素;
  public E peekLast()//返回尾部元素;

(4) 改

  public E set(int index, E element)//设置指定位置的元素;

LinkedList 除了支持前述的集合遍历的 3 种方式外,还可以通过其特定方法来遍历元素,如使用 get()方法随机访问、使用 pollFirst()或者 removeFirst()方法从头开始遍历、使用 pollLast()或者 removeLast()方法从尾部开始遍历。

例 5-14 为 LinkedList 类的使用实例,支持头、尾双向的数据操作。

例 5-14 LinkedList 实例。

文件名:LinkedListTest.java

```java
import java.util.Iterator;
import java.util.LinkedList;

public class LinkedListTest {
    public static void main(String[] args) {
        LinkedList<String> names = new LinkedList<String>();
        names.add("陈旭东");
        names.add("马迪芳");
        names.add("徐保民");
        names.add("魏小涛");
        System.out.println(names);
```

```java
        // 使用 addFirst() 在头部添加元素
        names.addFirst("北京交通大学");
        // 使用 addLast() 在尾部添加元素
        names.addLast("软件学院");
        System.out.println(names);

        // 使用 removeFirst() 移除头部元素
        names.removeFirst();
        // 使用 removeLast() 移除尾部元素
        names.removeLast();
        System.out.println(names);
        // 使用 getFirst() 获取头部元素
        System.out.println("\n 第一个元素：" + names.getFirst());
        // 使用 getLast() 获取尾部元素
        System.out.println("最后元素：" + names.getLast());

        // 遍历所有元素
        System.out.println("\n 使用增强型 for 循环遍历：");
        for (String n : names) {
            System.out.println(n);
        }

        System.out.println("\n 使用 Iterator 对象遍历：");
        for (Iterator<String> iter = names.iterator(); iter.hasNext();)
            System.out.println(iter.next());

        System.out.println("\n 使用 get()方法随机访问遍历：");
        int size = names.size();
        for (int i = 0; i < size; i++)
            System.out.println(names.get(i));

        System.out.println("\n 使用 poll/remove 相关方法遍历：");
        String n;
        while ((n = names.pollFirst()) != null)// 循环结束会清空链表
            System.out.println(n);
        /*
         * while ((n = names.pollLast()) != null) System.out.println(n);
         */
    }
}
```

程序运行结果如下：

[陈旭东, 马迪芳, 徐保民, 魏小涛]
[北京交通大学, 陈旭东, 马迪芳, 徐保民, 魏小涛, 软件学院]
[陈旭东, 马迪芳, 徐保民, 魏小涛]

第一个元素：陈旭东
最后元素：魏小涛

使用增强型 for 循环遍历：
陈旭东

马迪芳
徐保民
魏小涛

使用 Iterator 对象遍历：
陈旭东
马迪芳
徐保民
魏小涛

使用 get()方法随机访问遍历：
陈旭东
马迪芳
徐保民
魏小涛

使用 poll/remove 相关方法遍历：
陈旭东
马迪芳
徐保民
魏小涛

5.4 集合算法

Java 平台提供了可重用的集合多态算法，都是由集合框架中的 java.util.Collections 类实现和提供的，表现形式为 static 静态方法，且第一个参数都为执行操作的集合。大多数算法都在 List 对象上运行，但是其中一些算法在任意 Collection 对象上运行。

本节简要介绍以下算法：集合数据操作、排序和查找。

5.4.1 数据操作

Collections 类提供了如下用于对 List 对象进行数据操作的算法：

reverse：反转列表中元素的顺序。

  public static void reverse(List<?> list)

fill：用指定的值填充（覆盖）List 中的每个元素，常用于初始化 List。

  public static <T> void fill(List<? super T> list,T obj)

copy：列表复制，将源 src 中的元素复制到目标 dest 中，覆盖内容。dest 必须至少与源列表一样长，如果更长，则 dest 中的其余元素不受影响。

  public static <T> void copy(List<? super T> dest, List<? extends T> src)

swap：交换列表中指定位置（i 和 j）的元素。

  public static void swap(List<?> list, int i, int j)

addAll：将所有指定的元素添加到 Collection 中。要添加的元素可以单独指定，也可以指定为数组。

  public static <T> boolean addAll(Collection<? super T> c,T... elements) shuffle：根据来自随机源的输入对 List 进行重新置换，实际上是将有序数据随机打乱。例如，用于游戏中的洗牌，参数列表为代表牌组的卡片列表对象；也可以用于生成测试用例。

```
public static void shuffle(List<?> list)//使用默认的随机源
public static void shuffle(List<?> list, Random rnd) //使用指定的随机源
```

5.4.2 排序

排序算法对 List 元素根据排序关系升序排列。排序操作使用的是经过优化的归并排序（merge sort）算法。

Collections.sort()提供自然排序的方法，根据元素的自然顺序对指定列表按升序进行排序。其中，列表中的所有元素都必须实现 Comparable 接口，都必须是可相互比较的。

```
public static <T extends Comparable<? super T>> void sort(List<T> list);
```

Collections.sort()也提供使用比较器排序的方法，根据指定比较器产生的顺序对指定列表进行排序，列表内的所有元素都必须可使用指定比较器相互比较：

```
public static <T> void sort(List<T> list, Comparator<? super T> c)
```

例 5-15 为集合排序算法的使用实例，其中分别使用了自然顺序排序和使用比较器进行的排序。

例 5-15 集合排序算法实例。

文件名：CollectionsSortTest.java

```java
import java.util.*;

//自定义的逆序比较器类
class DescendComparator implements Comparator<String> {
    public int compare(String s1, String s2) {
        return (s2.compareTo(s1));
    }
}

public class CollectionsSortTest {
    public static void main(String[] args) {
        ArrayList<String> nameList = new ArrayList<String>();
        nameList.add("1 陈旭东");
        nameList.add("3 徐保民");
        nameList.add("2 马迪芳");
        System.out.println("排序前：");
        for (String s : nameList)
            System.out.println(s);
        // 自然顺序排序
        System.out.println("\n 自然顺序（升序）排序：");
        Collections.sort(nameList);
        for (String s : nameList)
            System.out.println(s);
        // 使用自定义比较器，逆序排序
        System.out.println("\n 使用比较器，逆序排序：");
        DescendComparator sComp = new DescendComparator();
```

```
            Collections.sort(nameList, sComp);
            for (String s : nameList)
                System.out.println(s);
        }
    }
```

运行结果如下：

　　排序前：
　　1 陈旭东
　　3 徐保民
　　2 马迪芳

　　自然顺序（升序）排序：
　　1 陈旭东
　　2 马迪芳
　　3 徐保民

　　使用比较器，逆序排序：
　　3 徐保民
　　2 马迪芳
　　1 陈旭东

5.4.3　查找

　　Collections.binarySearch()方法提供在集合中查找特定的元素的功能，使用二分搜索法搜索指定列表，返回指定对象在列表中的位置。在查找之前，列表元素必须已经是有序的，否则结果没有意义。如果被查找的值在列表中存在，则返回搜索键的位置值，该值≥0；否则返回负值，具体为（-（插入点）-1），插入点为第一个大于被查找值的元素索引。如果列表包含相同值的多个元素，则无法保证具体找到的是哪一个。

　　binarySearch()方法具体有两种形式：自然顺序，不使用比较器；比较器排序的列表，查找时使用相同的比较器对象。

　　（1）不使用比较器的查找。

```
public static <T> int binarySearch(List<? extends Comparable<? super T>> list,
                                   T key)
```

　　（2）使用比较器的查找。

```
public static <T> int binarySearch(List<? extends T> list, T key,
                                   Comparator<? super T> c)
```

　　例 5-16 为集合查找算法的使用实例，其中分别使用了自然顺序集合和使用比较器进行排序的集合来进行查找。

　　例 5-16　集合查找算法实例。

　　文件名：CollectionsSearchTest.java

```java
import java.util.*;

class DescendComparator implements Comparator<String> {
    public int compare(String s1, String s2) {
```

```java
                return (s2.compareTo(s1));
            }
        }

        public class CollectionsSearchTest {
            public static void main(String[] args) {
                ArrayList<String> nameList = new ArrayList<String>();
                nameList.add("1 陈旭东");
                nameList.add("3 徐保民");
                nameList.add("2 马迪芳");
                // 自然顺序排序
                Collections.sort(nameList);
                System.out.println("自然顺序排序：" + nameList);
                // 查找指定元素
                String toBeFind = "3 徐保民";
                System.out.println("查找[" + toBeFind + "]");
                int pos = Collections.binarySearch(nameList, toBeFind);
                System.out.println("查找结果位置：" + pos);

                // 使用比较器，逆序排序
                DescendComparator sComp = new DescendComparator();
                Collections.sort(nameList, sComp);
                System.out.println("\n 使用比较器，逆序排序：" + nameList);
                // 使用比较器查找元素
                pos = Collections.binarySearch(nameList, toBeFind, sComp);
                System.out.println("查找结果位置：" + pos);
            }
        }
```

运行结果如下：

自然顺序排序：[1 陈旭东, 2 马迪芳, 3 徐保民]
查找[3 徐保民]
查找结果位置：2

使用比较器，逆序排序：[3 徐保民, 2 马迪芳, 1 陈旭东]
查找结果位置：0

习题

1. 设计一个图书馆类 Library，管理图书、光盘、杂志和报纸等。实现资料入库和检索的基本功能。

（1）使用接口来实现 Library 类；
（2）使用泛型类实现 Library 类。

2. 使用泛型类编写一个购物车的类，实现放入商品、拿出商品、结账等方法。并编写一个应用程序，假设购买的物品为不同类型的水果，使用 Fruit 类描述水果，每种水果都有名称、重量和价钱等基本属性。

3. 编写一个简单的泛型方法 isEqualTo()，比较其两个同一类型的参数，如果相等返回 true，否则返回 false，使用该方法，实现自定义类的对象之间的相等比较。

4. 编写一个简单的书籍管理程序，使用 ArrayList 保存书籍的唯一的编号 ISBN，并按升序排序后输出。

5. 定义一个 Book 类，包含以下书的属性：书名、ISBN 号、作者、编辑、出版社、出版时间和价钱，提供相关的属性获取和设置方法。

（1）编写一个使用 Book 类的应用程序，使用 ArrayList 管理不同的书籍，并可以查询书籍的具体信息。

（2）在此基础上，定义比较两个 Book 对象的方法 compareTo()，实现使用不同的关键字（如书名、价钱、出版日期、作者等）对 ArrayList 中的书籍进行排序。

（3）考虑书名相同但其他属性不同的情况，实现相同书名情况下按出版日期降序排列并输出排序后的结果。

6. 定义银行账号的 Java 类 Account，包含账户号、户主姓名、账户余额、开户时间，实现相关的属性获取和设置方法。编写一个使用 Account 类的账号管理程序，使用 HashMap 管理不同的账户对象，其中，账户号作为键值。在用户输入账户号后，显示账户的详细信息。

7. 定义一个学生的 Java 类 Student，包括的属性有姓名、入学时间、学号、专业等。编写一个使用 Student 类的学生管理程序，使用两个 HashSet 来管理学生，编写程序实现两个集合的并集、交集，并判断一个集合是否是另一个的子集。

第 6 章　异常处理机制

本章介绍 Java 中的异常处理机制。在异常情况下有相应的处理，而不是终止整个程序的运行，这就是异常处理机制。Java 语言使用异常（exception）来处理中应用程序中的系统错误和其他异常事件。

除了异常处理，本章还介绍日志和断言的使用。日志是为了自动记录程序运行的状态，便于跟踪异常发生的具体环境和程序状态。断言则是为保证程序的逻辑正确而采用的一种防错技术，一般用于程序调试。

6.1 异常

异常是在应用运行过程中产生的、中断程序正常执行流程的事件。

在 Java 语言中，异常是程序运行过程中因某个方法中发生了错误等原因自动产生的对象。异常对象包含错误相关的描述信息，如错误类型、错误发生时程序的状态等。产生异常对象并将其交给 Java 运行环境的过程称为抛出异常（throw exception）。

异常被抛出后，需要由 Java 运行环境来确定处理该异常的方法，该方法中包含处理对应异常的代码块，称为异常处理器（exception handler）。如果异常对象的类型与异常处理器可处理的异常类型匹配，运行环境将异常对象传递给异常处理器。异常处理器获得异常对象的过程称为捕获异常（catch exception）。如果运行环境没有找到合适的异常处理器，会导致应用程序的终止。

6.1.1 异常分类

Java 语言中异常的类继承结构图如图 6-1 所示。

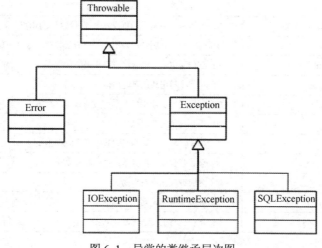

图 6-1　异常的类继承层次图

Java 语言中的异常可以简单分为检查型异常（checked exception，编译时检查）和非检查型异常（unchecked exception，编译时不检查）两类，其中非检查型异常又分为系统错误（error）和运行时异常（runtime exception）两类。

检查型异常是指在程序代码中必须进行相应处理的异常，编译时会检查代码是否处理异常，如果未处理则不能通过编译。例如，应用程序提示用户输入文件名然后使用该文件名打开文件，正常情况下，用户输入文件名对应的文件是已存在并且可读的，程序会正常执行。但是，当用户输入了一个不存在的文件的文件名时，程序可能就会抛出 java.io.FileNotFoundException 异常，程序代码必须捕获和处理该异常，否则编译不能通过。

非检查型异常中的系统错误和运行时异常是指即使在程序代码中不处理这些类型的异常也不会导致编译错误的异常。

系统错误是应用程序外部的原因而导致程序不能处理和恢复的异常，这类异常是 Error 类或其子类的实例对象。例如，由于系统故障而不能读取文件，抛出的 java.io.IOError 异常就属于系统错误。应用程序可以捕获该类异常，但是由于应用无法恢复系统错误，因此可以不处理这类异常。系统错误同样会导致程序退出。

运行时异常是应用程序运行时内部产生的异常，这类异常是 RuntimeException 类或其子类的实例对象。这类异常通常是因为程序逻辑错误或不恰当使用了 API 而导致的，例如，如果传递文件名参数因为程序逻辑错而传递了 null 值，在使用该参数构造 FileReader 对象时就可能产生 NullPointerException，尽管程序可以捕获这类异常，但是只能通过修正程序内部错误才可以避免异常的发生。

6.1.2 常用标准异常类

在 Java 标准包 java.lang 中定义了一些异常类，由于 java.lang 是所有 Java 程序都会默认 import 的系统包，这些异常类是可以直接使用的。常用的标准异常类及其描述如表 6-1 所示。

表 6-1 常用 Java 内置的标准异常类及含义

异 常 类	描 述
ArithmeticException	当出现异常的运算条件时抛出，如，"除以零"
ArrayIndexOutOfBoundsException	访问数组时如果索引为负或大于等于数组大小抛出
ClassCastException	当试图将对象强制转换为不是实例的子类时，抛出该异常
IllegalArgumentException	向方法传递了一个不合法或不正确的参数
IndexOutOfBoundsException	对数组、字符串或向量超出范围时抛出
NegativeArraySizeException	如果应用程序试图创建大小为负的数组，则抛出该异常
NullPointerException	使用不存在的对象时抛出
NumberFormatException	字符串不能转换为适当格式数值类型时抛出
SecurityException	由安全管理器抛出的异常，指示存在安全问题
StringIndexOutOfBounds	索引为负或超出字符串的大小
ClassNotFoundException	没有找到具有指定名称的类的定义
IllegalAccessException	当前正在执行的方法无法访问指定类、字段、方法或构造方法的定义时抛出

6.2 异常处理

可能发生检查型异常的方法必须采用下面两种方式之一来处理异常，否则代码不能通过编译。

（1）捕获异常。使用 try…catch 语句来捕获和处理异常。

（2）方法声明抛出异常。方法内不对指定的异常进行捕获和处理，可以使用 throws 关键字将该方法定义为抛出异常的方法。

非检查型异常可以不处理，也可以通过 try…catch 捕捉和处理，但是一般不需要将方法定义为抛出异常的方法。

6.2.1 捕获异常

捕获异常其实就是编写异常处理器代码。Java 语言中使用 try…catch 块来捕获和处理异常。

try 块的一般格式如下：

```
try {
    一条或多条可能抛出异常的语句;
}
```

当 try 块中的异常产生时，需要使用和该异常关联的异常处理器来处理异常。在 try 块后使用 catch 块可以实现关联异常处理器。

在 try 块后可以使用一个或多个 catch 块来关联一个或多个异常处理器，每个 catch 块都是一个异常处理器，所处理的异常类型由括号里指定的异常类型决定。一般格式如下：

```
try {
    code1
} catch (ExceptionType1 name) {
    code2
} catch (ExceptionType2 name) {
    code3
}
```

其中，参数类型 ExceptionType 声明了异常处理器可以捕获的异常类型；name 为实际异常对象被捕获时引用该异常对象的引用变量。Java 运行环境依次比较 ExceptionType 和抛出异常的类型，第一个匹配的异常处理器将会被调用，之后的异常处理器就不再比较。当某个异常处理器被调用时，该 catch 块中包含的代码才会被执行。

try…catch 块后还可以有 finally 块。不管在 try 块中是否发生了异常，finally 块中的代码总是会被执行。因此，finally 块是防止资源泄漏的关键技术之一，在诸如关闭文件之类的恢复资源的代码，放在 finally 块中可以确保被执行。一般情况下，try…catch…finally 会同时使用，格式如下：

```
try {
    startFaucet();
    waterLawn();
} catch (BrokenPipeException e) {
```

```
            logProblem(e);
        } finally {
            stopFaucet();
        }
```

异常处理器除了可以输出错误信息或终止程序运行之外,还可以进行错误恢复、提示用户,以及将异常传递到高层的异常处理器等处理。

例 6-1 是抛出异常的一个简单例子,由于数组中只有 3 个元素,而循环次数大于 3,导致访问数组元素时数组下标越界,程序会抛出 java.lang.ArrayIndexOutOfBoundsException 异常。由于数组下标越界异常是属于运行时异常,因此代码可以通过编译。但是在运行时,因为异常没有被捕获,程序在抛出异常后会终止执行,不再继续程序中的循环。

例 6-1 抛出异常的简单实例。

文件名:HelloException.java

```java
public class HelloException {
    public static void main(String args[]) {
        int i = 0;

        String greetings[] = { "Hello world!", "No, I mean it!", "HELLO WORLD!!" };

        while (i < 10) {
            System.out.println(greetings[i]);
            i++;
        }
        //由于发生异常,程序会终止,下面语句不会被执行
        System.out.println("The program continued...");
    }
}
```

运行结果如下:

```
Hello world!
No, I mean it!
HELLO WORLD!!
Exception in thread "main" java.lang.ArrayIndexOutOfBoundsException: Index 3 out of bounds for length 3
    at HelloException.main(HelloException.java:8)
```

针对例 6-1 的异常处理,使用完整的 try…catch…finally 处理的代码见例 6-2。

例 6-2 异常捕获的简单实例。

文件名:HelloExceptionHandler.java

```java
public class HelloExceptionHandler {
    public static void main(String args[]) {
        int i = 0;

        String greetings[] = { "Hello world!", "No, I mean it!", "HELLO WORLD!!" };

        while (i < 10) {
            try {
                System.out.println(greetings[i]);
            } catch (ArrayIndexOutOfBoundsException e) {
```

```java
            System.out.println(e.toString());
            System.out.println("\nRe-setting Index Value");
            i = -1;
            break;// 执行下面的语句？
        } finally {
            System.out.println("This is always printed");
        }
        i++;
    }
    System.out.println("The program continued…");
}
```

运行结果如下：

```
Hello world!
This is always printed
No, I mean it!
This is always printed
HELLO WORLD!!
This is always printed
java.lang.ArrayIndexOutOfBoundsException: Index 3 out of bounds for length 3
Re-setting Index Value
This is always printed
The program continued…
```

可以看出，每次循环，不管是否发生异常，finally 块中代码总是会被执行。尽管在异常处理时使用了 break 语句，但是，finally 块中的代码依然会被执行，程序也没有终止，而是继续执行循环后面的语句。

通过使用异常对象的 getStackTrace()方法，异常处理器可以获取调用栈的相关信息。这有利于在异常发生时，调试和确定异常发生的原因。下面是使用 getStackTrace 获取调用栈中相关信息的一个异常处理器的实例：

```java
catch (Exception cause) {
    StackTraceElement elements[] = cause.getStackTrace();
    for (int i = 0, n = elements.length; i < n; i++) {
        System.err.println(elements[i].getFileName() + ":"
                + elements[i].getLineNumber()
                + ">> "
                + elements[i].getMethodName() + "()");
    }
}
```

6.2.2 方法声明抛出异常

在有些情况下，异常的处理可以不在当前方法中进行，而是传递到调用者来处理。例如，如果编写的类是整个包的一部分，就可能不能预测使用该包的所有用户需求，这时，更多是采用当前类中不捕获异常而是传递到调用者来处理相关异常的方法。

如果一个可能产生异常的方法本身不处理对应的异常，方法需要使用 throws 子句声明其抛出的异常类型。在方法声明中使用 throws 子句的一般格式如下：

```
type method-name(parameter-list) throws exception-list
{
    // 方法体内代码
}
```

方法内如果可能产生多种异常，方法也就需要声明抛出多个异常类型，之间使用逗号分隔。

```
private static synchronized int throwsTwo()
throws IOException, AWTException
{
    // 方法体内代码
}
```

对于非检查型异常也可以在方法中声明。例如下面两个方法的定义是等同的：

```
public void writeList() throws IOException, ArrayIndexOutOfBoundsException {}
public void writeList() throws IOException {}
```

6.2.3 抛出异常

异常只有被抛出才能在代码中捕获。Java 语言已经定义的标准异常在错误发生时可以自动抛出，如例 6-1 所示。但实际上，所有的异常抛出都是使用 throw 语句实现的。在程序中也可以显式地使用 throw 语句抛出自己想要的异常。throw 语句的一般形式如下：

throw ThrowableInstance;

throw 语句只需要一个参数：一个 Throwable 的对象。从图 6-1 可以看出，所有的异常类都是 Throwable 类的后代，因此其对象实例都可以使用 throw 语句抛出。除了标准的异常类，用户也可以自定义自己的异常类。

下面的代码段为一个栈类的 pop 方法，用于获取栈顶元素，当栈为空时，抛出自定义的异常类 EmptyStackException 类型的异常对象。

```
public Object pop() {
    Object obj;

    if (size == 0) {
        throw new EmptyStackException();
    }

    obj = objectAt(size - 1);
    setObjectAt(size - 1, null);
    size--;
    return obj;
}
```

需要说明的是，其中自定义的异常类 EmptyStackException 必须是 java.lang.Throwable 类的后代。对于抛出的检查型异常，方法必须使用 throws 子句来声明异常的抛出。由于 EmptyStackException 类是运行时异常，属于非检查型异常，因此代码中的 pop 方法没有包含 throws 子句。

由于系统错误是由系统自动抛出的，且不能通过程序恢复，一般情况下，应用程序不对系统错误进行抛出与捕获。

例 6-3 为抛出异常、声明异常和捕获异常的实例。

例 6-3 异常声明、抛出、捕获的实例。

文件名：**ThrowAndCatch.java**

```java
import java.io.IOException;

public class ThrowAndCatch {

    public void methodA() throws IOException {// 抛出异常的方法
        // 抛出异常
        throw new IOException("主动抛出的异常");
    }

    public static void main(String args[]) {
        // 捕获异常
        try {
            new ThrowAndCatch().methodA();
        } catch (IOException ioe) {
            System.err.println(ioe.getMessage()); // 输出异常描述
        }
    }
}
```

运行结果如下：

主动抛出的异常

6.2.4 异常链

通常情况下，一个应用程序在响应和处理一个异常时，又可能会抛出另一个异常，而且往往是前一个异常引发第二个异常，称为异常链（chained exceptions）。

下面是使用异常链的代码实例：

```java
try {
    …
} catch (IOException e) {
    throw new SampleException("Other IOException", e);
}
```

其中，当 IOException 被捕获后，在处理异常时，又抛出了一个新的 SampleException 异常，由调用该方法的上一级程序的异常处理器来捕获与处理。如果所有的上一级调用程序都没有处理该异常，同样会导致程序的终止。

使用异常类中的 getCause( )方法可以返回导致当前异常发生的上一级异常，通常称为原因异常（cause）。如果不存在原因异常，则返回 null。使用 initCause()方法可以指定当前异常的原因异常，但是该方法对于每个异常只允许使用一次。

例 6-4 是描述异常链处理机制的实例。

例 6-4 异常链处理机制实例。

文件名：ChainExceptionDemo.java

```
class ChainExceptionDemo {
    static void demoproc() {
        // 创建异常对象
        NullPointerException e = new NullPointerException("顶层异常");
        // 对异常对象添加原因异常
        e.initCause(new ArithmeticException("原因异常"));
        // 抛出异常
        throw e;
    }
    // 测试异常链机制
    public static void main(String args[]) {
        try {
            demoproc();
        } catch (NullPointerException e) {
            // 显示当前异常
            System.out.println("捕获: " + e);
            // 显示原因异常
            System.out.println("原因: " + e.getCause());
        }
    }
}
```

输出结果如下：

捕获: java.lang.NullPointerException: 顶层异常
原因: java.lang.ArithmeticException: 原因异常

原因异常还可以有自己的原因异常，异常链并没有深度的限制，但是，好的设计不应该出现过深的异常链。

6.2.5 覆盖抛出异常的方法

在类的继承时，如果父类的方法使用了 throws 子句声明了异常列表，子类在覆盖父类对应方法时必须遵循以下几个规则：
① 子类方法必须抛出和被覆盖方法一样类型的异常；
② 子类方法可以抛出被覆盖方法的异常类的子类；
③ 如果父类方法抛出了多个异常，子类的覆盖方法必须抛出这些异常及子类的一个子集。

例 6-5 为抛出异常的方法覆盖的类定义。其中，父类方法 method()抛出 IOException 异常。子类 LegalOne 的方法 method()同样也抛出 IOException 异常，因此是正确的；子类 LegalTwo 的方法 method()由于没有抛出异常，可以看为父类方法抛出异常列表的子集，因此是正确的；子类 LegalThree 的方法 method()抛出的异常类型 EOFException 和 MalformedURLException 都是 IOException 的子类，因此也是正确的。子类 IllegalOne 的方法 method()抛出的

IllegalAccessException 异常并不是 IOException 异常的子类型,因此是错误的;类似,子类 IllegalTwo 的方法 method()抛出的 Exception 异常本身是 IOException 的父类,因此也是错误的。

例 6-5 覆盖抛出异常的方法。

文件名:OveridingException.java

```java
import java.io.*;

//父类
class BaseClass {
    public void method() throws IOException {
    }
}

//子类覆盖方法与父类方法抛出同样的异常类型,合法
class LegalOne extends BaseClass {
    public void method() throws IOException {
    }
}

//子类覆盖方法不抛出异常,合法
class LegalTwo extends BaseClass {
    public void method() {
    }
}

//子类覆盖方法抛出父类方法异常类型的子类,合法
class LegalThree extends BaseClass {
    public void method() throws EOFException, MalformedURLException {
    }
}

//子类覆盖方法与父类方法抛出不同异常,非法
class IllegalOne extends BaseClass {
    public void method() throws IOException, IllegalAccessException {
    }
}

//子类覆盖方法与父类方法抛出不同异常,非法
class IllegalTwo extends BaseClass {
    public void method() throws Exception {
    }
}
```

6.3 自定义异常

在抛出异常时,可以使用 Java 平台提供的标准异常类,也可以自己编写异常类。在下面几种情形下,应该选择编写自己的异常类:

① Java 平台提供的异常类不能满足应用的实际需要;
② 应用中需要抛出多个相关的异常类型;

③ 应用程序包需要独立于已有的类库。

6.3.1 创建自定义异常类

创建自定义的异常类一般为检查型异常，最简单的方式就是继承 java.lang.Exception 类。Exception 类是 Throwable 的子类，其中已经定义的主要方法及相关描述见表 6-2。依据需要，自定义的异常类中可以覆盖其中的一个或几个方法来满足应用的特殊要求。

表 6-2 Throwable 类中定义的主要方法

方　　法	描　　述
Throwable fillInStackTrace( )	记录有关当前线程堆栈帧的当前状态
Throwable getCause( )	返回当前异常的原因（cause）；如果不存在或未知，则返回 null。这里，原因是导致抛出当前异常的异常
String getLocalizedMessage( )	创建此异常的本地化描述。子类可以重写此方法，默认与 getMessage() 相同
String getMessage( )	返回此异常的详细消息字符串
StackTraceElement[ ] getStackTrace( )	返回堆栈跟踪元素的数组，每个元素表示一个堆栈帧
Throwable initCause(Throwable causeExc)	指定此异常的原因（cause）为参数值
void printStackTrace( )	将此异常及其调用栈追踪输出至标准错误流 System.err
void printStackTrace(PrintStream stream)	将此异常及其调用栈追踪输出至到指定的输出流
String toString( )	返回此异常的简短描述。格式为"此异常的类名：异常的本地化描述"

例 6-6 定义了一个 Exception 的子类 MyException。MyException 覆盖了 toString()方法，用于显示异常的 detail 属性值。

例 6-6　自定义异常类。

文件名：MyException.java

```
@SuppressWarnings("serial")
class MyException extends Exception {
    private int detail;

    MyException(int a) {
        detail = a;
    }

    public String toString() {
        return "MyException[" + detail + "]";
    }
}
```

6.3.2 使用自定义异常

使用自定义异常类和使用标准异常类的方式类似，一般是使用 throw 语句来抛出异常，但是，抛出异常的方法如果没有异常处理，应该使用 throws 声明所抛出的异常类型。

例 6-7 为使用自定义的 MyException 异常类的一个实例。在定义的 ExceptionDemo 类中，方法 compute()在参数大于 10 时抛出 MyException 异常，而在 main()方法中定义了 MyException

异常的异常处理器。

例 6-7 使用自定义异常类。

文件名：ExceptionDemo.java

```
class ExceptionDemo {
    static void compute(int a) throws MyException {
        System.out.println("调用方法 compute(" + a + ")");
        if (a > 10)
            throw new MyException(a);
        System.out.println("正常退出方法 compute()！");
    }
    public static void main(String args[]) {
        try {
            compute(1);
            compute(20);
        } catch (MyException e) {
            System.out.println("捕获异常 " + e);
        }
    }
}
```

运行结果如下：

```
调用方法 compute(1)
正常退出方法 compute()！
调用方法 compute(20)
捕获异常 MyException[20]
```

6.4 日志

在异常处理中，使用日志可以自动记录程序运行过程中发生异常的具体情形，便于系统的调试和排错。JDK 中由 java.util.logging 包提供日志处理功能，其中最常用的类就是日志记录器 Logger 类。

6.4.1 日志记录器

日志记录器 Logger 对象用来记录特定系统或应用程序组件的日志消息。日志记录器名称可以是任意的字符串，但一般使用被记录组件的包名或类名，也可以匿名。通过调用 getLogger() 方法可以创建新的或获得已有的日志记录器。

日志消息都是被转发到已注册的日志处理器对象（java.util.logging.Handler 对象），该对象可以将消息转发到各种设备和文件，包括控制台、文件、操作系统日志等。

每个日志记录器都有一个与其相关的日志级别，由 java.util.logging.Level 中定义。各级别常量名称按降序排列如下：SEVERE（最高值）、WARNING、INFO、CONFIG、FINE、FINER、FINEST（最低值），默认情况下，只记录 INFO 以上的前 3 种级别的日志。此外，级别 Level.OFF，可用来关闭日志记录；而级别 Level.ALL 则启用所有消息的日志记录。可以根据日志配置文件的属性来配置日志级别，也可以通过调用日志记录器的 setLevel() 方法动态地改变日志级别。

使用日志记录器的 log() 方法可以记录带有日志级别、消息字符串及可选的一些消息参数的消息。使用 logp() 方法记录日志时，可以带有显式的源类名称和方法名称。使用 logrb() 方法记录日志时，还可以带有显式的在本地化日志消息中使用的资源包名称。也有当只想为给定的日志级别记录一条简单的字符串而使用的便捷方法，这些方法的名称与标准级别名称一一对应：severe()、warning()、info()等，并带有单个消息字符串参数。

下面的异常处理器代码使用日志记录器来记录异常发生时调用栈的相关信息：

```
catch (IOException e) {
    Logger logger = Logger.getLogger("package.name");
    StackTraceElement elements[] = e.getStackTrace();
    for (int i = 0, n = elements.length; i < n; i++) {
        logger.log(Level.WARNING,
                    elements[i].getMethodName());
    }
}
```

6.4.2 使用全局日志记录器

在日志系统中管理一个默认的全局日志记录器（Logger.GLOBAL_LOGGER_NAME），可以替代 System.out 语句的使用。例如，使用如下日志记录信息的语句：

Logger.getLogger(Logger.GLOBAL_LOGGER_NAME).info("File->Open menu selected");

其输出的记录结果类似于：

12 月 25, 2020 11:00:10 上午 LoggingImageViewer fileOpen
信息: File->Open menu selected

其中，第一行输出的时间、调用类名及具体调用方法是自动生成的；第二行的信息内容则是 info() 方法的实际参数值。

如果使用下面的方法关闭了日志，那么之后就不会有任何的日志输出。

ogger.getLogger(Logger.GLOBAL_LOGGER_NAME).setLevel(Level.OFF);

例 6-8 为使用全局日志记录器的简单实例。

例 6-8 使用全局日志记录器简单实例。

文件名：TestLogger.java

```
import java.util.logging.*;

class TestLogger {
    static void logInfo(String inf) {
        Logger.getLogger(Logger.GLOBAL_LOGGER_NAME).info(inf);
    }

    public static void main(String args[]) {
        logInfo("Hello, My Logger!");
    }
}
```

运行结果如下：

12 月 25, 2020 11:31:37 上午 TestLogger logInfo

信息: Hello, My Logger!

6.4.3 使用自定义日志记录器

在实际应用中，一般不是直接使用全局日志记录器，而是定义和使用自己的日志记录器。Logger.getLogger()方法可以创建自定义的日志记录器。当第一次使用指定名字来获取日志记录器时，会自动创建该名称的日志记录器：

  Logger myLogger = Logger.getLogger("com.mycompany.myapp");

以后，每次使用同一个名字来获取日志记录器时，则会返回已经创建的该日志记录器。日志记录器的名字可以是任何字符串，但是一般采用 Java 的包名的定义方式，因为日志记录器也是分层的，父记录器和子记录器会共享某些属性，这样会便于在应用中统一管理。

默认的日志记录级别是 INFO 及以上级别，使用下面语句设置日志级别后，所有 FINE 以上级别都会被记录：

  logger.setLevel(Level.FINE);

如果使用 Level.ALL 会记录所有级而是用 Level.OFF 则会关闭所有日志。

在记录日志时可以使用便捷的方法：

  logger.warning(message);
  logger.fine(message);

也可以使用 log()方法来指定级别和消息：

  logger.log(Level.FINE, message);

默认的日志记录会包含从虚拟机中引用的类名和包含日志的方法名，如果虚拟机优化了程序的执行，这些信息可能就无法正确获得。使用 logp()方法可以指定调用类和方法的确切位置：

  void logp(Level l, String className, String methodName, String message)

相关的记录执行流程的便捷方法如下：

  void entering(String className, String methodName)
  void entering(String className, String methodName, Object param)
  void entering(String className, String methodName, Object[] params)
  void exiting(String className, String methodName)
  void exiting(String className, String methodName, Object result)

下面是使用便捷方法的代码实例：

```
int read(String file, String pattern){
    logger.entering("com.mycompany.mylib.Reader", "read",
        new Object[] { file, pattern });
    …
    logger.exiting("com.mycompany.mylib.Reader", "read", count);
    return count;
}
```

使用日志更常用的是记录异常，同样也有便捷方法：

  void throwing(String className, String methodName, Throwable t) void log(Level l, String message, Throwable t)

下面是典型的使用：

```
if (…){
    IOException exception = new IOException("…");
    logger.throwing("com.mycompany.mylib.Reader", "read", exception);
    throw exception;
}
```

和

```
try{
    …
}
catch (IOException e){
    Logger.getLogger("com.mycompany.myapp").log(Level.WARNING,
            "Reading image", e);
}
```

Java 虚拟机提供日志管理器来管理日志，通过修改日志系统的日志管理器配置文件可以改变默认的日志参数，默认的配置文件为 JDK 安装目录下的 conf/logging.properties，早先版本 JDK 配置文件位于 jre/lib/logging.properties。

也可以在运行应用时，指定自己的配置文件。格式如下：

    java -Djava.util.logging.config.file=configFile MyMainClass

关于配置文件的修改请参阅相关技术资料，在此不再赘述。

6.5 断言

Java 语言中，断言（assertions）是校验类的方法是否被正确调用的一种便捷机制，其语法格式如下：

    assert 表达式 1；
    assert 表达式 1: 表达式 2；

其中，表达式 1 必须为 boolean 表达式，表达式 2 则可以为任何类型。

在应用程序运行时断言机制可以打开或关闭，默认情况下是关闭的。

当断言被关闭后，断言的表达式不会被执行，断言不会对程序产生任何作用。如果断言被打开，首先会执行表达式 1。如果表达式 1 的值为 true，断言不会影响程序的继续执行；如果表达式 1 的值为 false，断言语句会抛出 java.lang.AssertionError 类型异常对象，表达式 2 的值转换为字符串后作为创建异常对象的构造方法 AssertionError(msg)的参数，用于表示错误的相关信息，如果不存在表达式 2，则使用默认的构造方法 AssertionError()来创建异常对象。

断言一般在开发调试时打开，而在实际交付时关闭。

使用断言涉及 3 个方面：编译、打开和使用。

6.5.1 断言编译

断言 assert 是 JDK 1.4 以后才引入的关键字，对于之前开发的代码，有可能用户使用了 assert 作为标识符，因此有必要在编译时指定一个标记表示 assert 是否是关键字。使用-source

编译选项可以解决这个问题，例如：

    javac -source 1.4 UsefulApplication.java

对于 JDK 5.0 及以后版本，已经自动把 assert 作为关键字，因此就不再需要使用-source 标记了。

6.5.2 打开与关闭断言

默认情况下，断言是关闭的。如果需要打开断言机制，需要在运行应用时使用-enableassertions 或者简化的-ea 选项。例如：

    java -ea UsefulApplication

可以对特定类或包打开断言，选项"-ea:包名..."用于指定包及其子包中的所有类打开断言机制。下面的运行命令会对 MyClass 类和 com.mycompany.mylib 包及其子包下的所有类打开断言：

    java -ea:MyClass -ea:com.mycompany.mylib... MyApp

使用-disableassertions 或-da 选项可以关闭断言，同样也可以指定具体的类或包。下面的命令是对 MyApp 类所在默认包打开断言，而对 MyClass 关闭断言：

    java -ea:... -da:MyClass MyApp

对于系统类，需要使用-enablesystemassertions/-esa 和-disablesystemassertions/-dsa 来打开和关闭断言。

如果关闭了断言，assert 语句不会对程序产生任何影响。这样，开发代码的过程中，可以使用断言来帮助程序的调试，而提交应用时，可以不必将 assert 语句从源程序中删除。

需要注意的是，打开和关闭断言是运行应用程序时类加载器的一个基本功能，因此，并不需要重新编译源程序。

另外，也可以使用程序编码来控制断言的打开与关闭。具体实现方式请参考 java.lang.ClassLoader 类的 setDefaultAssertionStatus()等相关方法。

6.5.3 状态检查

断言一般是用于状态检查，包括检查前置条件（preconditions）、后置条件（postconditions）和类的一致性（class invariants）。

前置条件是进入一个方法前必须满足的约束条件。如果一个方法的前置条件不能满足，方法应该终止。典型情况下，方法的前置条件是其参数或者当前对象的状态。在方法的开始进行参数检查是最一般的前置条件检查的方式。

后置条件是一个方法返回时必须满足的约束条件。如果一个方法的后置条件不能满足，方法不应该返回。典型情况下，方法的后置条件是其返回值的作用或者当前对象的状态。

一般来说，如果不能满足前置条件，那么，问题出在调用方；如果后置条件不能满足，则问题出在当前方法内部。

类的一致性是在执行类的任何非私有方法之前和之后，类的状态必须满足的约束条件。下面示例代码描述了如何使用断言进行前置条件和后置条件的检查。以图书馆 Library 类的一个方法为例，方法 reserveACopy()实现读者预约一本书，其中，参数 title 表示书名，member 表示读者对象，假设 Member 类和 Book 类都已经存在。

```
1. private Book reserveACopy(String title, Member member) {
2.     assert isValidTitle(title);//前置条件断言
3.
4.     Book book = getAvailableCopy(title);
5.     reserve(book, member);
6.
7.     assert bookIsInStock(book);//后置条件断言
8.     return book;
9. }
```

代码的第 2 行进行了前置条件检查。如果书名无效，方法就会终止并抛出 AssertionError 类型异常。这种情况表明类的设计存在错误，使用了错误参数来调用 reserveACopy()的代码需要修正错误。

代码第 7 行执行的是后置条件检查。其功能是判定请求的书是否在架，如果没有该书，表明方法存在问题，同样该方法应该立即被终止，以防止对图书馆数据产生危害。同时，也需要修正方法中存在的错误。

只有修正了所有错误，才能关闭断言。

对于 public 方法，由于调用者可以是任何方法的使用者，因此前置条件检查使用断言并不合适。这时，可以使用抛出异常来代替断言，示例代码如下：

```
public Book reserveACopy(String title, Member member) {
    if (!isValidTitle(title))
        throw new IllegalArgumentException("Bad title: " + title);

    Book book = getAvailableCopy(title);
    reserve(book, member);

    assert bookIsInStock(book);
    return book;
}
```

由于 IllegalArgumentException 是运行时异常，方法 reserveACopy()不需要使用 throws 子句，而且调用者也可以不使用 try…catch 机制。

6.5.4 流程控制检查

断言也可以用于检查程序内部和控制流程的一致性。

在没有断言机制前，程序员往往使用注释来指明程序行为，但是在一些意想不到的情况下，就会发生逻辑错误。例如，下面的代码在 i 为负数时，代码会出现逻辑错误：

```
if (i % 3 == 0) {
    ...
} else if (i % 3 == 1) {
    ...
} else { // 即 i % 3 == 2
    ...
}
```

使用断言可以避免逻辑错误的出现：

```
if (i % 3 == 0) {
    ...
} else if (i % 3 == 1) {
    ...
} else {
    assert i % 3 == 2 : i;
    ...
}
```

对于没有使用 default 子句的 switch 语句，表明程序员确认其中的某个 case 语句一定会被执行。例如，处理扑克牌的程序代码段如下：

```
switch(suit) {
    case Suit.CLUBS:
        ...
        break;
    case Suit.DIAMONDS:
        ...
        break;
    case Suit.HEARTS:
        ...
        break;
    case Suit.SPADES:
        ...
}
```

其中包含的假设就是变量 suit 只能是对应的四个值之一。为了防止 suit 变量出现其他值，也应该增加 default 子句并使用断言，一般格式如下：

```
default:
    assert false : suit;
```

当然也可以使用如下的异常抛出语句，可以避免关闭断言时不再检查一致性的问题。但是，这也会带来一个小问题，那就是只有当错误出现时，才会抛出异常。

```
default:
    throw new AssertionError(suit);
```

在程序员确定程序永远不会运行到的位置，也可以使用断言来保证。使用的语句是：

```
assert false;
```

例如，下面代码是假设在循环中一定会返回，循环之后不再执行：

```
void foo() {
    for (...) {
        if (...)
            return;
    }
    assert false; // 程序永远不会运行到这个位置!!!
}
```

习题

1. 描述 Java 中 Throwable 类、子类及异常的类型。
2. 怎样声明一个异常？在同一个方法中可以声明多个异常吗？
3. 使用 try…catch 来处理下面程序可能发生的异常：

   ```
   public class TestExceptions {
       public static void main(String[] args) {
           for ( int i = 0; true; i++ )
               System.out.println("args[" + i + "] is '" + args[i] + "'");
       }
   }
   ```

4. 编写一个银行账号类 Account，实现取款方法，在方法中当账户中余额不够时产生一个自定义的异常，提示"账户余额不够"。编写应用程序，测试自定义异常类和取款方法是否达到要求。

5. 定义一个 100 个整数元素的数组，使用随机整数初始化所有 100 个元素。提示用户输入数组下标，程序显示对应元素的值。如果用户输入的下标越界，则使用异常类的输出信息来提示用户，但程序继续运行。

6. 三角形的任意两边之和大于第三边，定义一个三角形的类 Triangle 和自定义的异常类 IllegalTriangleEcception。在类 Triangle 构造方法中，判断边的关系是否违反了这一个准则，如果违反了，抛出 IllegalTriangleEcception 异常。

7. 断言有什么用？怎样声明一个断言？怎样编译含有断言的代码？怎样运行含有断言的程序？

第 7 章 线　　程

Java 语言的一个重要特点是内置对多线程的支持，它使程序员可以方便地开发出能同时处理多个任务的应用系统。本章介绍 Java 线程实现机制，包括线程的概念、线程的生命周期、线程优先级和调度、多线程的同步控制与并发协作及线程池等相关技术。

7.1 线程概念

很多人可能对多任务有一定的了解，即计算机在看上去几乎同一时间内运行多个程序（也称为进程）。例如，在一台计算机上，可以一边打印文件，一边浏览网页，同时运行一个程序。不仅仅多个进程可以并发执行，单个程序也可以完成多个任务，比如流式音频应用程序必须同时从网络上读取数字音频，解压缩，管理播放和更新其显示。这种在一个程序中同时完成多个任务，每个任务在一个线程中执行就是多线程的程序。目前很多计算机都具有多 CPU，这大大提高了并发处理的能力，但单处理器的计算机通过分配 CPU 时间片也同样可以完成多任务。

线程和进程是不同的，每一个执行中的程序就是一个进程，而每一个进程都有自己独立的内存空间和一组系统资源。而线程本身不是程序，不能单独运行，它只能在一个程序中运行，线程就是程序中一个单独的顺序控制流程，它只能利用它所在的程序的资源环境，因此线程又被称为轻量级进程。多线程的优势是系统开销小负担轻，不像进程每个进程都要分配自己独立的内存空间和系统资源，CPU 开销大而且消耗大量的内存。

多线程的应用范围很广，通常可以将一个程序任务转换成多个独立并行运行的子任务，每个子任务由一个线程来完成，并可以与其他线程并发执行，以提高程序的运行效率。一个 Web 服务也是多线程的应用，可以服务同时并发访问的用户请求等。

7.2 线程的实现

启动线程运行是通过 Thread 中的 start()方法实现的，线程被启动后会执行线程对象的 run()方法。可以说，线程的所有活动都是通过线程体 run()方法来实现的。一个线程被建立并初始化以后，Java 的运行时系统就自动调用 run()方法，所以实现线程的核心是实现 run()方法，它也是线程开始执行的起始点，就像应用程序从 main()方法开始一样。run()方法可以做任何可以编程实现的事情，例如数学运算、播放音乐、执行动画等。

在 Java 中通过 run()方法为线程指定任务，有两种方式来为线程提供 run()方法：继承 Thread 类并覆盖 run()方法；通过定义实现 Runnable 接口的类，实现 run()方法。下面分别讲述这两种实现方法。

7.2.1 继承 Thread 类

java.lang.Thread 类是专门用来创建线程和对线程进行操作的类。Thread 中定义了许多方法对线程进行操作。Thread 类在默认情况下 run()方法是空的,所以它不做任何事情。

最简单的创建线程的方式是继承 Thread 类并覆盖 run()方法,定义并启动线程的代码片段如下:

```java
public class MyThread extends Thread {     //继承线程
    public void run() {      //覆盖 run()方法

    }
}
MyThread t = new MyThread();   //创建线程对象
t. start(); //启动线程
```

例 7-1 中自定义类继承 Thread 类,在测试类中创建了并启动了两个线程。

例 7-1 两个同时运行的线程。

文件名:ThreadsTest.java

```java
class MyThread extends Thread {

    private long sleepTimer;

    public MyThread(String str) {//参数是线程的名字
        super(str);
    }

    public void run() {
        for (int i = 0; i < 3; i++) {
            System.out.println(getName()+" = "+i);
            try {
                sleepTimer=(long)(Math.random() * 1000);
                sleep(sleepTimer); //随机睡眠 0~1 秒之间
                System.out.println(getName()+" sleep: "+sleepTimer+" ms");

            } catch (InterruptedException e) {}
        }

        System.out.println( getName()+" finished");
    }
}

public class ThreadsTest {
    public static void main (String[] args) {
        new MyThread("Thread1").start();
        new MyThread("Thread2").start();

    }
}
```

运行结果如下:

```
Thread1 = 0
Thread2 = 0
Thread1 sleep: 169 ms
Thread1 = 1
```

```
Thread2 sleep: 746 ms
Thread2 = 1
Thread1 sleep: 748 ms
Thread1 = 2
Thread1 sleep: 237 ms
Thread1 finished
Thread2 sleep: 706 ms
hread2 = 2
Thread2 sleep: 548 ms
Thread2 finished
```

例 7-1 中类 ThreadsTest 的 main()方法中构造了两个 MyThread 类的线程 Thread1 和 Thread2，并在创建后调用了 start()方法来启动这两个线程，start()方法自动调用 run()方法。

在类 MyThread 的 run()方法中调用的 getName()方法和 sleep()方法是从 Thread 类中继承下来的方法，可以获取当前运行的线程的名字和睡眠给定的时间。

Thread 类有两个重载的构造方法：

```
public Thread ()
public Thread ( String name )
```

name 为线程的名字，如果 name 为 null 时，则 Java 自动提供唯一的名字。

7.2.2 实现 Runnable 接口

通过继承 Thread 类实现线程的方式比较简单，可以直接操纵线程，但 Java 不支持多重继承，如果一个类已经继承了其他的类，而又想成为线程该怎么办呢？可以利用接口的特性，解决多重继承的情况。

Java 提供了 Runnable 接口，Runnable 接口定义了一个抽象方法 run()，定义如下：

```
public interface java.lang.Runnable{
    public void run();
}
```

通过 Runnable 接口实现线程的方式是向 Thread 类构造方法传递一个实现了 Runnable 接口的对象。Thread 类有多个构造方法，其中可以接收 Runnable 参数的构造方法如下：

```
public Thread(Runnable    runnableObject)
public Thread(Runnable    runnableObject， String name)
public Thread(ThreadGroup group，   Runnable target，   String name);
```

与继承 Thread 类中的 run()方法一样，Runnable 接口的 run()方法就是线程开始运行时调用的方法，它实现了控制线程的语句。

通过 Runnable 接口实现线程代码片段如下：

```
class MyRunner implements Runnable { //定义一个实现了 Runnable 接口的类
  public void run() {
    ...
  }
}
MyRunner   runner = new MyRunner(); //创建实现了 Runnable 接口的类对象
Thread t = new Thread(runner,    "aa") ; //创建线程对象
t.start(); //启动线程
```

实现接口 Runnable 的类仍然可以继承其他父类：

```
class MyRunner extend Object implements Runnable {
    public void run() {
        ...
    }
}
```

例 7-2 为通过 Runnable 接口定义线程的示例。

例 7-2 通过 Runnable 接口创建线程。

文件名：RunnableThreadTest.java

```
class HiRunner implements Runnable {
    int i;

    public void run() {
        i = 0;
        while (true) {
            System. out. println(" Hi: " + i++);
            if ( i == 6 ) {
                break;
            }
        }
    }
}

public class RunnableThreadTest {
    public static void main( String args[]) {
        HiRunner r = new HiRunner();
        Thread t = new Thread( r);
        t. start();
    }
}
```

程序运行结果如下：

```
Hello 0
Hello 1
Hello 2
Hello 3
Hello 4
Hello 5
```

继承 Thread 类和实现 Runnable 接口两种实现线程的方式各有优点，通过继承 Thread 类实现线程，编程简单，可以直接操纵线程，但它的局限性在于必须是 Thread 类的子类，这样就无法继承其他类。在很多情况下，实现 Runnable 接口更加通用。把 Runnable 任务和执行任务的 Thread 对象分离开，这种实现更加灵活。通常当一个类已继承了另一个类时，就应该用 Runnable 接口的方式实现线程。

7.2.3 使用 Lambda 表达式实现 Runnable 接口

Lambda 表达式是一个可传递的代码块，可以在以后执行一次或多次。在 Java 中可以通过 Lambda 表达式将一个代码块传递到某个对象，便于以后调用，这种方式可以使代码更加简洁。

Lambda 表达式包括参数、箭头→及表达式。如果表达式包含多条语句，则需把这些语句放到一对{}中，如果需要返回值，则 return 语句也包含在语句块中。

```
(int a, int b) ->
    { if (a >b)
            return true;
      else
            return flase;
    }
```

a 和 b 两个参数声明了类型，如果 Lambda 表达式根据上下文能推导出参数的类型也可以不写参数类型。

```
(a, b) ->
    { if (a >b)    return true;
      else         return false;
    }
```

如果 Lambda 表达式没有参数，也必须提供空括号，就像无参方法一样。

()->System.exit(0);

如果方法只有一个参数，而且一个参数的类型可以通过上下文推导得出，那么小括号也可以省略。以下三种事件处理语句是等价的。

(ActionEvent event)->label.setText("你好");
(event)->label.setText("你好");
event->label.setText("你好");

用 Lambda 表达式实现 Runnable 接口的代码如下：

Runnable r=()->System.out.println(Thread.currentThread().getName());

()->System.out.println(Thread.currentThread().getName())就是一个 Lambda 表达式。例 7-3 用 Lambda 表达式改写了例 7-2 程序。

例 7-3 用 Lambda 表达式方式实现线程。

文件名：LambdaThread.java

```java
public class LambdaThread {
    public static void main( String args[]) {
        Runnable r=()->{
            int i = 0;
            while (true) {
                System. out. println(" Hi: " + i++);
                if ( i == 6 ) break;
            }
        };

        Thread t = new Thread( r);
        t. start();
    }
}
```

7.2.4 线程的生命周期

一个线程从它创建到消亡的生命周期可分为 5 个基本状态。

1）创建状态

当用 new 操作符创建一个新的线程对象时，该线程处于创建状态。处于创建状态的线程只是一个空的线程对象，系统不为它分配系统资源。此时只能调用 start()方法启动该线程，调用其他任何方法都会产生 IllegalThreadStateException 异常。

2）可运行状态

调用 start()方法会分配运行这个线程所需的系统资源，安排其运行，并调用线程体的 run()方法，start()方法返回后，线程处于可运行状态，也称为就绪状态。注意这一状态并不是运行中状态，因为线程也许并未真正运行，在单处理器的计算机上同一时刻运行所有线程是不可能的，要由操作系统根据调度策略安排线程运行。

3）运行状态

当可运行状态的线程被调度并获得处理器资源时，便进入运行状态，这时开始顺序执行 run()方法的每一条语句。

4）阻塞状态

当线程处于阻塞状态时，它暂停运行，要由线程调度器重新激活这个线程。

当线程发生以下几种情况时，就进入阻塞状态：

① 当线程调用了等待计时方法，就会进入计时等待状态，直到计时超时或意外打断，线程才可以回到可运行状态。带有超时参数的方法有 sleep，wait，join 等。

② 当线程竞争某个共享资源时，需要获得共享资源的内部对象锁，如果这把锁被其他线程占用，该线程就进入阻塞状态，直到线程能够获得这把锁，才进入可运行状态。

③ 当一个线程调用 wait()方法，等待某个条件得到满足时，这个线程就进入等待状态。当条件满足时，其他线程会通过 notify 或 notifyAll 方法唤醒等待线程，这时等待线程就会进入可运行状态。

5）消亡状态

当线程的 run()方法结束或异常原因终止，那么线程便进入消亡状态。线程的终止分为两种方式：一种是自然消亡，即从线程的 run()方法正常退出。另一种是线程被强制终止，如调用 Thread 类中的 destroy()或 stop()命令终止线程，不过这两个方法已经废弃，最好不用这两个方法。

7.2.5 Daemon 线程

Daemon 线程又可称为服务线程，它的作用是在程序的运行期间在后台为其他线程提供一种常规服务，Daemon 线程优先级通常较低。当启动 Daemon 线程的主线程结束时，Daemon 线程也会自动结束。

使用 isDaemon()方法可以判定一个线程是不是 Daemon 线程；通过 setDaemon(true)方法来设定一个线程为 Daemon 线程，但必须在调用 start()方法启动线程之前进行设置，否则将会引发 IllegalThreadStateException 异常。一个 Daemon 线程创建的任何线程也会自动具备

Daemon 属性。

默认创建的线程通常称为用户线程，主线程结束时，用户线程会继续运行，直到 run() 方法运行结束。

7.3 线程的控制

线程的简单控制包括暂停线程的执行、等待线程的执行以及结束线程的执行等方面。

7.3.1 暂停线程执行

Thread.sleep() 方法使当前线程在指定的时间段内暂停执行，让其他的线程有机会运行。sleep() 有两个重载的方法，一个将休眠时间指定为毫秒，另一个将休眠时间指定为纳秒。但是，由于这些睡眠时间受到底层操作系统提供的功能的限制，因此不能保证精确的睡眠时间。睡眠期还可以通过中断来终止。

sleep() 方法的语法格式如下：

```
//线程睡眠时间是毫秒
public static void sleep(long millis) throws InterruptedException
//线程睡眠时间是毫秒和纳秒之和
public static void sleep(long millis，int nanos) throws InterruptedException
```

当前线程进入睡眠状态，线程由运行状态进入阻塞状态，睡眠时间过后线程再进入可运行状态。线程在睡眠中间如果被中断，则会抛出 InterruptedException 异常。例 7-4 为 sleep() 方法使用示例。

例 7-4 sleep() 方法使用示例。

文件名：SleepDemo.java

```java
public class SleepDemo {
    public static void main(String[] args) {
        for (int i = 0;i < 4;i++) {
            try {
                Thread.sleep(2000);//暂停 2 秒
            }catch( InterruptedException e) {//被中断，抛出异常
                System.out.println("the sleep is   interrupted！");
            }
            System.out.println("Hello！");
        }
        System.out.println("Done！");
    }
}
```

7.3.2 等待线程结束

Thread 中的 join() 方法用于使当前线程等待另一个线程执行完。假设 thread1 是正在执行的线程，thread1.join() 语句可以使当前的线程暂停运行，等待 thread1 线程运行完再继续运行。join() 方法也可以指定时间参数，指明当前需要等待多长时间，与 sleep() 方法一样，等待的时

间受到底层操作系统的影响，因此不能保证精确的等待时间。

例 7-5 有两个线程，其中 main 线程等待线程 t1 执行完再启动线程 t2。

例 7-5　join 方法示例。

文件名：**JoinDemo.java**

```java
public class JoinDemo {
    public static void main( String args[])throws InterruptedException {
        Runnable r=()->{
            for(int i=0;i<1000;i++)
                System.out.println(Thread.currentThread().getName()+i);
        };

        Thread t1 = new Thread(r,  "Tom");
        t1. start();

        t1.join();//等待 t1 线程执行完

        Thread t2 = new Thread(r,  "Peter");
        t2.start();
    }
}
```

例 7-5 的运行结果是 t1 线程执行完再执行 t2 线程。如果程序改成 t1.join(5)，则程序执行前面 5 毫秒内都是 t1 线程，5 毫秒后，t1 和 t2 交替执行。

7.3.3　中断线程执行

在 Thread 中的 interrupt()方法可以用来请求终止一个线程。

当一个线程调用 interrupt()方法时，会设置线程的中断状态，每个线程都有一个 boolean 变量表示线程是否被中断。Thread 提供了 isInterrupted 方法获取是否中断的状态。下面的语句获取当前线程的中断状态。

```java
Runnable r=()->{
    int i=0;
    while(!Thread.currentThread().isInterrupted()&& i<4){
        System.out.println("Hello！");
        i++;
    }
};
```

被中断的线程不一定终止程序运行，中断一个线程只是对被中断线程设置一个中断状态，被中断的线程可以决定如何响应中断。

如果线程处于阻塞状态就无法检测中断，这时就要捕获 InterruptedException 异常。例如在一个 sleep()阻塞的线程上调用 interrupt 方法，则抛出一个 InterruptedException 异常，这时可以捕获异常，决定如何响应中断，通常会在线程收到 InterruptedException 异常时会终止运行，并立即返回。

```java
Runnable r=()->{
    for (int i = 0;i < 4;i++) {
        try {
```

```
                    Thread.sleep(1000);
            }catch( InterruptedException e) {
                    System.out.println("the sleep is    interrupted！ ");
                    return; //终止程序运行
            }
            System.out.println("Hello！ ");
        }
    };
```

Thread 类中有 3 个与中断线程有关的方法。

① void interrupt()：向线程发送中断请求。线程的中断状态将被设置成 true。如果当前线程被一个 sleep() 调用阻塞，则抛出一个 InterruptedException 异常。

② static boolean interrupted()：检测当前运行的线程是否被中断，同时将当前线程的中断状态设置为 false。

③ boolean isInterrupted()：检测当前运行的线程是否被中断，但不改变线程的中断状态。

例 7-6 实现的功能是 main 线程等待打印线程打印句子，当等待超过预期时，发出中断请求，打印线程检测到中断异常后终止运行。

例 7-6 中断线程示例。

文件名：InterruptThreadDemo.java

```java
public class InterruptThreadDemo {
    public static void main(String args[])
                    throws InterruptedException {
    // 打断 printer 线程之前，等待的时间，设为 8 秒
        long patience = 8000;

        Runnable r=()->{
            try {
                for (int i = 1;i <= 4;i++) {
                    Thread.sleep(4000);
                    System.out.println(Thread.currentThread().getName()
+":"+"打印第"+i+"句话" );
                }
            } catch (InterruptedException e) {
                System.out.println(Thread.currentThread().getName()+
":"+"没有全部打完" );
            }
        };

        System.out.println(Thread.currentThread().getName()+":"+"开始打印线程" );
        long startTime = System.currentTimeMillis();//开始时间

        Thread t = new Thread(r， "printer");
        t.start(); //启动 printer 线程

        System.out.println(Thread.currentThread().getName()+
":"+"等待打印线程结束" );
        while (t.isAlive()) {
            System.out.println(Thread.currentThread().getName()+
":"+"继续等待..." );
```

```
            // 等 printer 线程运行 1 秒时间
            t.join(1000);

            //超过等待时间，发出中断请求
            if (((System.currentTimeMillis() - startTime) > patience)
    && t.isAlive()) {
                 System.out.println(Thread.currentThread().getName()+
    ":"+"不想等了！");
                t.interrupt(); //发出中断请求
                t.join(); //等待线程运行完
            }
        }
        System.out.println(Thread.currentThread().getName()+":"+"结束！");
    }
}
```

程序运行结果如下：

```
main:开始打印线程
main:等待打印线程结束
main:继续等待...
main:继续等待...
main:继续等待...
main:继续等待...
printer:打印第 1 句话
main:继续等待...
main:继续等待...
main:继续等待...
main:继续等待...
printer:打印第 2 句话
main:不想等了！
printer:没有全部打完
main:结束！
```

7.3.4 线程优先级

Java 中每个线程有一个优先级，线程的优先级是 1～10 之间的正整数。1 代表最小的优先级（Thread.MIN_PRIORITY），10 代表最大的优先级（Thread.MAX_PRIORITY）。线程默认的优先级是 5（Thread.NORM_PRIORITY）。

新创建的线程从创建它的线程继承优先级。创建后的线程可以使用 setPriority(int newPriority)方法修改线程的优先级。用 getPriority()方法返回线程的优先级。这样就可以根据任务的重要级别来设置不同的优先级，优先级高的线程被选择执行的可能性更大，但是不能指望依赖线程优先级来决定线程的执行顺序。

7.4 多线程同步

前面所提到的线程都是独立执行，每个线程都不必关心同时运行的其他线程的状态或行为。但在多线程同时运行的情况下，经常会发生两个甚至更多的线程同时访问同一个资源的情况。这时就需要对访问资源的冲突进行预防，以防止破坏共享数据。

7.4.1 原子操作

所谓原子操作是指不会被线程调度打断的操作,这种操作一旦开始,就一定会一直运行到结束。原子操作可以是一个步骤,也可以是多个操作步骤,但是其顺序不可以被打乱,也不可以被切割而只执行其中的一部分。

在多个线程访问共享数据时,原子操作就十分必要。例 7-7 中模拟了银行账户存钱的操作,有 6 个运行的线程都往银行的同一账户存钱,并打印存后余额。

例 7-7 多线程资源竞争示例。

文件名:TestDeposit.java

```
class Account {
        private String clientName;
        private int balance;

        Account(String name, int balance) {
            this.clientName = name;
            this.balance = balance;
        }

        public  void deposit(int amount ){
            balance += amount;
            System.out.println(Thread.currentThread().getName() + ":  存钱: "
                    + amount+ ",当前用户账户余额为: " + balance);
        }
}

class TestDeposit {
        public static void main(String[] args) {
          Account account = new Account("李红",  100);
          for(int i=1;i<=6;i++) {
                int amount=1+(int)(Math.random()*100);//产生随机整数 1~100
                Runnable r=()-> account.deposit(amount);    //账户存钱
                new Thread(r, "线程"+i).start();
          }
        }
}
```

程序运行结果如下:

```
线程 1:   存钱: 9,当前用户账户余额为: 167
线程 4:   存钱: 68,当前用户账户余额为: 267
线程 5:   存钱: 99,当前用户账户余额为: 366
线程 6:   存钱: 46,当前用户账户余额为: 412
线程 3:   存钱: 32,当前用户账户余额为: 199
线程 2:   存钱: 58,当前用户账户余额为: 167
```

很显然运行结果是不对的,导致错误的原因是修改余额的操作 balance += amount 不是一个原子操作,这条语句在虚拟机中可能被如下处理。

① 将 balance 加载到寄存器;
② 增加 amount;

③ 将结果写回 balance。

假设有多个线程同时执行这条指令，如果线程 1 执行步骤 1 和 2，然后它的运行权被抢占，线程 2 开始执行并更新了 balance 的值，然后线程 1 被调用执行，并完成第 3 步，这样线程 2 所做的更新就会被覆盖而丢失。这种出错只是一种可能性，在不同的情况下，线程 2 的结果可能会丢失，或者完全没有错误。因为它们是不可预测的，线程干扰的错误可能难以检测和修复。

可以看出，如果操作不符合原子性操作，那么整个语句的执行就会出现混乱，导致出现错误的结果，从而导致线程安全问题。因此，在多线程中就应该保证操作的原子性。那么如何保证操作的原子性呢？一个有效的办法就是给共享资源加锁，这可以保证线程的原子性，比如使用 synchronized 代码块保证线程的同步，从而保证多线程的原子性。

7.4.2 原子变量

原子变量保证了该变量的所有操作都是原子操作，不会因为多线程的同时访问而导致脏数据的读取问题。使用原子变量可以解决对变量的原子操作而不会产生太多的操作成本。

Java 在 java.util.concurrent.atomic 包中提供了以下几种原子类型：

① 基于 Integer 类型的 AtomicInteger 和 AtomicIntegerArray；
② 基于 Boolean 类型的 AtomicBoolean；
③ 基于 Long 类型的 AtomicLong 和 AtomicLongArray；
④ 基于引用类型的 AtomicReference 和 AtomicReferenceArray。

以下仅以 AtomicInteger 类型为例来介绍原子变量的使用。

AtomicInteger 将整数封装在内部，并提供对该整数的原子操作方法，用于原子递增计数器之类的应用程序。下面是 AtomicInteger 类中定义的部分原子操作方法：

```
//获取当前原子变量中的值并为其设置新值
public final int getAndSet(int newValue)
//以原子方式将给定值添加到当前值，返回之后的结果
public final int addAndGet(int delta)
//比较当前的是否等于 expect，如果是设置为 update 并返回 true，否则返回 false
public final boolean compareAndSet(int expect, int update)
//获取当前的值并自增 1
public final int getAndIncrement()
//获取当前的值并自减 1
public final int getAndDecrement()
//原子递减当前值，返回之后的结果
public final int decrementAndGet()
//获取当前的值并为 value 加上 delta
public final int getAndAdd(int delta)
```

例 7-8 使用 AtomicInteger 类型的原子变量 count，以原子方式进行自增操作，避免了脏数据的读取。

例 7-8 使用原子变量的计数器示例。

文件名：MyCounter.java

```
import java.util.concurrent.atomic.AtomicInteger;
```

```java
public class MyCounter extends Thread {
    //创建一个初始值为 0 的 AtomicInteger
    public static AtomicInteger count = new AtomicInteger();

    @Override
    public void run() {
        try {
            Thread.sleep((long) ((Math.random()) * 100));
            // 原子自增
            count.incrementAndGet();
        } catch (InterruptedException e) {
            e.printStackTrace();
        }
    }

    public static void main(String[] args) throws InterruptedException {
        // //启动 20 个线程执行计数操作
        Thread[] threads = new Thread[20];
        for (int i = 0; i < 20; i++) {
            threads[i] = new MyCounter();
            threads[i].start();
        }
        // 等待线程结束
        for (int j = 0; j < 20; j++) {
            threads[j].join();
        }

        System.out.println("计数结果:" + MyCounter.count);
    }
}
```

程序不管运行几次，最终输出结果都是"计数结果:20"。

使用原子变量比下面讲述的使用 synchronized 的方法要简洁且效率更高，但是只适用于数据的简单原子操作。

7.4.3 基于对象锁的线程同步

在多线程环境中，存在着由于交叉操作而破坏数据的可能性，因此在对共享资源也称为临界区的访问时必须遵守获得访问共享资源的锁的原则，即一个线程在操作共享资源之前，必须获得访问共享资源的锁，这样就可以阻止其他线程获得这把锁，其他试图访问共享资源的线程就会进入阻塞状态，直到这个锁的持有线程释放掉它为止。

Java 语言提供了一个 synchronized 关键字，可以实现共享资源加锁。Java 的每个对象都包含具有与其相关的内在锁，它自动成为对象的一部分，不必为此写任何特殊的代码。如果一个方法声明时有 synchronized 关键字，那么对象上的锁将保护整个方法。也就是说，要调用这个方法，线程必须获得内部对象锁。一旦一个线程得到了锁，其他线程便进入等待状态，只有当该线程释放掉锁，其他线程才有获取锁的机会。因此声明为 synchronized 的方法实现的操作便是原子性操作，因为只有当一个线程完成所有操作，然后释放锁，其他线程才会抢占锁。

Java 编程语言提供了两个基本的同步语法：synchronized 方法和 synchronized 语句。

1．synchronized 方法

要使用同步方法，只需要将 synchronized 关键字添加到方法声明中。

```
public class MyStack {
    private int idx = 0;
    private char [] data = new char[6];

    public synchronized void push(char c) {
        data[idx] = c;
        idx++;
    }

    public synchronized char pop() {
        idx--;
        return data[idx];
    }
}
```

MyStack 类中的数组 data 和整数变量 idx 是共享数据，方法 push 将数存入数组中，方法 pop 从数组中取数，由于都访问到了这个共享资源，为了防止交叉操作而破坏数据，在两个方法上都加了 synchronized 关键字。如果一个线程调用了 push 方法，则获得 MyStack 对象的锁，此时其他线程不可再调用它的 pop 方法，除非 push 方法执行完，并释放掉这把锁。因此，一个特定对象的所有 synchronized 方法都共享着一把锁，这把锁就保护了共享资源不被多个线程同时访问。

只要 synchronized 方法执行结束，就会立即释放锁，不论它是通过 return 语句返回，或者是到达方法体末尾的正常结束，还是因抛出异常的非正常结束。这种加锁机制不需要用户参与锁的释放工作。

另外，还要注意被保护的数据应该是 private 的访问权限，如果是 public 的访问权限，就可以被线程直接访问，而无须通过 synchronized 方法访问。

现在再看例 7-7 银行存钱的例子，只需在 Account 类的 deposit 方法前加上关键字 synchronized，就可以解决多线程交叉操作而破坏数据的问题。

```
public synchronized void deposit(int amount ){
    this.balance += amount;
    System.out.println(Thread.currentThread().getName() + ":  存钱: " + amount+"，当前用户账户余额为: " + balance);
}
```

修改后的代码运行结果如下，银行账户的余额完全正确。

```
线程 1：   存钱: 66，当前用户账户余额为：166
线程 5：   存钱: 64，当前用户账户余额为：230
线程 4：   存钱: 15，当前用户账户余额为：245
线程 3：   存钱: 3，当前用户账户余额为：248
线程 2：   存钱: 82，当前用户账户余额为：330
线程 6：   存钱: 93，当前用户账户余额为：423
```

2．synchronized 语句块

synchronized 关键字除了可以用在方法上，还可以用在一个方法内部的代码块上，其格式为：

```
synchronized(对象锁) {
    语句块
}
```

  synchronized 语句能够获得任何对象的锁，而不仅仅是当前对象的锁。synchronized 语句包括两个部分：在其上获得锁的对象和获取锁之后要执行的语句。在进入同步块之前，必须在锁对象上获得锁。如果已有其他线程获得了这把锁，就不能执行 synchronized 语句块，必须等待锁被释放。

  synchronized 语句块可以使用任何对象的锁，因为每个对象都天然地有一个内部锁，MyStack 类可以改写成以下 synchronized 语句块形式，它使用了当前对象（this）的锁。

```java
public class MyStack {
    private int idx = 0;
    private char [] data = new char[6];

    public void push(char c) {
        synchronized(this){
            data[idx] = c;
            idx++;
        }
    }

    public char pop() {
        synchronized(this){
            idx--;
            return data[idx];
        }
    }
}
```

  与 synchronized 方法比较，synchronized 块具有更多的优势。

  ① 它可以定义比方法还小的同步代码块。由于同步会影响性能，所以最好让持有锁的时间尽可能短。通过使用 synchronized 语句，就可以做到在绝对必要的时候使用锁。例如对于进行排序算法并将结果保存到数组中的方法，没有必要保护整个排序过程，只需要保护被赋值的数组即可。

  ② synchronized 语句可以有助于使用更细粒度的加锁机制来提高类的并发级别。因为类中不同方法组操作的可能是类中的不同数据，所以尽管方法组内需要互斥，但是不同的方法组之间的方法并不需要互斥。在这种情况下，可以为不同的方法组设置不同的锁对象，而不是所有方法组都使用同一个锁对象。

  例 7-9 使用两个锁对象的 synchronized 语句。

  文件名：TwoLock.java

```java
class TwoLock{
    private int a;
    private int b;

    Object lockA= new Object();
    Object lockB = new Object();
```

```
            public void setA(int valA){
                synchronized(lockA ){
                    a=valA;
                }
            }

            public int getA(){
                synchronized(lockA ){
                    return a;
                }
            }

            public void setB(int valB){
                synchronized(lockB){
                    b=valB;
                }
            }

            public int getB(){
                synchronized(lockB ){
                    return b;
                }
            }
        }
```

例 7-9 的代码中使用了两个对象锁 lockA 和 lockB，分别对两个变量进行保护，确保了操作变量 a 和变量 b 的两组线程可以并行执行。

7.4.4 wait()和 notify()

多线程涉及访问共享资源时，可以通过使用加锁来同步多个线程的行为，使得一个线程不会干涉另一个线程的资源访问。但是在有些情况下，多个线程之间还需进行某种协作，这时只有加锁同步还不够，线程之间还需要彼此之间的协作。

例如，线程 1 和线程 2 可以并行执行，但线程 1 执行到某个位置需要线程 2 传递一些数据，但线程 2 还没有准备好数据，线程 1 就必须等待线程 2 给它传递数据后再执行，因此两个线程之间就需要协作完成任务。

为了实现线程协作，可以使用 Object 类的方法 wait()和 notify()。例如，有多个线程在运行，当某个线程获取了锁，进入到了临界区，却发现必须满足某一条件才能执行，然而当前线程无法改变这个条件，这个条件只能是由其他线程来改变，其他线程要想改变这个条件，必须要先获取到锁，但此时锁是被占用状态，这就陷入了一个两难境地，wait()和 notify()就是用于解决这种情况。

在已经获取到锁的情况下，如果发现条件不满足，则调用 wait()方法阻塞自己并释放占用的锁，这样其他线程就有机会获得锁改变条件后，调用 notify()去通知被阻塞的线程，这样被阻塞的线程就会被唤醒去重新检查条件了。

从上面的描述可以看到，调用 wait()和 notify()方法的前提是已占有了锁，所以必须在 synchronized 块内才能调用。如果在 synchronized 块外调用 wait()和 notify()方法，就会收到一个 IllegalMonitorStateException 异常。

下面以经典的生产者和消费者问题来说明线程之间的协作。假设有一个生产者线程，可以不断地产生订单号，并可以将其放入队列中，队列是一个容量为 4 的共享资源。有多个消费者线程不断尝试从队列取出订单号并消费。生产者和消费者线程面临的问题是，消费者线程必须要等待生产者线程放入订单号后才能继续执行，如果队列为空，消费者线程就必须等待。而对于生产者线程，如果队列已满就不能再放入订单号，也必须等待消费者线程消费了订单号才能继续执行。也就是说只要队列不满也不空，消费者线程和生产者线程就可以并行执行，一旦队列已满或者为空，生产者线程或者消费者线程就必须等待，这就是生产者和消费者之间的并发协作。

例 7-10 为一个生产者线程往队列中放订单号，队列最大容量是 4，同时 4 个消费者线程从同一队列中获取订单号，队列是共享资源，程序实现了多线程间的并发协作。

例 7-10 多线程并发协作。

文件名：MultiThreadTest.java

```java
import java.util.LinkedList;
import java.util.Queue;
import java.util.concurrent.*;

//生成者类
class Producer {
    //容量为 4 个元素的队列
    private final Queue<String> cacheQueue;

    public Producer(Queue<String> cacheQueue) {
        this.cacheQueue = cacheQueue;
    }

    public void produce() {
        // 尝试获取 cacheQueue 对象锁
        synchronized (cacheQueue) {
            try {
                // 判断队列状态，如果达到 4 个元素则满
                while (cacheQueue.size()==4) {
                    System.out.println(Thread.currentThread().getName()+": 已放满，等待...");
                    cacheQueue.wait();//队列已满，生产者线程等待
                }

                //产生随机订单号
                String orderCode = "serialumber"+(1+(int)(Math.random()*1000));
                cacheQueue.add(orderCode);//加入队列
                System.out.println(Thread.currentThread().getName()+ "放入订单号:" + orderCode);

                // 队列状态发生变化，通知所有等待 cacheQueue 对象锁的线程，这些线程重新去竞争锁
                cacheQueue.notifyAll();
            }catch (InterruptedException e) {
                System.out.println("interrupted"+ e);
            }
        }
    }
}
```

```java
        }
    }
//消费者类
  class Consumer {
        //容量为 4 个元素的队列
        private final Queue<String> cacheQueue;

        public Consumer(Queue<String> cacheQueue) {
            this.cacheQueue = cacheQueue;
        }

        public void consume() {
            // 尝试获取 cacheQueue 对象锁
            synchronized (cacheQueue) {
                try {
                    // 判断队列状态，注意对于条件的判断须放在一个 while 循环里
                    while (cacheQueue.size()==0) {
                        System.out.println(Thread.currentThread().getName()+":已取空，等待...");
                        cacheQueue.wait();//队列为空，消费者线程等待

                    }
                    String orderCode = cacheQueue.poll();
                    System.out.println(Thread.currentThread().getName()+"消费订单号:" + orderCode);

                    // 队列状态发生变化，通知所有等待 cacheQueue 对象锁的线程，这些线程重新去竞争锁
                    cacheQueue.notifyAll();
                } catch (InterruptedException e) {
                    System.out.println("interrupted"+ e);
                }
            }
        }
    }

public class MultiThreadTest {

        public static void main(String[] args) throws Exception {
            Queue<String> cacheQueue = new LinkedList<>();
            Runnable r1= () -> {
                Producer producer = new Producer(cacheQueue);
                while (true)    producer.produce();
            };
            new Thread(r1, "Producer").start(); //启动生产者线程
            //创建并启动 4 个消费着线程
            for (int i = 1; i <= 4; i++) {
                Runnable r2= () -> {
                  Consumer consumer = new Consumer(cacheQueue);
                    while (true) {
                        consumer.consume();
                    }
                };
                String name ="Consumer"+i;
```

```
            new Thread(r2，name).start(); //启动消费者线程
        }
                TimeUnit.SECONDS.sleep(5);
    }
}
```

截取的程序运行结果片段如下：

```
Producer  放入订单号:serialumber224
Producer  放入订单号:serialumber400
Producer  放入订单号:serialumber186
Producer  放入订单号:serialumber538
Producer：  已放满，等待...
Consumer3  消费订单号:serialumber224
Consumer3  消费订单号:serialumber400
Consumer3  消费订单号:serialumber186
Consumer3  消费订单号:serialumber538
Consumer3:已取空，等待...
Consumer2:已取空，等待...
Consumer1:已取空，等待...
Producer    放入订单号:serialumber600
Producer    放入订单号:serialumber287
Producer    放入订单号:serialumber557
Consumer4  消费订单号:serialumber600
Consumer4  消费订单号:serialumber287
Consumer4  消费订单号:serialumber557
Consumer4:已取空，等待...
Producer    放入订单号:serialumber414
Producer    放入订单号:serialumber379
Producer    放入订单号:serialumber837
Producer    放入订单号:serialumber74
Producer：  已放满，等待...
```

从执行结果中可以看到，订单号被哪个消费者消费是不能确定的。

例 7-10 中一个生产者线程和四个消费者线程之间的协作就是通过 wait()和 notify()或者 notifyAll 方法实现的。当队列为满时，无法放入订单号，生产者线程会调用 wait()方法等待并释放 cacheQueue 对象锁，即线程会在这里阻塞，无法继续往下执行，直到收到通知，也就是有消费者线程调用了 notifyAll 方法，此时生产者线程被唤醒，重新尝试获取锁，如果获取到了，则线程就可以继续往下执行了。

当队列为空时，无可消费订单号，消费者线程会调用 wait()方法等待并释放 cacheQueue 对象锁，即线程会在这里阻塞，无法继续往下执行，直到收到通知，也就是生产者线程调用了 notifyAll 方法，此时消费者线程被唤醒，重新尝试获取锁，如果获取到了，则线程就可以继续往下执行了。

7.5 任务和线程池

在 Java 中分配和释放线程对象会增加内存管理开销，特别对一些很耗资源的线程，为了提高服务程序效率就要尽可能减少创建和销毁线程的次数。使用线程池可以最大限度地减少由于线程创建而导致的开销，线程池中的线程称为工作线程。

7.5.1 Callable 和 Future

Runnable 封装了一个异步执行的任务，以供工作线程调度执行。Callable 是 JDK 5 以后引入的，目的就是处理 Runnable 不支持的任务。Runnable 接口不会返回结果或抛出检查异常，但是 Callable 接口可以。所以，如果任务不需要返回结果或抛出异常时推荐使用 Runnable 接口，这样代码看起来会更加简洁。

Callable 接口只有一个方法 call 方法。

```
public interface Callable<V>
{
    V call() throws Exception;
}
```

运行 Callable 任务可以返回一个 Future 对象，表示异步计算的结果。通过 Future 对象可以了解任务执行情况，可取消任务的执行，还可获取执行结果。

Future 是一个接口，它的定义如下：

```
public interface Future<T>
{
    V get() throws ...;
    V get(long timeout, TimeUnit unit) throws ...;
    void cancle(boolean mayInterrupt);
    boolean isCancelled();
    boolean isDone();
}
```

第一个 get()方法的调用会阻塞，直到计算完成。第二个 get()方法也会阻塞，不过在计算完成之前如果调用超时，会抛出一个 TimeoutException 异常。如果运行该计算的线程被中断，这两个方法都将抛出 InterruptedException 异常，如果计算已经完成，那么 get 方法立即返回。

如果计算还在进行，isDone 方法返回 false；如果已经完成，则返回 true。

可以用 cancel 方法取消计算。如果计算还没有开始，它会被取消而且不再开始。如果计算正在进行，那么 mayInterrupt 为 true，它就会被中断。

7.5.2 Executor 接口

执行器接口 Executor 是 JDK 5 之后引入的，通过 Executor 来启动线程比使用 Thread 的 start()方法更好，对线程更容易管理，也节约了开销。

java.util.concurrent 包定义了 3 个执行器接口。

1）Executor 接口

Executor 接口是支持启动新任务的简单接口。接口提供了 execute 方法，可以创建线程。如果 r 是一个 Runnable 对象，e 是一个 Executor 对象，则启动线程的语句为：

```
e.execute(r);
```

等价于：

```
new Thread(r)).start();
```

2) ExecutorService 接口

ExecutorService 是 Executor 的子接口，它提供了比 execute 方法更通用的 submit 方法。像 execute 方法一样，它也接收 Runnable 和 Callable 对象。对于 Callable 对象，submit 方法返回一个 Future 对象，接收 Callable 任务的返回值，代表异步计算的结果。

    Future<T> submit（Runnable task）
    Future<T> submit（Callable <T> task）

通常 execute()方法用于提交不需要返回值的任务，因此也无法判断任务是否被执行成功。而 submit()方法用于提交需要返回值的任务。线程会返回一个 Future 类型的对象，通过这个对象可以判断任务是否执行成功，并且可以通过 Future 的 get()方法来获取返回值。无参的 get()方法会阻塞当前线程直到任务完成，而使用有参的 get()方法则会阻塞当前线程一段时间后立即返回，这时候有可能任务还没有执行完。

3) ScheduledExecutorService 接口

ScheduledExecutorService 接口继承了 ExecutorService 接口，它增加了调度功能，可以实现在指定的延迟时间后执行任务。它还可以实现以规定的间隔时间重复执行指定的任务。

7.5.3 线程池

线程池是最常见的执行器（executor）实现方式。

在 java.util.concurrent 包中大部分的执行器实现使用线程池，线程池包含一组工作线程。

Java 提供了 Executors 工具类来得到线程池，需要注意的是 Executors 是一个类，不是 Executor 的复数形式。Executors 提供了以下 static 的方法创建线程池。

1) newFixedThreadPool(int poolSize)

产生一个 ExecutorService 对象，这个对象带有一个大小为 poolSize 的线程池，若任务数量大于 poolSize，任务会被放在一个等待队列里顺序执行。

2) newCachedThreadPool()

产生一个 ExecutorService 对象，这个对象带有一个线程池，线程池的大小会根据需要自动调整，线程执行完任务后将会返回线程池，供执行下一次任务使用。

3) newSingleThreadExecutor()

产生一个 ExecutorService 对象，这个对象只有一个线程可用来执行任务，若任务多于一个，任务将按先后顺序执行。

4) 其他产生 ScheduledExecutorService 执行器的方法

如果以上方法产生的线程池执行器不能满足需要，可以用 java.util.concurrent 包中的 ThreadPoolExecutor 或者 ScheduledThreadPoolExecutor 类来构建执行器。

通常使用线程池执行任务的实现步骤如下：

① 首先要创建 Runnable 或者 Callable 的任务对象；
② 调用 Executors 类的静态方法创建线程池；
③ 将 Runnable 或 Callable 对象直交给 ExecutorService 的 submit 方法执行；
④ 保存 submit 方法返回的 Future 对象，以便得到结果或取消任务；
⑤ 当不想再提交任务时，调用 shutdown 方法关闭线程池，线程池的状态变为 SHUTDOWN，线程池不再接受新任务，但是队列里的任务得执行完毕。

例 7-11 是一个使用固定大小线程池执行多个 Callable 任务的应用实例。

例 7-11 线程池应用。

文件名：ThreadPoolDemo.java

```java
import java.util.ArrayList;
import java.util.Date;
import java.util.List;
import java.util.concurrent.*;
class MyCallable implements Callable<String> {
    public String call() throws Exception {
        Thread.sleep(1000);
        //返回执行当前 Callable 的线程名字
        return Thread.currentThread().getName();
    }
}
public class ExecutorDemo {
    public static void main(String[] args) {
        //创建线程池，容量是 4
        ExecutorService threadPool = Executors.newFixedThreadPool(4);
        List<Future<String>> futureList = new ArrayList<>();
        Callable<String> callable = new MyCallable();
        for (int i = 0; i < 5; i++) {
            //提交任务到线程池
            Future<String> future = threadPool.submit(callable);
            /*将返回值 future 添加到 list，可以通过 future 获得
            执行 Callable 得到的返回值*/
            futureList.add(future);
        }

        for (Future<String> fut : futureList) {
            try {
                System.out.println(new Date() + "::" + fut.get());
            } catch (InterruptedException | ExecutionException e) {
                e.printStackTrace();
            }
        }
        //关闭线程池
        threadPool.shutdown();
    }
}
```

程序运行结果如下：

```
Sat Jan 23 16:54:54 CST 2021::pool-1-thread-1
Sat Jan 23 16:54:55 CST 2021::pool-1-thread-2
Sat Jan 23 16:54:55 CST 2021::pool-1-thread-3
Sat Jan 23 16:54:55 CST 2021::pool-1-thread-4
Sat Jan 23 16:54:55 CST 2021::pool-1-thread-2
```

程序 7-11 创建了一个固定大小的线程池，容量为 4，然后循环执行了 5 个任务。由输出结果可以看到，前 4 个任务首先执行完，然后空闲下来的线程去执行第 5 个任务。在

FixedThreadPool 中，有一个固定大小的池，如果当前需要执行的任务超过了池大小，那么多余出来的任务会进入等待状态，直到线程池中有空闲下来的线程才去执行这些多余的任务，而当执行的任务数量小于线程池大小，空闲的线程也不会被销毁，而是处于随机待命状态。

固定线程池的一个优点是可以防止使用它的应用程序因负载过重而崩溃。比如一个 Web 服务器应用程序，其中每个 HTTP 请求都由一个单独的线程处理。如果应用程序为每个新的 HTTP 请求都创建一个新线程，当系统接收到的请求超出它能立即响应的能力时，这些线程的开销将超过系统容量，应用程序就会突然停止响应所有请求。而用固定线程数量的应用程序虽然无法尽快处理所有 HTTP 请求，但是系统不会崩溃，它会尽可能快地为所有请求提供服务。

例 7-12 实现了一个给定延迟时间后执行任务和可定期执行任务的线程池的应用。

例 7-12 ScheduledExecutorService 线程池应用。

文件名：ScheduledThreadPoolDemo.java

```java
import java.util.Calendar;
import java.util.concurrent.Executors;
import java.util.concurrent.ScheduledExecutorService;
import java.util.concurrent.TimeUnit;

public class ScheduledThreadPoolDemo {
    public static void main(String[] args) {
        //创建线程池
        ScheduledExecutorService schedulePool = Executors.newScheduledThreadPool(1);
        //5 秒后执行任务
        schedulePool.schedule(new Runnable() {
            public void run() {
                System.out.println(Calendar.getInstance().getTime());
                System.out.println("执行任务 1 ");
            }
        }, 5, TimeUnit.SECONDS);

        //5 秒后执行任务，以后每 2 秒执行一次
        schedulePool.scheduleAtFixedRate(new Runnable() {
            public void run() {
                System.out.print(Calendar.getInstance().getTime());
                System.out.println(" ---执行任务 2");
            }
        }, 5, 2, TimeUnit.SECONDS);
    }
}
```

运行结果部分显示如下：

```
Sun Jan 24 16:54:04 CST 2021
执行任务 1
Sun Jan 24 16:54:04 CST 2021 ---执行任务 2
Sun Jan 24 16:54:06 CST 2021 ---执行任务 2
Sun Jan 24 16:54:08 CST 2021 ---执行任务 2
Sun Jan 24 16:54:10 CST 2021 ---执行任务 2
Sun Jan 24 16:54:12 CST 2021 ---执行任务 2
Sun Jan 24 16:54:14 CST 2021 ---执行任务 2
```

7.6 死锁问题

多个线程并发访问共享资源时，需要加锁同步控制，然而如果这种机制使用不当，可能会出现线程永远被阻塞的现象，当两个或多个线程等待一个不可能满足的条件时发生死锁。

例如，线程 T1 和 T2 要竞争访问 X 和 Y 两个共享资源，X 资源上有一把锁 A，Y 资源上有一把锁 B，假设 T1 获得了 X 资源上的锁 A，准备获得 Y 资源上的锁 B，T2 获得了 Y 资源上的锁 B，准备获得 X 资源上的锁 A，这时两个线程都获得了部分资源，而等待其他资源，就造成了互相等待，发生了死锁。因此，如果不恰当地使用了锁，且出现同时要锁多个对象时，就会出现死锁情况。

Java 死锁产生有 4 个必要条件：

① 互斥使用，即当资源被一个线程使用时，别的线程不能使用。

② 不可抢占，资源请求者不能强制从资源占有者手中夺取资源，资源只能由资源占有者主动释放。

③ 请求和保持，即当资源请求者在请求其他的资源的同时保持对原有资源的占有。

④ 循环等待，即存在一个等待队列：P1 占有 P2 的资源，P2 占有 P3 的资源，P3 占有 P1 的资源。这样就形成了一个等待环路。

当上述 4 个条件都成立的时候，便形成死锁。当然，死锁的情况下如果打破上述任何一个条件，便可让死锁消失。

Java 语言本身既不能发现死锁也不能预防死锁，只能靠程序员通过谨慎的设计来避免。一般来说避免死锁的方法是设定一个加锁顺序，如果所有的线程都是按照相同的顺序获得锁，死锁就不会发生。另外一个可以避免死锁的方法是在尝试获取锁的时候加一个超时时间，这也就意味着在尝试获取锁的过程中若超过了这个时限该线程就放弃对该锁的请求，也要回退并释放所有已经获得的锁，然后等待一段随机的时间再重试。

习题

1. 简述线程生命周期中的几个状态，以及各个阶段产生的条件。
2. 什么是时间片？请指出支持时间片的操作系统与不支持时间片的操作系统的基本区别。
3. 简述多线程之间怎样进行同步。
4. 什么是 Daemon 线程，它和普通线程相比有什么区别？
5. 创建多线程数字时钟应用程序。一个线程在一个无限 while 循环中计时，另一个线程则负责每秒刷新一次屏幕。
6. 利用多线程模拟汽车通过隧道问题：
   （1）一个隧道，同一时间只能有一辆汽车通行；
   （2）车辆到隧道口时，如果已经有车辆在通行中，则一直等待到自己能进入为止；
   （3）两边都有车辆等待，则隧道两边轮流进入隧道通行。
7. 编写两个线程：一个存入线程向数组存入 26 个英文字母，一个取出线程向同一数组取出 26 个英文字母，数组的大小为 6 个元素。当数组放满时存入线程必须等待，有空闲位置时才能继续存放。当数组空时，取出线程就必须等待，直到有字母存入时才能继续取出。用线程池实现两个线程的并发协作。

第 8 章 输入/输出

在实际应用中,几乎所有的应用程序都会涉及键盘输入、文件读写、屏幕显示等与输入和输出有关的操作。

本章首先介绍了流的概念,然后以 I/O 包常用的字节流和字符流类为例,讨论使用流的基本方法。本章还介绍了对象序列化机制和随机文件读写,最后讲解了 NIO 目录和文件系统操作。

8.1 流的概念

流的概念最早是使用在 UNIX 操作系统。它是指由一组字节或字符组成的、有起点和终点的数据。其特点是数据的发送和获取都是沿着数据序列顺序进行的,每个数据必须等待它前面的数据读入或发送后才能被读写。

依据流的流动方向可以将流划分为输入流和输出流两种类型。所谓的输入流就是程序从中获取数据的流。输出流就是程序要发送数据的流。

通过流,程序可以自由地控制包括文件、内存、I/O 设备、键盘等中的数据的流向。例如可以从文件输入流中获取数据,经处理后再通过网络输出流把数据输出到网络设备上。

对于任何一种程序设计语言来讲,建立一个好的 I/O 系统都是语言的设计者必须面对的重要任务之一。因此,包括 Java 在内的很多高级语言的 I/O 系统结构都相当复杂。

Java 语言中,I/O 操作的绝大部分工作由 java.io 包承担。其中抽象类 Reader 和 Writer 主要用于字符流的输入输出。抽象类 InputStream 和 OutputStream 主要用于二进制字节流的输入输出。

在实际应用中,要想建立一个进行输入输出操作的 I/O 流,往往需要产生多个 I/O 对象,但无论如何复杂,使用流的方法大同小异,其一般过程可以描述为:

① 使用流的构造方法创建流,选择是输入流或输出流。
② 使用流所提供的方法,进行读写等操作。
③ 使用完流后,用 close 方法关闭流。

8.2 字节流

java.io 包中定义了进行二进制字节流的输入输出抽象类 InputStream 和 OutputStream。这两个抽象类的扩展又提供了很多实用的字节流子类。这些字节流子类负责对不同的数据源进行处理,例如磁盘文件、网络连接、甚至是内存缓冲区。

8.2.1 InputStream 类

作为其他字节输入流类的基类,类 InputStream 声明了很多从输入设备读取数据流的基本方法。常用的方法如下。

（1）int read()：从输入流中读一个字节，形成一个 0～255 之间的整数返回。如果因为已经到达流末尾而没有可用的字节，则返回值-1。在输入数据可用、检测到流末尾或者抛出异常前，此方法一直阻塞。该方法是一个抽象方法，它的子类必须提供此方法的一个实现。由于该方法要求返回的是一个有效的字节值加上一个表示流末尾的标志值，所以需要采取 int 而不是 byte 作为该方法的返回类型。其他 read 方法也具有此特性。

（2）int read(byte b[])：读多个字节到数组中。

（3）int read(byte b[], int off, int len)：从输入流中读取长度为 len 的数据，写入数组 b 中从索引 off 开始的位置，并返回读取的字节数。

（4）void close()：关闭此输入流并释放与该流关联的所有系统资源。该方法的默认实现方法不执行任何操作。

由 InputStream 类派生出的常用子类如下。

（1）FileInputStream：从文件系统中的某个文件中获得输入字节。

（2）ObjectInputStream：对以前使用 ObjectOutputStream 写入的基本数据和对象进行反序列化。

（3）ByteArrayInputStream：该类包含有一个内部缓冲区，它包含有从流中读取的字节。

（4）SequenceInputStream：表示其他输入流的逻辑串联。它从输入流的有序集合开始，并从第一个输入流开始读取，直到到达文件末尾，接着从第二个输入流读取，依次类推，直到到达包含的最后一个输入流的文件末尾为止。

（5）DataInputStream：它允许应用程序以与机器无关的方式从底层输入流中读取 Java 简单数据类型。它只有一个以 InputStream 对象为参数的构造方法。即它只能被创建为现有字节流对象的包装器。

8.2.2　OutputStream 类

作为其他字节输出流类的基类 OutputStream 定义了将数据流写到输出设备的基本方法。常用的方法如下。

（1）void write(int b)：将指定的字节写入此输出流。通常情况下，要写入的字节是参数 b 的 8 个低位。b 的 24 个高位将被忽略。该方法是一个抽象方法，它的子类必须提供此方法的一个实现。

（2）void write(byte[] b)：将 b.length 个字节从指定的 byte 数组写入此输出流。

（3）void write(byte[] b, int off, int len)：将指定 byte 数组中从偏移量 off 开始的 len 个字节写入输出流。

（4）close()：关闭此输出流并释放与此流有关的所有系统资源。

（5）void flush()：刷新此输出流并强制写出所有缓冲的输出字节。

由 OutputStream 类派生出的常用子类如下：

（1）FileOutputStream：用于将数据写入某个文件中的输出流。

（2）ObjectOutputStream：将 Java 对象的基本数据类型写入 OutputStream。随后可以使用 ObjectInputStream 重构对象。通过在流中使用文件可以实现对象的持久存储。如果流是网络套接字流，则可以在另一台主机上或另一个进程中重构对象。

（3）ByteArrayOutputStream：此类实现了一个输出流，其中的数据被写入一个 byte 数组。缓冲区会随着数据的不断写入而自动增长。可使用 toByteArray 和 toString 方法获取数据。此类中的方法在关闭此流后仍可被调用，而不会产生任何 IOException。

（4）DataOutputStream：允许应用程序将基本 Java 数据类型写入输出流中。

8.2.3 字节流操作示例

1. FileInputStream 和 FileOutputStream

例 8-1 使用 FileInputStream 和 FileOutputStream 进行文件读写，先向 test.txt 文件中写入字符串，每次写入一个字符。然后从文件 test.txt 中每次读取一个字节的数据，并在屏幕上字符串内容。

例 8-1 利用类 FileInputStream 和 FileOutputStream 进行文件读写。

文件名：ByteIO.java

```java
import java.io.*;

public class ByteIO {
    public static void main(String [] args){
        try {
            FileOutputStream fos = new FileOutputStream ("test.txt");
            String str = "Hello Java!";
            fos.write(str.getBytes());
            fos.flush();
            fos.close () ;

            FileInputStream fis = new FileInputStream ("test.txt") ;
            int temp;
            while((temp=fis.read()) != -1)
                System.out.print((char)temp) ;

            fis.close () ;
        }catch (IOException e ){
            System.err.println("错误信息: " + e.getMessage());
        }
    }
}
```

程序运行结果如下：

　　Hello Java!

创建读写文件流时有可能产生 FileNotFoundException 异常，字节流的读写语句有可能产生 IOException 异常。由于 FileNotFoundException 是 IOException 子类，所以只写 IOException 就可以了。

当不需要流时应该关闭它，这样有利于避免资源泄露。

2. DataInputStream 和 DataOutputStream

DataInputStream 和 DataOutputStream 支持原始数据类型值的二进制读写，数据流提供了一组 readXXX()和 writeXXX()方法来完成输入和输出，比如 readFloat/writeFloat，readBoolean/writeBoolean，readInt/writeInt，readChar/writeChar 等方法。

例 8-2 的功能是从先利用类 DataOutputStream 和 FileOutputStream 向 test.txt 文件中写入一个实型数 12.6，整数 I/O 和布尔值 true。然后利用类 FileInputStream 和 DataInputStream 从文件 test.txt 中将上边写入的数据依次读出。

例 8-2 利用类 DataInputStream 和 DataOutputStream 进行文件读写。

文件名：**DataIODemo.java**

```java
import java.io.*;
public class DataIODemo {
    public static void main(String []args) throws IOException {
        FileOutputStream fout = new FileOutputStream("test.txt");
        DataOutputStream out = new DataOutputStream(fout);
        //写入小数，整数和布尔值
        out.writeDouble(12.6);
        out.writeInt(10);
        out.writeBoolean(true);

        out.close();

        FileInputStream fin = new FileInputStream("test.txt");
        DataInputStream in = new DataInputStream(fin);
        //读取小数，整数和布尔值
        double d = in.readDouble();
        int i = in.readInt();
        boolean b = in.readBoolean();

        System.out.println("输出：　" + d + " " + i + " " + b);
        in.close();
    }
}
```

程序运行结果如下：

　　输出：　12.6 10 true

3．**ByteArrayOutputStream** 和 **ByteArrayInputStream**

例 8-3 为利用类 ByteArrayOutputStream 和 ByteArrayInputStream 进行文件读写实例。

例 8-3 利用类 ByteArrayOutputStream 和 ByteArrayInputStream 进行文件读写。

文件名：**ByteArrayDemo.java**

```java
import java.io.*;

public class ByteArrayDemo {
  public static void main(String [] args) throws IOException {
    ByteArrayOutputStream outStream = new ByteArrayOutputStream();

    String s = "This is ByteArrayOutputStream test.";
    for (int i = 0; i < s.length(); ++i)
      outStream.write(s.charAt(i));//将指定的字节写入 byte 数组输出流

    System.out.println("输出流: " + outStream);
    System.out.println("输出流大小: " + outStream.size()+ "  字节");
```

```
            ByteArrayInputStream inStream;
            /*方法 toByteArray()创建一个新分配的 byte 数组。对象 inStream 使用新分配的 byte
            数组作为其缓冲区数组*/
            inStream = new ByteArrayInputStream(outStream.toByteArray());

            int inBytes = inStream.available();//返回输入流中剩余字节数
            System.out.println("输入流大小：  " + inBytes + " 字节");

            byte inBuf[] = new byte[inBytes];
            //将 inBytes 个数据字节从此输入流读入 inBuf 数组。
            int bytesRead = inStream.read(inBuf, 0, inBytes);

            System.out.println("读入字节数：  " + bytesRead);
            System.out.println("它们是：" + new String(inBuf));
        }
    }
```

例 8-3 的功能是先向字节输出流对象 outStream 写入字符串 s 的内容，然后再从该输出流对象 outStream 中读取字节流，并在屏幕上显示如下运行结果。

```
输出流: This is ByteArrayOutputStream test.
输出流大小: 35  字节
输入流大小：   35  字节
读入字节数：  35
它们是： This is ByteArrayOutputStream test.
```

8.3 字符流

在实际中，很多数据都是文本，所以 Java 提出了字符流的概念。字符流处理的单元为两个字节的 Unicode 字符，即按 Java 虚拟机使用的编码格式来处理的。

Java.io 包中定义的用于字符流输入输出的抽象类是 Reader 和 Writer。这些抽象类的扩展又提供了很多实用的字符流子类。

8.3.1 Reader 类

字符流为处理字符提供了方便有效的方法。但是，在底层它仍然是以字节形式出现。因此 Reader 类所提供的方法实质上就是 InputStream 类的方法的镜像。Reader 类提供的常用方法如下。

（1）int read()：读取单个字符。

在字符可用、发生 I/O 错误或者已到达流的末尾前，此方法一直阻塞。如果已到达流的末尾，则返回-1。其他 read()方法也具有这些特性。

（2）int read(char[] cbuf)：将字符读入数组。

（3）int read(char[] cbuf, int off, int len)：将字符读入数组的某一部分。在某个输入可用、发生 I/O 错误或者到达流的末尾前，此方法一直阻塞。由于该方法是一个抽象方法，它的子类必须提供此方法的一个实现。

（4）int read(CharBuffer target)：将字符读入指定的字符缓冲区。

（5）close()：关闭输入流，释放与之相关的系统资源。

Reader 类派生出的常用子类如下。

（1）FileReader：用来读取字符文件的便捷类。可以通过直接指定文件名称的方式打开指定的文本文件，并读入流转换后的字符，字符的转换会根据系统默认的编码格式进行。

（2）InputStreamReader：它是字节流通向字符流的桥梁。通过使用指定的字符集读取字节并将其解码为字符。它使用的字符集可以由名称指定显式给定或平台默认的字符集。

每次调用 InputStreamReader 中的一个 read()方法都会导致从底层输入流读取一个或多个字节。并进行从字节到字符的转换。可以提前从底层流读取更多的字节，使其超过或满足当前读取操作所需的字节来提高效率。为了达到最高效率，通常在 BufferedReader 内包装 InputStreamReader。

（3）BufferedReader：从字符输入流中读取文本，缓冲各个字符，从而实现字符的高效读取。换言之，当调用 read()方法时，它会先从此缓冲区中进行读取。如果缓冲区数据不足，才会再次调用本机输入 API 从数据源中读取。用户可以指定缓冲区的大小。大多数情况下，其默认值就可以满足要求。如果没有缓冲，则每次调用 read()方法都会导致从数据源中读取字节，并将其转换为字符后返回，显然，这种方法的效率是很低的。

8.3.2 Writer 类

Writer 类所提供的方法实质上就是 OutputStream 类中的方法的镜像。Writer 类所提供的常用方法如下。

① void write(char[] cbuf)：将获取的字符写入字符数组。

② void write(char[] cbuf, int off, int len)：从输入流中读取长度为 len 的数据，写入数组 cbuf 中从索引 off 开始的位置。该方法是一个抽象方法，它的子类必须提供此方法的一个实现。

③ void write(int c)：写入单个字符。要写入的字符包含在给定整数值的 16 个低位中，16 个高位被忽略。

④ void write(String str)：写入字符串。

⑤ void write(String str, int off, int len)：写入字符串的某一部分。

⑥ close()：关闭输出流，释放与此流有关的系统资源。

⑦ flush()：刷新流的缓冲。

由 Writer 类派生出的常用子类如下。

① FileWriter：用来写入字符文件的便捷类。可以通过直接指定文件名称的方式打开要进行写操作的文本文件，并写入流转换后的字符，字符的转换会根据系统默认的编码格式进行。

② OutputStreamWriter：它是字符流通向字节流的桥梁。通过使用指定的字符集将要写入流中的字符编码成字节。它使用的字符集可以由名称指定显式给定或平台的默认字符集。

每次调用 write()方法都会导致在给定字符或字符集上调用编码转换器。在写入底层输出流之前，得到的这些字节将在缓冲区中累积。为了获得最高效率，通常将 OutputStreamWriter 包装到 BufferedWriter 中，以避免频繁调用转换器。

③ BufferedWriter：当写文件时，为了提高效率，写入的数据会先放入缓冲区，只有当缓冲区填满时，才调用本地输出 API。用户可以指定缓冲区的大小。但是，大多数情况下，其

默认值就可以满足要求。

8.3.3 字符流操作示例

例 8-4 所完成的功能与例 8-1 完全一样。它们之间的主要区别是：例 8-4 的读写操作是基于字符的，而不是按照字节方式进行的。

例 8-4 利用类 FileReader 和 FileWriter 进行文件读写。

文件名：**CharIODemo.java**

```java
public class CharIODemo{
    public static void main(String [] args){
        try{
            //向文件写数据
            FileWriter fstream = new FileWriter("out.txt");//创建文件
            BufferedWriter out = new BufferedWriter(fstream);
            out.write("Hello Java\n");//写操作
            out.close();

            //以行为单位从一个文件读取数据
            BufferedReader in =new BufferedReader(new FileReader("out.txt"));
            String s, s2 = new String();
            while((s = in.readLine()) != null)
                s2 += s + "\n";//加入换行符
            in.close();
            System.out.println(s2);
        }catch (Exception e){
            System.err.println("错误信息: " + e.getMessage());
        }
    }
}
```

8.4 命令行 I/O

命令行交互是传统的交互方式，Java 平台提供有标准流和控制台两种实现命令行交互的方式。

8.4.1 标准流

几乎所有的操作系统都支持标准流。默认情况下，它们从键盘读取输入，利用显示器进行输出。

Java 平台支持以下 3 种标准流。

① 标准输入 stdin，对象是键盘，通过 System.in 访问；

② 标准输出 stdout，对象是屏幕，通过 System.out 访问；

③ 标准错误输出 stderr，对象也是屏幕。通过 System.err 访问。

上述 3 种标准流都是系统预先定义好的，用户无须进行打开操作，就可使用。

System.out 和 System.err 被声明为类 PrintStream 的对象。System.in 被声明为 InputStream

的对象。由于类 PrintStream 和 InputStream 都是面向字节流的,所以标准流也都是字节流。

例 8-5 以字节流读取键盘输入示例。

文件名:IODemo.java

```java
import java.io.*;

public class IODemo {
    public static void main(String [] args){
        BufferedWriter bw = null;
        try {
            InputStream in = System.in;//标准输入
            bw = new BufferedWriter(new FileWriter("test.txt"));
            StringBuilder builder = new StringBuilder();
            int letter;
            while ((letter = in.read()) != -1) {//读取标准输入流
                bw.write((char)letter);//写入文件
                bw.flush();
                builder.append((char) letter);
                if (builder.toString().endsWith("QUIT")) {//退出程序执行
                    System.exit(0);
                }
            }
        } catch (IOException e) {
            System.err.println("错误信息: " + e.getMessage());//错误输出
        } finally {
            if (bw != null) {
                try {
                    bw.close();//关闭流
                } catch (IOException e) {
                    System.err.println("错误信息: " + e.getMessage());
                }
            }
        }
    }
}
```

例 8-5 的主要功能是通过 System.in.read 方法从键盘输入一行字符,然后将其写入 test.txt 文件中。如果用户输入的"QUIT"字符序列,则终止程序的执行。

如果想以字符流读取键盘输入的话,可以使用 InputStreamReader 类,将 System.in 获取的字节流转换为字符流。

例 8-6 以字符流读取键盘输入示例。

文件名:IODemo1.java

```java
import java.io.*;

public class IODemo1 {
    public static void main(String args[]) throws IOException{
        BufferedReader buf=null;
        try {
```

```
                buf=new BufferedReader(new
                                    InputStreamReader(System.in));
                System.out.print("输入一个整数:");

                //字符串转换成整数
                System.out.println("整数是:" + Integer.parseInt(buf.readLine()));
            }catch(NumberFormatException e){
                System.err.println("请输入整数");//错误输出
            }catch (IOException e){
                System.err.println("错误信息: " + e.getMessage());//错误输出
            } finally {
                if (buf!= null) {
                    try {
                        buf.close();//关闭流
                    } catch (IOException e) {
                        System.err.println("错误信息: " + e.getMessage());
                    }
                }
            }
        }
    }
```

类 InputStreamReader 一次只能从输入流读入一个字符 r，如果有很多的字符一起输入，就要读入很多次。所以，输入字符串时通常需要与 BufferedReader 类一起使用。BufferedReader 的 readLine 方法从键盘一次读取一行，读入的信息都是字符串，所以如果输入是整数或小数，还要将字符串转换成相应的类型。

8.4.2 控制台

标准流的一种更高级的方式是控制台，它是一个系统提供的 Console 对象，具有标准流提供的大多数功能以及其他功能。控制台对于安全密码输入特别有用。Console 对象还通过其 reader 和 writer 方法提供了输入和输出流，它们是真正的字符流。

在程序可以使用控制台之前，通过调用 System.console() 来获取 Console 对象。如果 Console 对象可用，则此方法返回它。如果 System.console 返回为 NULL，有可能操作系统不支持控制台操作或者程序是在非交互式环境中启动的，因此不允许进行控制台操作。

Console 类除具备标准流的大部分特性外，还有一些其他特性。例如，它支持输入输出字符流、支持安全密码的输入等。

Console 对象通过其 readPassword 方法支持安全密码输入。此方法通过两种方式帮助保护密码输入。首先，它抑制了回显，因此密码在用户屏幕上不可见。其次，readPassword 返回一个字符数组，而不是 String 字符串，因此可以覆盖密码，并在不再需要时将其从内存中删除。

例 8-7 Console 类使用示例。

文件名：Password.java

```
import java.io.Console;
import java.util.Arrays;
import java.io.IOException;
```

```java
public class Password {

    public static void main (String args[]) throws IOException {
        String user=null;
        String password;

        Console c = System.console();
        if (c == null) {
            System.err.println("控制台不存在!");
            System.exit(1);
        }

        user =c.readLine("输入用户名:");

        boolean noMatch;

        do {
            char [] newPassword1 = c.readPassword("输入密码: ");
            char [] newPassword2 = c.readPassword("再次输入密码: ");
            noMatch = ! Arrays.equals(newPassword1, newPassword2);
            if (noMatch) {
                c.format("两次密码不匹配，请重新输入。%n");
            } else {
                password=newPassword1.toString();
                c.format("用户 %s 密码设置成功!\n",user);
                c.printf( "密码是:%s", password   );
            }

            Arrays.fill(newPassword1, ' ');
            Arrays.fill(newPassword2, ' ');

        } while (noMatch);
    }

}
```

程序运行结果如下：

输入用户名:qqq
输入密码:
再次输入密码:
用户 qqq 密码设置成功!
密码是:[C@30f39991%

当两次密码输入不一样时，会让用户一直输入，直到正确为止。

8.5 格式化 I/O

下面介绍格式化输入类 java.util.Scanner 和格式化输出方法 printf()。

8.5.1 格式化输入

Java 语言中格式化输入可以通过类 java.util.Scanner 来完成。

Scanner 可用于将格式化的输入分解为标记（token），并根据其数据类型转换各个标记。默认情况下，Scanner 使用空白（包括空格，制表符和换行符）分割标记。

Scanner 类的主要作用是从键盘或文件中读取基本数据类型和读取一行字符信息。

Scanner 类的主要方法如下。

① nextLine()：读入一行字符串。

② nextInt()：读入下一个整数。

③ nextFloat、nextDouble：将输入信息按浮点数读取。

④ useDelimiter()：设定分隔符。

⑤ next()：返回下一个标记作为字符串。

⑥ hasNext()：测试输入流中是否还有数据。

1）从控制台输入

当通过 new Scanner(System.in)创建一个 Scanner 对象，控制台会一直等待输入，直到敲回车键结束，把所输入的内容传给 Scanner，可以针对输入的不同数据类型调用相应的方法读取输入的信息。

例 8-8 Scanner 类使用示例。

文件名：ScannerDemo.java

```java
import java.util.*;
public class ScannerDemo {
    static Scanner console = new Scanner(System.in);
    public static void main(String[] args){
        String name;
        int id;
        double score;

        //为标准输入流 System.in 构造一个 Scanner 对象
        Scanner s = new Scanner(System.in);

        System.out.print("输入姓名: ");
        name = s.next();
        System.out.print("输入学号: ");
        id=s.nextInt();
        System.out.print("输入考试成绩: ");
        score = s.nextDouble();

        System.out.printf("姓名：%s    学号：%d    成绩：%4.2f\n",name, id, score);

        s.close();

        System.exit(0);
    }
}
```

程序运行结果如下：

输入姓名: 李红
输入学号: 12345
输入考试成绩: 89

姓名：李红　学号：12345　成绩：89.00

需要注意的是当 Scanner 结束时，需要调用 close()方法关闭。尽管 Scanner 不是一个流，但是也需要关闭它以表明已完成与其相关的流，本例是 System.in 标准输入流。

2）从文件读入

Scanner 的构造方法支持多种方式构建 Scanner 的对象，可以从字符串、输入流、文件来直接构建 Scanner 对象，常用的构造方法如下。

① Scanner(File source)、Scanner(Path source)：从指定的文件创建 Scanner 对象。

② Scanner(InputStream source)：从指定的输入流创建 Scanner 对象。

③ Scanner(String source)：从指定的字符串创建 Scanner 对象。

例 8-9 实现了从文件中读取每行信息。

例 8-9　Scanner 类读取文件示例。

文件名：ScanFile.java

```java
import java.io.*;
import java.util.Scanner;

public class ScanFile {
    public static void main(String[] args) throws IOException {

        Scanner s = null;
        try {
            s=new Scanner(new File("Hi.txt"));
            while (s.hasNext()) {
                System.out.println(s.next());
            }
        } finally {
            if (s != null) {
                s.close();
            }
        }
    }
}
```

假设学生记录存储在文本文件中的存储格式如下：

　　李红　80
　　王强　90
　　王刚　70
　　马力　60

例 8-10 实现了从文件中读取学生记录，并保存到学生集合对象中。

例 8-10　Scanner 实现读取学生记录示例。

文件名：ScanStudents.java

```java
import java.util.*;
import java.io.*;

class Student {
    private String   name;
    private int   grade;
```

```java
        public Student(String name, int grade) {
            this.name = name;
            this.grade = grade;
        }

        public String toString() {
            return ( name + "    " + grade );
        }
    }

    public class ScanStudents {
        public static void main(String[] args)    {
            ArrayList<Student>    students = new ArrayList<Student>();//创建学生集合
            Scanner sc=null;

            try {
                sc = new Scanner(new File("students.txt"));//基于文件创建 Scanner 对象
                while (sc.hasNext()) {
                    String name =sc.next();//读取学生姓名
                    int grade =sc.nextInt();    //读取成绩
                    Student st=new Student(name, grade);//创建 Student 对象
                    students.add(st);//将 Student 对象加入集合
                }
            }catch(NumberFormatException ee) {
                    System.out.println("grade data error");
            }catch (FileNotFoundException er) {
                    System.out.println("file read error");
            }catch (IOException er) {
                    System.out.println("file io error");
            } finally {
                if (sc != null) {
                    sc.close();
                }
            }

            System.out.println(students);//打印集合中学生信息
        }
    }
```

程序运行结果如下：

[李红   80, 王强   90, 王刚   70, 马力   60]

8.5.2　格式化输出

Java 允许像 C 语言那样直接用 printf 方法或者 format 方法来格式化输出，两者是等价的。printf 方法的基本形式是：

printf(String fmtString, Object ... args)

其中，fmtString 表示格式说明符，其语法结构如下：

%[argument_index$][flags][width][.precision]conversion

argument_index 是一个正整数，说明了参数的位置，1 为取第一个参数；width 表示输出的最小字符数，即格式化值的最小宽度，默认情况下，使用空格从左侧填补值；precision 代表数字的小数位数；conversion 代表被格式化的参数的类型，具体约定见表 8-1。

表 8-1 参数的类型约定及说明

转换指示符	说 明
%%	在字符串中显示%
%d	以 10 进位整数方式输出，提供的数必须是 Byte、Short、Integer、Long、BigInteger
%f	将浮点数以 10 进位方式输出，提供的数必须是 Float、Double、BigDecimal
%e 或%E	将浮点数以 10 进位方式输出，并使用科学记号，提供的数必须是 Float、Double、BigDecimal
%a 或%A	使用科学记号输出浮点数，以 16 进位输出整数部分，以 10 进位输出指数部分，提供的数必须是 Float、Double、BigDecimal
%o	以 8 进位整数方式输出，提供的数必须是 Byte、Short、Integer、Long 或 BigInteger
%x 或%X	将浮点数以 16 进位方式输出，提供的数必须是 Byte、Short、Integer、Long 或 BigInteger
%s 或%S	将字符串格式化输出
%c 或%C	以 Unicode 字符方式输出，提供的数必须是 Byte、Short、Character 或 Integer
%b 或%B	非 null 值输出是 true，null 值输出 false（或 TRUE、FALSE，使用%B）
%t 或%T	输出日期/时间的前置

标志、宽度、精度对于不同的转换具有类似的含义，但细节上会随转换的确切类型而有所不同。

例 8-11 格式化输入输出演示。

文件名：Power.java

```
public class Power {
    public static void main(String[] args) {
        double r = Math.pow(2.3, 4.0);

        System.out.println("2.3 的 4 次方是：" + r);
        System.out.format("2.3 的 4 次方是：%4.2f\n", r);
        System.out.printf("2.3 的 4 次方是：%4.2f\n", r);
    }
}
```

程序运行结果如下：

2.3 的 4 次方是：27.98409999999999
2.3 的 4 次方是：27.98
2.3 的 4 次方是：27.98

printf 和 format 方法中"%4.2f"的含义是输出变量 r 的值，宽度为 4，小数占 2 位。

8.6 对象序列化和反序列化

对象的序列化就是把对象转换为字节序列的过程，对象的反序列化就是把字节序列恢复为对象的过程。对象的序列化实现了保存在内存中的各种对象的状态，对象的反序列化把保存的对象读出来。

对象的序列化主要有两种用途：把对象的字节序列永久地保存到硬盘上，通常存放在一个文件或者数据库中；在网络上传送对象的字节序列。

在很多应用中，需要对某些对象进行序列化，存储到物理硬盘，以便长期保存。比如常见的是 Web 服务器中的 Session 对象，当并发用户非常多的时候，内存可能吃不消，于是 Web 容器就会把一些 seesion 先序列化到硬盘中，等要用了，再把保存在硬盘中的对象还原到内存中。

当两个进程在进行远程通信时，彼此可以发送各种类型的数据。无论是何种类型的数据，都会以二进制序列的形式在网络上传送。发送方需要把这个 Java 对象转换为字节序列，才能在网络上传送，接收方则需要把字节序列再恢复为 Java 对象。

java.io.ObjectOutputStream 代表对象输出流，它的 writeObject(Object obj)方法可对参数指定的 obj 对象进行序列化，把得到的字节序列写到一个目标输出流中。

java.io.ObjectInputStream 代表对象输入流，它的 readObject()方法从一个源输入流中读取字节序列，再把它们反序列化为一个对象，并将其返回。

只有实现了 Serializable 接口的类的对象才能被序列化，该接口没有任何需要实现的方法。它主要是用来通知 Java 虚拟机，需要将一个对象序列化。大多数标准类支持其对象的序列化，因为这些类已经实现了 Serializable 接口。

对象序列化包括以下步骤：

① 创建一个 ObjectOutputStream 对象，它可以包装一个其他类型的目标输出流，如文件输出流；

② 通过对象输出流的 writeObject()方法写对象。

对象反序列化的步骤如下：

① 创建一个 ObjectInputStream 对象，它可以包装一个其他类型的源输入流，如文件输入流；

② 通过对象输入流的 readObject()方法读取对象。

例 8-12 是一个对象序列化和反序列化的例子，程序将 Employee 对象写入到文件中，再从文件中将对象读出来。

例 8-12　对象序列化与反序列化。

文件名：ObjectStreamDemo.java

```java
import java.io.*;
import java.text.MessageFormat;

class Date implements Serializable {//实现 Serializable 接口
    int year,month,day;
    public Date(int year, int month, int day) {
        this.year = year;
        this.month  = month;
        this.day=day;
    }
    public int getYear() {
        return year;
    }
    public int getMonth() {
        return month;
```

```java
        }
        public int getDay() {
            return day ;
        }
    }

    class Employee   implements Serializable {///实现 Serializable 接口
        private String   name;
        private int id;
        private Date birthday;

        public Employee(String name, int id, Date date) {
            this.name = name;
            this.id   = id;
            this.birthday=date;
        }
        public String getName() {
            return name ;
        }
        public int getId() {
            return id ;
        }
        public Date geDate() {
            return birthday ;
        }
    }

    public class ObjectStreamDemo {

        public static void SerializeEmployee() throws
                        FileNotFoundException,IOException {
            Date date=new Date(2021,01,15);
            Employee employee = new Employee("Jack", 1234, date);
            // 创建对象输出流
            ObjectOutputStream oo = new ObjectOutputStream(new
                            FileOutputStream("Employee.dat"));
            oo.writeObject(employee);// Employee 对象写入到文件
            System.out.println("Employee 对象序列化成功！ ");
            oo.close();
        }

    public static Employee DeserializeEmployee() throws Exception, IOException
    {      //创建对象输入流
        ObjectInputStream ois = new ObjectInputStream(new
                        FileInputStream("Employee.dat"));
        Employee employee = (Employee) ois.readObject();//读取 Employee 对象
        System.out.println("Employee 对象反序列化成功！ ");

        return employee;
    }
```

```java
    public static void main(String[] args) throws Exception {
        SerializeEmployee();//序列化 Employee 对象
        Employee employee= DeserializeEmployee();//反序列 Employee 对象

        System.out.println("雇员信息："+ employee.getName()+"
            "+employee.getId()+"   "+employee.geDate().getYear()+"
            /"+employee.geDate().getMonth()+"/" +
            employee.geDate().getDay());
    }
}
```

程序运行结果如下：

Employee 对象序列化成功！
Employee 对象反序列化成功！
雇员信息：Jack   1234   2021 /1/15

如果一个类包含了其他类的引用对象，则 writeObject 不仅写当前类对象，还要将当前类中引用的所有对象也写入到输出流。当通过读取当前类对象时，readObject 也会同时读取引用的对象，并且保留所有原始对象引用，也就是说 readObject 要从流中重构对象，则它必须能够重构原始对象所引用的所有对象。

例 8-12 中 Employee 和 Date 类都实现了 Serializable 接口，是可以序列化的对象。Employee 类除了包含基本数据类型外，还包括了一个引用类型 Date。writeObject 把 Employee 对象和 Date 对象都写入到了输出流。readObject 从输入流中重构了 Employee 对象和 Date 对象，并还原了对象间的引用关系。

在进行对象序列化时，一个对象流只能包含对象的一个副本，但是它可以包含对这个对象的任意数量的引用。如果一个对象被写入两个不同的对象流中，读取这两个流的程序会看到两个不同的对象。

在序列化的过程中，如果不想对某些属性进行序列化，只需在声明这些属性时给它加上 transient 修饰符即可。例如 Employee 类的 name 定义为 transient。

```java
class Employee   implements Serializable {
    private transient String   name;
    private int id;
    private Date birthday;

    ...   //省略
}
```

则运行例 8-12 的结果雇员姓名为 null：

Employee 对象序列化成功！
Employee 对象反序列化成功！
雇员信息：null   1234   2021 /1/15

8.7 随机访问文件

对于 InputStream/OutputStream、Reader/Writer 类来说，它们都是顺序访问流，只能进行顺序读写。随机访问文件不仅能顺序读写，还可以读写文件中任意位置的字节，就像文件中有一个随意移动的指针一样。

Java 语言提供的类 RandomAccessFile 可以将文件作为随机访问流来处理。在生成一个 RandomAccessFile 对象时，不仅要说明文件对象或文件名，同时还需指明访问模式，即"只读方式"(r)，"只写方式"(w)，或"读写方式"(rw)，如 new RandomAccessFile(file,"r")。RandomAccessFile 类的功能类似于输入流 FileInputStream 和输出流 FileOutputStream 的功能合并，即实现了在一个流中进行随机读写两种操作。

RandomAccessFile 类包含了一个记录指针，用以标识当前读写处的位置，当程序新创建一个 RandomAccessFile 对象时，该对象的文件记录指针位于文件头（也就是 0 处），当读/写了 n 个字节后，文件记录指针将会向后移动 n 个字节。除此之外，RandomAccessFile 可以自由的移动记录指针，既可以向前移动，也可以向后移动。RandomAccessFile 包含了以下两个方法来操作文件的记录指针。

① long getFilePointer();返回文件记录指针的当前位置。
② void seek(long pos);将文件记录指针定位到 pos 位置（相对于文件开始位置的字节数）。

RandomAccessFile 类同时实现了 DateInput 和 DateOutput 接口，因此也有一组 readXXX() 和 writeXXX()方法来完成输入和输出，比如 readFloat/writeFloat，readBoolean/writeBoolean，readChar/writeChar 等方法。

RandomAccessFile 的 I/O 效率较低。原因是 RandomAccessFile 每读写一个字节就需对磁盘进行一次 I/O 操作。

例 8-13 随机访问文件示例。

文件名：RandomDemo.java

```java
import java.io.IOException;
import java.io.RandomAccessFile;

public class RandomDemo {
    public static void main(String[] args) throws IOException {
        RandomAccessFile rf = new RandomAccessFile("test.dat", "rw");
        for (int i = 0; i < 10; i++)
            rf.writeDouble(i * Math.PI);//写操作
        rf.close();//关闭流
        rf = new RandomAccessFile("test.dat", "rw");

        rf.seek(5 * 8);//定位写入位置
        rf.writeDouble(Math.PI);//写操作

        rf.seek(0);//定位位置指针为文件开始

        for (int i = 0; i < 10; i++)
            System.out.println("数据 " + i + ": " + rf.readDouble());
        rf.close();
    }
}
```

程序运行结果如下：

数据 0: 0.0
数据 1: 3.141592653589793
数据 2: 6.283185307179586

数据 3: 9.42477796076938
数据 4: 12.566370614359172
数据 5: 3.141592653589793
数据 6: 18.84955592153876
数据 7: 21.991148575128552
数据 8: 25.132741228718345
数据 9: 28.274333882308138

当创建 RandomAccessFile 对象时，文件指针位于文件的开始处，所以第 1 个 for 语句所做工作是顺序向文件 test.dat 写入 10 浮点数。因为双精度浮点数占 8 个字节，所以 rf.seek(5 *8); 的含义是将文件指针定位到相对于此文件开头的偏移位置为 40 字节处，然后写入 PI（表示数学的圆周率）。第 2 个 for 语句所做工作是顺序从文件 test.dat 中读取 10 浮点数，并进行显示。

像整数、浮点数这种基本数据类型所占用的字节数是固定的，但像字符串就有些麻烦。例如，一个学生记录，有学生姓名、学号、学分绩点信息，学号整型占 4 个字节，学分绩点 double 类型占 8 个字节，但学生姓名是 String 类型，长度不固定，但可以设置字符串的固定长度，姓名长度不够可以空格补齐。这样每条学生记录的长度一样大小，文件位置指针就可以定位到任意想要的学生记录的位置。假如想要读第 n 条学生记录，可以定位文件位置指针 seek(n-1)*RECORD_SIZE，其中每条记录的大小 RECORD_SIZE 可以由文件字节大小除以总记录数得到。

例 8-14 实现了用随机访问文件方式读写文件中的学生记录。

例 8-14 随机访问文件示例。

文件名：StudentRandomAccessFile.java

```java
import java.io.*;

class GraduateStudent {
    private String name;
    private int id;
    private double gpa;

    public GraduateStudent(String name, int id, double gpa) {
        this.name=name;
        this.id=id;
        this.gpa=gpa;
    }

    public String getName() {
        return name;
    }

    public int getId() {
        return id;
    }

    public double getGpa() {
        return gpa;
    }
}
```

```java
public class StudentRandomAccessFile {

    public static void main(String[] args) throws IOException {

        int    recordSize;
        GraduateStudent[] stu=new GraduateStudent[4];

        stu[0]= new GraduateStudent("Peter Tian", 12345, 3.1);
        stu[1]= new GraduateStudent("Jessica liu", 56347, 3.1);
        stu[2]= new GraduateStudent("Tim tang", 89765, 3.1);
        stu[3]= new GraduateStudent("Tony zhang", 23891, 3.1);


        RandomAccessFile rf = new RandomAccessFile("students.dat", "rw");
        for(GraduateStudent s : stu)
                writeStudentRecord(rf,s);//写学生记录到文件

        recordSize=(int)rf.length()/4;

        rf.seek(2*recordSize);//定位到第3条学生记录

        GraduateStudent student = readStudentRecord(rf);//从文件中读学生信息

        System.out.println("第3条记录的学生信息为；");
        System.out.println(student.getName() + student.getId() +"    "
                                                                 +student.getGpa());

    }
    //写入学生记录到文件中
    public static void writeStudentRecord(RandomAccessFile rf,
                                    GraduateStudent stu) throws IOException {

        String name=stu.getName();
        for(int i=0;i<20;i++) { //写入学生姓名，固定为20个字符大小
            char ch=' ';
            if(i<name.length()) ch=name.charAt(i);
            rf.writeChar(ch);
        }

        rf.writeInt(stu.getId()); //写入学号
        rf.writeDouble(stu.getGpa());//写入 GPA

    }
    //从文件中读取学生记录
    public static GraduateStudent readStudentRecord(RandomAccessFile rf) throws IOException {
        StringBuilder b=new StringBuilder(20);

        for(int i=0;i<20;i++)//读学生姓名，读20个固定大小字符
            b.append(rf.readChar());

        String name =b.toString();
        int id= rf.readInt();//  读学号
```

```
            double    gpa= rf.readDouble();//读 GPA
            return new GraduateStudent(name,id,gpa);
        }
    }
```

程序的运行结果如下：

```
第 3 条记录的学生信息为；
Tim tang               89765   3.1
```

程序通过 seek 方法定位第三条学生记录的文件位置，读取的学生信息。

8.8 文件 NIO

前面章节学习了如何从文件中读写数据，然而文件管理不仅仅是文件读写，内容要宽泛得多，包含处理文件系统所需的所有功能。也就是说输入输出流类关心的是文件的内容，本节中讨论的类关心的是如何在磁盘上操作文件。

JDK 7 中开始引入 java.nio.file 包及 java.nio.file.attribute 包，提供了新的文件操作和访问文件系统方式。java.nio.file 包中的 Path 接口和 Files 类比旧版本的 File 类要强大得多，例如 Files 可以实现文件的复制、删除、移动、读取、文件属性的获取、遍历文件系统的目录等功能。本节详细讨论 NIO 文件操作的实现方法。

8.8.1 Path 接口

Path 表示的是文件系统中的路径。一个 Path 对象包含用于构造路径的文件名和路径列表，它可以用来检查、定位和操作文件。Path 提供了一组操作路径的方法，下面讲解如何创建 Path 对象，以及常用的操作路径的方法。

1. 创建 Path 对象

Path 类型对象包含了一个文件或目录的位置的信息。创建 Path 对象时可以提供一个或多个名称。可以是绝对路径，也可以是相对路径。一个 Path 可能只包含一个目录或文件名。

创建 Path 对象是通过调用 Paths 类的 get()方法实现的。Paths.get()方法是 static()方法，它接受一个或多个字符串，并将它们用默认文件系统的路径分隔符连接起来，并返回一个 Path 对象。如果解析出来的路径不合法，就会抛出 InvalidPathException 异常。

例 8-15 创建 Path 对象示例。

文件名：PathDemo.java

```java
import java.net.URI;
import java.nio.file.*;
import java.nio.file.attribute.*;

public class PathDemo {
    public static void main(String[] args)    {
        Path path1 = Paths.get("/test/log");
        Path path2 = Paths.get(args[0]);
        //创建一个适合网络浏览的目录
        Path path3 = Paths.get(URI.create("file:///Users/mdf/FileTest.java"));
```

```java
            //也可以用 FileSystems 类来创建 Path 对象
            Path path4 = FileSystems.getDefault().getPath("/users/mdf");

            // 获取用户的主目录（home directory），在此基础上建立目录
            Path path5 = Paths.get(System.getProperty("user.home"),
                                   "test", "FileTest.java");

            System.out.println(path1.toString());
            System.out.println(path2.toString());
            System.out.println(path3.toString());
            System.out.println(path4.toString());
            System.out.println(path5.toString());

    }
}
```

运行 PathDemo.java 程序：

　　Java PathDemo FileTest.java

MacOS 系统下运行结果如下：

```
/test/log
FileTest.java
/Users/mdf/FileTest.java
/users/mdf
/Users/madifang/test/FileTest.java
```

Microsoft Windows 系统下运行结果如下：

```
\test\log
FileText.java
\Users\mdf\FileTest.java
\users\mdf
C:\Users\Administrator\test\FileTest.java
```

2. 检索路径信息

Path 有许多有用的方法，用来获取路径中的信息。例 8-16 展示了如何获取路径信息。

例 8-16 检索路径信息。

文件名：PathInfo.java

```java
import java.nio.file.Path;
import java.nio.file.Paths;

public class PathInfo {
    public static void main(String[] args)     {

        Path path = Paths.get(System.getProperty("user.home"),"test", "FileTest.java");
        //返回的字符串表示形式 Path
        System.out.format("toString: %s%n", path.toString());
        //返回文件名
        System.out.format("getFileName: %s%n", path.getFileName());
        //返回与指定索引对应的路径元素。第 0 个元素是最接近根的路径元素
```

```
            System.out.format("getName(0): %s%n", path.getName(0));
            //返回路径中的元素数
            System.out.format("getNameCount: %d%n", path.getNameCount());
            //返回 Path 由开始索引和结束索引指定的子序列
            System.out.format("subpath(0,2): %s%n", path.subpath(0,2));
            //返回父目录的路径
            System.out.format("getParent: %s%n", path.getParent());
            //返回路径的根
            System.out.format("getRoot: %s%n", path.getRoot());

        }
    }
```

MacOS 系统下运行结果如下：

```
toString: /Users/madifang/test/FileTest.java
getFileName: FileTest.java
getName(0): Users
getNameCount: 4
subpath(0,2): Users/madifang
getParent: /Users/madifang/test
getRoot: /
```

Microsoft Windows 系统下运行结果如下：

```
toString: C:\Users\Administrator\test\FileTest.java
getFileName: FileTest.java
getName(0): Users
getNameCount: 4
subpath(0,2): Users\Administrator
getParent: C:\Users\Administrator\test
getRoot: C:\
```

目录结构中的最高元素将位于索引 0，最低元素将位于索引处[n-1]，其中 n 是 Path 中的名称元素的数量，包括路径中目录或者文件的数量。

3. 转换路径和连接路径

路径转换可以满足不同应用场景的需要，例如，将路径转换为可以从浏览器打开的字符串（toUri 方法）；路径转换为绝对路径（toAbsolutePath 方法），这对于处理用户输入的文件名时非常有用。

组合路径也是常见操作。resolve()方法可以实现组合路径。例如调用 path1.resolve(path2)，如果 path2 是绝对路径，则结果就是 path2，否则 path2 附加到 path1 路径后面。

例 8-17 实现了路径转换和路径连接。

例 8-17　路径转换和路径连接。

文件名：ResolvePath.java

```
import java.net.URI;
import java.nio.file.Path;
import java.nio.file.Paths;
```

```java
public class ResolvePath {
    public static void main(String[] args)    {
        Path p1 = Paths.get("/mdf/test");
        URI uriPath=p1.toUri();//转换成 URI 路径
        System.out.format("转换 URI 路径：%s%n", uriPath);

        Path p2 = Paths.get("test");
        Path absolutePath=p2.toAbsolutePath();//转换成绝对路径
        System.out.format("转换成绝对路径：%s%n", absolutePath);

        Path rootPath = Paths.get(System.getProperty("user.home") );
        Path path =Paths.get("test");
        Path finalPath=rootPath.resolve(path);   //组合路径
        System.out.format("组合的路径为：%s%n", finalPath );

    }
}
```

MacOS 系统下运行结果如下：

转换 URI 路径：file:///mdf/test
转换成绝对路径：/Users/madifang/eclipse-workspace/IO/test
组合的路径为：/Users/madifang/test

8.8.2 创建文件和目录

　　Path 用来表示文件或目录，但它不对真实的文件系统做操作，这意味着 Path 表示的文件或目录或许不存在，或者不可读写，但是最终必须访问文件系统来操作文件或目录。Files 类可以帮助真正实现文件和目录的操作。

　　java.nio.file 包中的 Files 提供了一组丰富的静态方法,用于读取,写入和操作文件和目录。

1．创建文件和目录

　　创建一个新的目录可以调用 Files.createDirectory(path)，其中 path 除了最后一个路径元素外，其他部分的目录必须是已经存在的。

　　当一个或多个父目录可能不存在时，要创建路径中的中间目录，可以使用方便的方法 Files.createDirectories(Path)。

　　例如，创建以下目录：

```java
Path path= Paths.get("mdf/io/test");
Files.createDirectory(path);
```

如果 mdf/io/目录不存在，则抛出 java.nio.file.NoSuchFileException 异常。因此需要先创建 mdf/io/目录。

```java
Files.createDirectories(Paths.get("mdf/io"));
Path path= Paths.get("mdf/io/test");
Files.createDirectory(path);
```

创建新文件可以调用 Files.createFile(path)，如果文件已经存在，方法会抛出 java.nio.file.FileAlreadyExistsException 异常。

2. 创建临时文件和目录

创建临时文件和目录的方法如下：

```
createTempDirectory(String prefix, FileAttribute<?>... attrs)
createTempFile(Path dir, String prefix, String suffix, FileAttribute<?>... attrs)
```

其中 dir 是一个 Path 对象，使用前缀 prefix 和后缀 suffix 产生名字，这两个参数也可以为空。

在创建文件或目录时，可以指定属性，如目录的拥有者和权限。但属性的细节取决于文件系统，在此就不讨论相关内容了。

例如，创建临时文件的代码片段如下：

```
Path path= Paths.get("mdf/io/test");
Path temFile=Files.createTempFile(path, "log", ".txt");
```

则在 mdf/io/test/ 目录下会生成一个像 log17136507190967105377.txt 的临时文件。

3. 检验文件和目录

调用 Files.exists(path) 和 Files.notExists(path) 方法可以检验文件和目录是否存在。测试文件的存在时，可能有三个结果：文件存在、文件不存在和文件的状态未知（当程序无法访问该文件时）。

如果 exists 和 notExists 同时返回 false，表示文件存在但无法验证。如果要验证是否可以访问一个文件，可以使用 isReadable(Path)，isWritable(Path) 和 isExecutable(Path) 方法。

例 8-18　文件和目录的创建和检测。

文件名：PathCreate.java

```java
import java.nio.file.*;
import java.io.*;

public class PathCreate {
    public static void main(String[] args)     {
        try {
            //创建新目录和文件
            Files.createDirectories(Paths.get("mdf/io"));
            Path path= Paths.get("mdf/io/test");
            Files.createDirectory(path);
            System.out.format("新创建的路径为 %s%n", path);

            //创建临时文件
            Path temFile=Files.createTempFile(path, "log", ".txt");
            System.out.format("临时文件为 %s%n", temFile);

            if(Files.exists(temFile))//检测临时文件是否存在
            //检测临时文件是否可读可写
            if(Files.isWritable(temFile)
                        &&Files.isReadable(temFile)){
                    System.out.println("临时文件为可读可写");
                }else
```

```
                System.out.println("临时文件不可读写");

            }catch(IOException e) {
                System.out.println(e);
            }
        }
    }
```

MacOS 系统下运行结果如下：

```
新创建的路径为  mdf/io/test
临时文件为  mdf/io/test/log1239354899474306033.txt
临时文件为可读可写
```

8.8.3 复制、移动和删除文件

Files 类提供了 copy(fromPath,toPath,CopyOption...)方法复制文件或目录。如果目标文件存在，复制将失败，如果想要覆盖已有的目标路径可以使用 REPLACE_EXISTING 选项。目录可以复制，但是，目录中的文件不会被复制，所以即使原始目录包含文件，新目录也是空的。如果想复制所有的文件属性，可以使用 COPY_ATTRIBUTES 选项。也可以同时选择这两个选项。

```
File.copy(formPaht,toPath,StandardCopyOption.REPLACE_EXISTING,
StandardCopyOption.COPY_ATTRIBUTES);
```

copy()方法还可以将一个输入流复制到 Path 中，表示可以将输入流存储到硬盘上。同样，也可以将一个 Path 复制到输出流中。

```
Files.copy(inputStream, toPath);
Files.copy(fromPath, inputStream);
```

Files()类提供了 move(fromPath,toPath,CopyOption...)方法移动文件或目录。如果目标文件存在，则该移动将失败。如果想要覆盖已有的目标路径可以使用 REPLACE_EXISTING 选项。设置 ATOMIC_MOVE 选项可以将移动操作定义为原子的，保证要么移动操作成功完成，要么源文件继续保持原来的位置。

Files 类提供了两个删除文件或目录的方法。一个是 delete(Path)方法，该方法将删除文件或目录，如果删除失败，抛出异常；如果删除文件不存在，则抛出 NoSuchFileException 异常；如果删除目录，目录必须为空，否则删除失败。另外一个是 deleteIfExists(Path)方法，该方法也会删除文件，但如果文件不存在，则不会抛出任何异常。

例 8-19 文件的复制、移动和删除。

文件名：FileOperation.java

```
import java.nio.file.*;
import static java.nio.file.StandardCopyOption.*;
import java.io.*;

public class FileOperation {
    public static void main(String[] args)    {
        try {
```

```java
                Path stuFile = Paths.get("students.txt");
                //转换成绝对路径
                Path absolutePath=stuFile.toAbsolutePath();

                Path pathTemp= Paths.get("temp");
                Files.createDirectory(pathTemp);//创建 temp 目录

                Path tmpFile = Paths.get("temp/copyStudents.txt");
                Files.copy(stuFile, tmpFile);//拷贝 students.txt

                Path hiFile = Paths.get("hi.txt");
                //拷贝覆盖原有的 copyStudents.txt
                Files.copy(hiFile, tmpFile, StandardCopyOption.REPLACE_EXISTING);

                Path helloFile = Paths.get(
                        "/Users/madifang/eclipse-workspace/IO/hello.txt");
                Path HeFile = Paths.get("temp/Hello.txt");
                Files.move(helloFile, HeFile); //移动文件

                Files.delete(HeFile);//删除文件
        }catch(IOException e) {
                System.out.println(e);
        }
    }
}
```

8.8.4 读写文件

Files 类提供了一组便捷的读取文件的方法，不同的方法适用不同的情况。

1．小文件的创建和读写

readAllBytes(Path)可以方便地从文件中读取所有的字节,以下代码显示了如何读取文件的所有内容：

```
Path file = Paths.get("hello.txt");
byte[] fileBytes;
fileBytes = Files.readAllBytes(file);
```

如果想将读取的字节内容转换成字符串，可以调用下面的代码转换：

```
String content=new String(bytes,charset);
```

如果没有指明 charset，则使用平台的默认字符集对指定的字节数组进行解码。
readAllLines(Path, charset) 方法可以将文件当作行序列读入。

```
Path file = Paths.get("hello.txt");
List<String> fileLines= Files.readAllLines(file,charset);
```

同样，Files 方法也提供了写入文件的方法：

```
write(Path, byte[], OpenOption...)
write(Path, Iterable< extends CharSequence>, Charset, OpenOption...)
```

将字节或行写入文件的代码如下：

```
byte[] buf = ...;
Sting content=...;
Path file=...;
List<String> lines=...;

//将字节写入到文件
Files.write(file, buf);
Files.write(file, content.getBytes(charset));

//将新数据追加到文件末尾
Files.write(file, StandardOpenOptions.APPEND);

//将行集合写入到文件
Files.write(file,lines);
Files.write(file, lines, Charset.forName("UTF-8"));
```

常用的 StandardOpenOptions 参数如下。

  WRITE：打开文件写入访问。
  APPEND：将新数据追加到文件末尾。
  TRUNCATE_EXISTING：将文件清为零字节。该选项与 WRITE 选项一起使用。
  CREATE_NEW：创建一个新文件，如果该文件已经存在，则会引发异常。
  CREATE：打开该文件（如果存在）或创建一个新的文件。
  DELETE_ON_CLOSE：流关闭时删除文件。此选项对临时文件很有用。

以上方法适用于小的文本文件，如果要处理的文件比较大，或者是二进制文件，那么还是要使用熟悉的输入输出流 InputStream,OutputStream,Reader 和 Writer。

2．使用输入输出流创建和读写文件

  newOutputStream(Path, OpenOption...)方法用来创建文件，附加到文件或写入文件。此方法打开或创建用于写入字节的文件，并返回无缓冲的输出流。

  其中 OpenOption 参数是一个可选项。如果没有指定打开的选项，并且该文件不存在，将创建一个新的文件。如果文件存在，则会被清空。

  newInputStream(Path path, OpenOption...)方法打开一个文件输入流，并返回无缓冲的输入流。

  例 8-20 打开一个文件，如果文件不存在，则创建它。如果文件存在，则打开并追加内容到文件末尾。然后读取刚刚写入的文件内容，并打印出来。

  例 8-20 文件的复制、移动和删除。

文件名：FileIOTest.java

```java
import java.nio.file.*;
import java.io.*;
import java.nio.file.StandardOpenOption;

public class FileIOTest {

    public static void main(String[] args) throws IOException{

        //转换字符串为字节数组
        String s = "今天天气很好";
        byte data[] = s.getBytes();
```

```
            Path file = Paths.get("temp/test.txt");

            //创建文件输出流
            OutputStream out = new BufferedOutputStream(
                            Files.newOutputStream(file,
                                    StandardOpenOption.CREATE,
                                    StandardOpenOption.APPEND)) ;
            out.write(data, 0, data.length);//写入文件
            out.close();

            //创建文件输入流
            InputStream in = new
                        BufferedInputStream(Files.newInputStream(file));
            byte fileData[]= in.readAllBytes(); //读取文件信息
            System.out.println(new String(fileData));//转换成字符串打印
            in.close();
        }
    }
```

3. 使用缓冲流的文件读写

newBufferedWriter(Path, Charset, OpenOption...)方法打开一个文件，返回一个 BufferedReader 可以有效地从文件中读取文本。

newBufferedWriter(Path, Charset, OpenOption...)方法创建一个写文件，返回一个 BufferedWriter，可以有效地写入文件。

写文件代码片段：

```
        Charset charset = Charset.forName（"UTF-8"）;
        String s = ...;
        Path file = ...;
        try（BufferedWriter   buf = Files.newBufferedWriter（file,charset））{
            buf.write（s,0,s.length（））;
        } catch（IOException x）{
            System.err.format（"IOException：%s%n",x）;
        }
```

读文件代码片段：

```
        Charset charset = Charset.forName("UTF-8");
        Path file = ...;
        try (BufferedReader reader = Files.newBufferedReader(file, charset)) {
            String line = null;
            while ((line = reader.readLine()) != null) {
                System.out.println(line);
            }
        } catch (IOException x) {
            System.err.format("IOException: %s%n", x);
        }
```

代码段中用 JDK7 引入的 try…with…resources 语句来捕获这些异常，使用 try…with…resources 语句，编译器会自动生成关闭的代码。可以自动释放资源。

```
        try (...) {
```

```
        ...
    } catch (NoSuchFileException x) {
        ...
    }
```

如果不用 try…with…resources 语句来捕获异常,则应该在一个 finally 块中关闭资源。

```
    String s = ...;
    BufferedWriter buf= null;
    try {
        buf = Files.newBufferedWriter(file, charset);
        buf.write(s, 0, s.length());
    } catch (IOException x) {
        System.err.format("IOException: %s%n", x);
    } finally {
        if (buf != null) buf.close();
    }
```

8.8.5 获取文件和目录信息

在文件系统中,目录和文件都有自己的属性,例如,是文件还是目录,它的大小,创建日期,上次修改日期,文件所有者,组所有者和访问权限等。

Files 类的方法可以获取或设置一个文件或目录的属性。通常获取文件的基本属性使用 Files.readAttributes 方法,它可以批量操作读取所有基本属性。这比单独访问文件的每个属性效率要高。

例 8-21 获取文件属性。

文件名:FileInfo.java

```java
import java.nio.file.*;
import java.nio.file.attribute.*;
import java.io.*;

public class FileInfo {
    public static void main(String[] args) {
        try {
            Path file= Paths.get("students.txt");

            //获取文件属性
            BasicFileAttributes attr = Files.readAttributes(file,
                                BasicFileAttributes.class);
            System.out.println("创建日前: " + attr.creationTime());
            System.out.println("最后一次访问时间: " +
                                attr.lastAccessTime());
            System.out.println("最后一次修改时间: " +
                                attr.lastModifiedTime());
            System.out.println("是目录吗: " + attr.isDirectory());
            System.out.println("是常规文件吗: " +
                                attr.isRegularFile());
            System.out.println("文件大小: " + attr.size());

        }catch(IOException e) {
```

```
                System.out.println(e);
            }
        }
    }
```

MacOS 系统下运行结果如下：

```
创建日前: 2021-01-15T03:36:46Z
最后一次访问时间: 2021-01-16T16:04:28.169685277Z
最后一次修改时间: 2021-01-15T12:09:54.720748Z
是目录吗: false
是常规文件吗: true
文件大小: 301
```

8.8.6 遍历文件树

调用 Files.walkFileTree()方法可以实现递归访问文件树中所有文件和目录的功能。通过递归遍历目录树还可以完成很多功能，比如查找某些属性的文件，删除树中扩展名为.pdf 的文件，删除空目录，拷贝一个目录下的所有文件和子目录到另外一个目录等。

walkFileTree(Path start, FileVisitor<? super Path> visitor) 方法有两个参数，一个是 Path 对象，一个 FileVisitor 对象，Path 对象指向需要遍历的目录，FileVisitor 在遍历的时候调用。

FileVistor 接口定义如下：

```
public interface FileVisitor {
    public FileVisitResult preVisitDirectory(Path dir,
                        BasicFileAttributes attrs) throws IOException;
    public FileVisitResult visitFile(Path file,
                        BasicFileAttributes attrs) throws IOException;
    public FileVisitResult visitFileFailed(Path file,
                        IOException exc) throws IOException;
    public FileVisitResult postVisitDirectory(Path dir,
                        IOException exc) throws IOException;
}
```

因此要遍历一个文件树，首先需要实现一个 FileVisitor，指定遍历过程中关键点所需的行为：访问文件时、在访问目录之前、访问目录之后或发生故障时。

该接口有 4 种方法对应于以下这些情况。

① preVisitDirectory：在访问目录前调用。

② postVisitDirectory：在访问目录完成后调用。

③ visitFile：在访问文件时调用。BasicFileAttributes 被传递到该方法，可以使用它来读取一组文件特定的属性值。

④ visitFileFailed：在访问文件失败时调用，异常错误被传递给该方法。在此可以选择是否抛出异常，将错误信息打印到控制台，等等。

如果不想实现全部 4 种方法，可以扩展 SimpleFileVisitor 类，仅覆盖所需的方法。

这 4 种方法都会返回一个 FileVisitResult 枚举类型的实例，FileVisitResult 枚举包含以下 4 个选项。

① CONTINUE：表示文件遍历应该继续。如果 preVisitDirectory 方法返回 CONTINUE，

则当前目录被访问。

② TERMINATE：立即终止文件遍历。

③ SKIP_SUBTREE：当 preVisitDirectory 返回此值时，将跳过指定的目录及其子目录。它只能在 preVisitDirectory()方法中返回，在其他方法中返回和 CONTINUE 效果一样。

④ SKIP_SIBLINGS：当 preVisitDirectory 返回此值时，指定的目录不被访问，postVisitDirectory 也不被调用，并且不再访问未访问的兄弟目录。如果 postVisitDirectory 返回此值，则不再访问任何兄弟目录。

因此通过选择 FileVisitor 方法的 FileVisitResult 返回值，可以控制文件和目录访问。

例如跳过任何名为 temp 的目录，代码片段如下：

```java
public FileVisitResult preVisitDirectory(Path dir,BasicFileAttributes attrs) {

    if (dir.getFileName().toString().equals("temp")) {
        return SKIP_SUBTREE
    }

    return CONTINUE;
}
```

例如查找一个特定的文件，一旦找到，则打印输出该文件名，文件遍历终止。代码片段如下：

```java
Path lookingFile = ...;

public FileVisitResult visitFile(Path file
                    BasicFileAttributes attr) {
    if (file.getFileName().equals(lookingFile)) {
        System.out.println("找到文件: " + file);
        return TERMINATE;
    }
    return CONTINUE;
}
```

1. 使用 walkFileTree 遍历文件

例 8-22 遍历目录树文件。

文件名：WalkTreeFileDemo.java

```java
import java.nio.file.*;
import java.nio.file.attribute.BasicFileAttributes;
import java.io.*;

public class WalkTreeFileDemo {
    public static void main(String[] args) {
        Path start = Paths.get("mdf");

        try {
            Files.walkFileTree(start, new FileVisitor<Path>() {
                public FileVisitResult preVisitDirectory(Path dir,
                        BasicFileAttributes attrs) throws IOException {
                    System.out.println("pre visit dir:" + dir);
                    return FileVisitResult.CONTINUE;
```

```
                }

                public FileVisitResult visitFile(Path file,
                        BasicFileAttributes attrs) throws IOException {
                    System.out.println("visit file:" + file);
                    return FileVisitResult.CONTINUE;
                }

                public FileVisitResult visitFileFailed(Path file,
                        IOException exc) throws IOException {
                    System.out.println("visit file failed:" + file);
                    return FileVisitResult.CONTINUE;
                }

                public FileVisitResult postVisitDirectory(Path dir,
                        IOException exc) throws IOException {

                    System.out.println("post visit dir:" + dir);
                    return FileVisitResult.CONTINUE;
                }
            });
        } catch (IOException e) {
            e.printStackTrace();
        }
    }
}
```

运行结果如下:

```
pre visit dir:mdf
pre visit dir:mdf/temp
visit file:mdf/temp/copyStudents.txt
visit file:mdf/temp/test.txt
post visit dir:mdf/temp
visit file:mdf/.DS_Store
pre visit dir:mdf/io
visit file:mdf/io/.DS_Store
pre visit dir:mdf/io/test
visit file:mdf/io/test/log12393548994743060 33.txt
post visit dir:mdf/io/test
post visit dir:mdf/io
visit file:mdf/Students.txt
post visit dir:mdf
```

文件树是深度遍历，不能对子目录访问的迭代顺序进行任何假设。

2. 使用 walkFileTree 实现文件检索

例 8-23 使用 walkFileTree 实现在 mdf 目录下查找所有后缀名为 Students.txt 的文件。

例 8-23　遍历目录树查找文件。

文件名：FindFile.java

```
import java.nio.file.*;
import java.nio.file.attribute.BasicFileAttributes;
import java.io.*;
```

```java
public class FindFile {
    public static void main(String [] args){
        Path start = Paths.get("mdf");
        try {
            Files.walkFileTree(start, new SimpleFileVisitor<Path>(){
                public FileVisitResult visitFile(Path file,
                        BasicFileAttributes attrs) throws IOException {
                    String filePath =file.toAbsolutePath().toString();
                    if(filePath.endsWith("Students.txt")){
                        System.out.println("file found at path:" + filePath);
                    }
                    return FileVisitResult.CONTINUE;
                }
            });
        } catch (IOException e) {
            e.printStackTrace();
        }
    }
}
```

运行结果如下：

file found at path:/Users/madifang/eclipse-workspace/IO/mdf/temp/copyStudents.txt
file found at path:/Users/madifang/eclipse-workspace/IO/mdf/Students.txt

3. 使用 walkFileTree 递归删除目录

walkFileTree 方法可以用来递归删除目录及其目录中所有文件。Files.delete()只能删除空目录或者文件，当目录中包含文件的时候无法直接删除，只能删除目录下所有文件后才能删除目录。但 walkFileTreee 可以在 visitFile 方法中删除文件，然后在 postVisitDirectory 方法中删除目录，从而实现递归删除目录。

例 8-24 递归删除目录。

文件名：FileTreeDeletion.java

```java
import java.nio.file.*;
import java.nio.file.attribute.BasicFileAttributes;
import java.io.*;

public class FileTreeDeletion {

    public static void main(String[] args) {
        Path start = Paths.get("mdf");

        try {
            Files.walkFileTree(start, new SimpleFileVisitor<Path>(){
                public FileVisitResult visitFile(Path file,
                        BasicFileAttributes attrs) throws IOException {
                    System.out.println("delete file:" + file);
                    Files.delete(file);
```

```
                    return FileVisitResult.CONTINUE;
                }

                public FileVisitResult postVisitDirectory(Path dir,
                                    IOException exc) throws IOException {
                    System.out.println("delete dir:" + dir);
                    Files.delete(dir);
                    return FileVisitResult.CONTINUE;
                }
            });
        } catch (IOException e) {
            e.printStackTrace();
        }
    }
}
```

运行结果如下：

  delete file:mdf/temp/copyStudents.txt
  delete file:mdf/temp/test.txt
  delete dir:mdf/temp
  delete file:mdf/.DS_Store
  delete file:mdf/io/.DS_Store
  delete file:mdf/io/test/log1239354899474306033.txt
  delete dir:mdf/io/test
  delete dir:mdf/io
  delete file:mdf/Students.txt
  delete dir:mdf

习题

1. 什么叫流？Java 语言中的流分为哪两种类型？各有什么特点？
2. 简述如何使用 Java 的流进行文件的输入输出操作。
3. 请用文件字节输入输出流方法复制一个指定文件。
4. 建立一个文本文件，输入一段短文，编写一个程序，统计文件中字符的个数，并将结果写入另一个文件。
5. 建立一个文本文件，输入学生 3 门课的成绩，编写一个程序，读入这个文件中的数据，输出每门课的成绩的最小值、最大值和平均值。
6. 编写程序，要求它接收用户输入的一个整数，然后以 10 进位、8 进位、16 进位与浮点数格式打印出该数值的内容。
7. 编写程序，实现文件分割、合并、拷贝功能。文件名从命令行获取。
8. 编写程序，用随机访问文件方式实现将 10 条雇员记录（包括姓名，年龄，工资）写入文件中，每条记录长度字节大小一样。然后修改第 5 条雇员的工资，最后将 10 条记录逆序从文件中读取并打印。
9. 编写程序，创建一个新的目录，并拷贝某个目录及其子目录下的所有修改日期在某个日期以后的文件到新目录。

第 9 章　图形用户界面

用户界面是计算机用户与计算机系统交互的接口，是一个程序必不可少的部分，用户界面的功能是否完善、使用是否方便，直接影响着用户对应用软件的使用。

尽管目前普遍的应用是基于浏览器的应用和移动应用，但一些场合还是需要图形化桌面应用。本章主要讨论如何使用 Swing 包实现图形用户界面，包括一些常用组件的使用方法、与组件相关的事件处理、组件布局等。

9.1　Swing 概述

图形用户界面（Graphical User Interface，GUI）是借助菜单、按钮等标准界面元素和鼠标操作，帮助用户方便地向计算机系统发出指令，启动操作，并将系统运行的结果同样以图形方式显示给用户。

为了方便编程人员开发图形用户界面，Java 语言在其 JDK1.0 版本中提供功能比较完整的抽象窗口工具包（Abstract Windowing ToolKit，AWT）。AWT 处理用户界面元素的方法是把用户界面元素的创建和行为委托给目标平台（Windows、Macintosh、Linux 等）上的本地 GUI 工具（Peers，对等组件）进行处理。Peers 是本地 GUI 组件，由 AWT 来操控，Peers 对程序开发者是隐而不见的，各平台所产生的 Peers 与各平台有关。

由于 AWT 的功能有限、其图形组件的绘制也不完全是平台独立等原因，Sun 公司推出了与 AWT 完全兼容的新的图形用户界面开发包 Swing。

Swing 是在 AWT 的基础上构建的一套新的图形界面开发工具。有些 Swing 组件是替代了 AWT 的组件，但增加了一些新的特性。例如，Swing 的按钮和标签可显示图标和文本，而 AWT 的按钮和标签只能显示文本。另外，Swing 使用了大量的 AWT 的底层组件，例如对图形、字体和布局管理器的支持等。可以说，Swing API 是围绕着实现 AWT 各个部分的 API 构筑的。这就保证了所有 AWT 组件在 Swing 中仍然可以使用。

Swing 提供了 AWT 所能够提供的所有功能，并用纯 Java 代码对 AWT 的功能进行了扩展，同时还提供了很多高层次的、复杂的组件，如 JTable、JList、JTree 等，以提高 GUI 的开发效率。

由于 Swing 不依赖于任何本地代码，所以采用 Swing 编写的程序具有 100％的可移植性，不需要进行代码的任何改动即可运行于所有的平台，所以 Swing 组件被称为轻量级组件。

Swing 中的大多数组件名称都是在相应的 AWT 组件名前面加一个"J"。Swing 类位于 javax.swing 包中，AWT 类位于 java.awt 包中。

2007 年，Sun 引入了一个完全不同的用户界面工具包 JavaFX，希望与 Flash 竞争，但它有自己独特的脚本语言，使用它还要学习一门新的语言。2011 年 Oracle 发布了 Java FX 2.0 版本，它提供了 Java API，不再需要使用单独的编程语言，从 Java 7 开始，Java FX 已经与 JDK

和 JRE 一起打包，不过从 Java 11 开始，Java FX 不再打包到 Java 中。

本章不涉及 Java FX 技术，感兴趣的读者可以查阅相关资料学习，下面重点讨论使用 Swing 实现图像界面编程。

9.2 Swing 容器

Java 中，构成图形用户界面的主要元素是容器和组件。组件是图形用户界面的最小单位。容器就是一种能够容纳其他组件或容器的组件。

使用 Swing 组件构建的 Java 程序至少存在一个顶层容器，因为其他组件只有被放置在顶层容器上才能被显示出来。Swing 提供的 4 个顶层容器 JWindow、JDialog、JApplet 和 JFrame 分别继承于 AWT 中 Window、Dialog、Applet 和 Frame。这些 Swing 容器依靠它们的 AWT 超类的本地方法与硬件进行适当的交互。它们是 Swing 中仅有的 4 个重量级组件。

另外，Swing 还提供了几个用来添加组件的轻量级容器如 JPanel、JScrollPane 等，它们称为中间容器或通用容器。

9.2.1 JFrame

窗体 JFrame 继承于 AWT 的 Frame 类，主要用于设计类似于 Windows 系统中的窗口形式的应用程序。它可以拥有标题、边框、菜单，而且允许调整大小。其外观依赖于所使用的操作系统。该组件的常用方法如下。

① setBounds(int a,int b,int width,int height)：设置窗体在屏幕上时的初始位置是(a,b)，即距屏幕左面 a 个像素、距屏幕上方 b 个像素；窗口的宽是 width，高是 height。

② setSize(int width,int height)：设置窗口的大小，窗口在屏幕出现是默认位置是(0,0)。

③ setVisible(boolean b)：设置窗口是可见还是不可见，窗口默认是不可见的。

④ setDefaultCloseOperation(int operation)：设置单击窗体右上角的关闭图标后，程序会做出怎样的处理。

例 9-1 基于窗体的应用程序示例。

文件名：JWindowDemo.java

```
import javax.swing.*;

public class JWindowDemo {
    private static void createAndShowGUI() {
        //创建窗体，并设置关闭窗口按钮
        JFrame frame = new JFrame("窗体 JFrame 演示");
        frame.setDefaultCloseOperation(JFrame.EXIT_ON_CLOSE);//

        //窗体中添加"你好"标签
        JLabel label = new JLabel("你好！");
        frame.getContentPane().add(label);

        //设置窗体大小，并使之可见
        frame.setSize(220, 150);
        frame.setVisible(true);
    }
```

```
        public static void main(String[] args) {
            //设置事件调度线程初始化用户界面
            javax.swing.SwingUtilities.invokeLater (new Runnable() {
                public void run() {
                    createAndShowGUI();
                }
            });
        }
    }
```

程序运行结果如图 9-1 所示。

图 9-1　窗体

对 Swing 顶层容器如 JFrame 等，不能直接将组件或中间容器添加到顶层容器，而是将组件添加到它们的内容面板中。获取内容面板的方法是 getContentPane。然后使用 add 方法将组件添加到内容面板的指定区域。菜单是唯一一个不加到内容面板中的组件。

标签组件 JLabel 的功能是显示单行的提示信息或说明性文字。构造方法 JLabel(String text)用于创建具有指定文本 text 的 JLabel 对象。例 9-1 将组件 label 添加到了窗体的内容面板中。

JWindowDemo 类的 main()方法通过事件调度线程初始化用户界面，这个线程是控制线程，它可以确保即使主线程结束，窗体仍处于激活状态，直到关闭窗体或调用 System.exit 方法终止程序。如果不用这种方式，也可以在主线程中完成窗体创建，如例 9-2 所示，但这种方式随着 Swing 组件变得非常复杂时，安全可靠性会不能确保，虽然可能发生的错误概率非常小。

例 9-2　在主线程中创建窗体。

文件名：JWindowDemo1.java

```
import javax.swing.*;

public class JWindowDemo1 {
    public static void main(String[] args) {
        JFrame frame = new JFrame("窗体 JFrame 演示");
        JLabel label = new JLabel("你好！ ");
        frame.getContentPane().add(label);
        frame.setSize(220, 150);
        frame.setDefaultCloseOperation(JFrame.EXIT_ON_CLOSE);
        frame.setVisible(true);
    }
}
```

9.2.2　JDialog

对话框 JDialog 类继承于 AWT 的 Dialog 类，主要用于显示提示信息或接收用户输入。

对话框分为无模式（默认情况下）和模式两种。如果是模式对话框，那么当这个对话框处于激活状态时，程序只能响应对话框内部的事件，程序不能再激活它所依赖的窗口或组件，而且它将阻塞当前线程的执行，直到该对话框被关闭为止。例如保存文件对话框就属于一个模式对话框，用户必须输入一个文件名，程序才能够保存文件，也就是说只有用户关闭这个模式对话框，应用程序才能继续执行。通常，如果想强制用户在继续操作之前必须提供一些必要的信息，就会使用模式对话框。

当无模式对话框处于激活状态时，程序仍能激活它所依赖的窗口或组件，它不阻塞线程的执行，即不影响用户的任何其他操作。通常使用的工具条就是一个无模式对话框的例子，用户可以随时在工具条和应用窗口之间切换交互。

1. 无模式对话框

无模式的对话框类的建立类似于窗体 JFrame 的建立。例 9-3 创建了一个无模式对话框，运行结果如图 9-2 所示。

例 9-3 创建无模式对话框示例。
文件名：JDialogDemo.java

```
import java.awt.BorderLayout;
import javax.swing.*;

public class JDialogDemo extends JDialog {
    JLabel label = new JLabel("你好！");
    public JDialogDemo() {
        this.setTitle("无模式对话框演示");//设置对话框标题
        this.setSize(200, 200);//设置对话框大小，宽为 200，高为 200
        //设置标签水平居中对齐
        label.setHorizontalAlignment(SwingConstants.CENTER);
        this.getContentPane().add(label, BorderLayout.CENTER);
        this.setVisible(true);
    }

    public static void main(String[] args){
        javax.swing.SwingUtilities.invokeLater(new Runnable() {
            public void run() {
                new JDialogDemo();
            }
        });
    }
}
```

图 9-2　无模式对话框

BorderLayout 是边界布局管理类，它可以对容器内组件进行安排，并调整其大小。BorderLayout.CENTER 的含义是将组件放置在容器的中部。关于布局管理器将在 9.4 节详细讲解。

2. 模式对话框

使用 JOptionPane 类可以快速创建多种形式的模式对话框。JOptionPane 有 4 个显示对话框的 static 方法。

① showMessageDialog：显示只有一个按钮的对话框，通常用来等待用户单击确认按钮。

② showOptionDialog：显示一个用户定义的对话框，可以显示多个按钮，自定义按钮上的文字，还可以包含文字信息或一组其他的组件。

③ showConfirmDialog：显示一条信息并等待用户确认"是"或"否"。

④ showInputDialog：显示一条信息并获得用户输入的文本信息。文本信息可以从文本框

输入或列表框里选择。

通常比较常用的两个方法是 showMessageDialog 和 showOptionDialog，另外两个用得比较少。

showMessageDialog 方法创建的模式对话框只有一个确定按钮，用户可以改变对话框的消息、标题、图标。如图 9-3 所示。

```
JOptionPane.showMessageDialog(frame,
                "是否要转账",
                "转账信息确认",
                JOptionPane.QUESTION_MESSAGE
                );
```

showOptionDialog 方法创建的模式对话框非常灵活，用户可以自定义选项按钮的个数、按钮的文字、图标、消息、对话框标题等，如图 9-4 所示。

图 9-3　模式对话框　　　　　　　　图 9-4　更灵活的模式对话框

```
Object[] options = {"是的，谢谢！",
                    "不要，谢谢！",
                    "退出"};
JOptionPane.showOptionDialog(frame,
    "你想要取款吗",//消息
    "账户操作信息",//标题
    JOptionPane.YES_NO_CANCEL_OPTION,//按钮选项
    JOptionPane.QUESTION_MESSAGE,//图标
    null,
    options,    //设置按钮上的文字
    options[0]);
```

关于模式对话框的介绍只给了 JOptionPane 类的两个方法的使用，完整的模式对话框的实现在介绍完事件处理之后给出。

9.2.3　JPanel

面板 JPanel 是一种经常使用的中间容器。它没有标题和边框，是一种看不见的中间容器。可以使用 add 方法在 JPanel 中放置按钮、文本框等组件。使用时需要将它添加到顶层容器或其他中间容器中。使用 JPanel 可以帮助用户更好地在窗体中布局组件。

例 9-4　使用面板的示例。

文件名：JPanelDemo.java

```java
import javax.swing.*;
import java.awt.*;
```

```java
import java.awt.event.*;

public class JPanelDemo extends JFrame{

    public JPanelDemo() {
        super("Panel 演示");
        JPanel pane = new JPanel();    //创建 JPanel 中间容器
        //创建 JButton 和 JLabel 组件
        JButton button = new JButton("你好！");
        JLabel lbl= new JLabel("节日快乐！");
        //将两个组件加入到 JPanel 中间容器中
        pane.add(lbl);
        pane.setBackground(Color.PINK );//设置背景颜色
        //将中间容器 JPanel 加到 BorderLayout 布局管理器的北部顶端
        getContentPane().add(pane, BorderLayout.NORTH );
    }
    public static void main(String[] args) {
        javax.swing.SwingUtilities.invokeLater(new Runnable() {
            public void run() {
                JFrame f = new JPanelDemo();
                f.setSize(200,200);
                f.setDefaultCloseOperation(JFrame.EXIT_ON_CLOSE);
                f.setVisible(true);
                f.setBackground(Color.blue);
            }
        });
    }
}
```

例 9-4 的运行结果如图 9-5 所示。窗体内容面板的 BorderLayout 布局管理器有 5 个位置可以放中间容器或组件（东，西，南，北，中），并且每个位置只能有一个中间容器或组件，例 9-4 中布局管理器的北部的位置放了两个 JButton 和 JLabel 组件，这是通过将这两个组件放到 JPanel 中间容器，再将 JPanel 放到布局管理器的北部来实现的。可以看出 JPanel 可以帮组用户更好地组织窗体的布局。

图 9-5 JPanel 面板演示

9.2.4 JScrollPane

滚动面板 JScrollPane 是带滚动条的中间容器，提供了一种通过拖动滚动条来改变视口的可见范围的功能。当把一个组件放到一个滚动面板中后，就可以通过拖动滚动条来观察这个组件。

例 9-5 使用滚动窗口的示例。
文件名：JScrollPaneDemo.java

```java
import java.awt.*;
import javax.swing.*;

class JScrollPaneDemo {
```

```java
public JScrollPaneDemo() {
    JLabel label = new JLabel("");
    label.setPreferredSize(new Dimension(300, 300));//设置标签大小
    JScrollPane sp = new JScrollPane(label);//添加标签到滚动面板
    sp.setHorizontalScrollBarPolicy(
            JScrollPane.HORIZONTAL_SCROLLBAR_ALWAYS);
    sp.setVerticalScrollBarPolicy(JScrollPane.VERTICAL_SCROLLBAR_ALWAYS);

    JFrame frame = new JFrame("JScrollPane 演示");
    frame.getContentPane().add(sp, BorderLayout.CENTER);//滚动面板加入窗体
    frame.setSize(200,100);;
    frame.setVisible(true);
}

public static void main(String []args) {
    javax.swing.SwingUtilities.invokeLater(new Runnable() {
        public void run() {
            new JScrollPaneDemo();
        }
    });
}
```

例 9-5 的运行结果如图 9-6 所示。程序中标签设置的大小大于窗体的大小，所以垂直和水平方向的滚动条均显示出来。

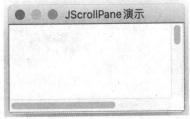

图 9-6　JScrollPane 演示

方法 setPreferredSize(Dimension preferredSize)的作用是设置组件的首选大小。方法 setHorizontalScrollBar-Policy(int policy)的作用是确定水平滚动条在滚动面板上显示策略。Policy 的取值为下列 3 个值之一。

① HORIZONTAL_SCROLLBAR_ALWAYS：显示水平滚动轴。

② HORIZONTAL_SCROLLBAR_AS_NEEDED：当组件内容水平区域大于显示区域时出现水平滚动轴。

③ HORIZONTAL_SCROLLBAR_NEVER：不显示水平滚动轴。

方法 setVerticalScrollBarPolicy(int policy) 的作用是确定垂直滚动条在滚动面板上显示策略。Policy 的取值为下列 3 个值之一。

① VERTICAL_SCROLLBAR_ALWAYS：显示垂直滚动轴。

② VERTICAL_SCROLLBAR_AS_NEEDED：当组件内容垂直区域大于显示区域时出现垂直滚动轴。

③ VERTICAL_SCROLLBAR_NEVER：不显示垂直滚动轴。

9.2.5　JSplitPane

拆分面板 JSplitPane 提供了一个可拆分窗口，每一边窗口可以放一个组件或中间容器。拆分面板有以下两种类型。

① 水平拆分：用一条拆分线把容器分成左右两部分，左面放一个组件，右面放一个组件，

拆分线可以水平移动。

② 垂直拆分：用一条拆分线分成上下两部分，上面放一个组件，下面放一个组件，拆分线可以垂直移动。

通常不会将组件直接放到拆分面板 JSplitPane 中，而是将组件放到滚动面板 JScrollPane 中，方便用户浏览组件信息，例 9-6 就是将图片和文本放分别放到了两个 JScrollPane 中，然后再将它们加入到拆分面板 JSplitPane 中，运行结果如图 9-7 所示。

图 9-7　JSplitPanel 演示

例 9-6　使用拆分面板的示例。
文件名：JSplitPaneDemo.java

```java
import java.awt.BorderLayout;
import java.awt.Dimension;
import javax.swing.*;

public class JSplitPaneDemo {
    public JSplitPaneDemo(){
        String str="九寨沟：世界自然遗产、国家重点风景名胜区、国家 AAAAA 级旅游景区、"
                + "\n 国家级自然保护区、国家地质公园、世界生物圈保护区网络，是中国第"+
                "一个以保护自然风景为主要目的的自然保护区。";

        //创建 JTextArea 组件，并放入 JScrollPane 中间容器
        JTextArea testArea = new JTextArea(str);
        JScrollPane upSp = new JScrollPane(testArea);//添加标签到滚动面板
        upSp.setHorizontalScrollBarPolicy(
                          JScrollPane.HORIZONTAL_SCROLLBAR_ALWAYS);
        upSp.setVerticalScrollBarPolicy(
                          JScrollPane.VERTICAL_SCROLLBAR_ALWAYS);

        //创建显示图片的 JLabel 组件，并放入 JScrollPane 中间容器
        ImageIcon icon = new ImageIcon("image/view.gif");
        JLabel picture = new JLabel(icon);
        JScrollPane downSp = new JScrollPane(picture);//添加标签到滚动面板
        downSp.setHorizontalScrollBarPolicy(
                          JScrollPane.HORIZONTAL_SCROLLBAR_ALWAYS);
        downSp.setVerticalScrollBarPolicy(
                          JScrollPane.VERTICAL_SCROLLBAR_ALWAYS);
```

```
        //设置 JScrollPane 大小
        Dimension minimumSize = new Dimension(100, 50);
        upSp.setMinimumSize(minimumSize);
        downSp.setMinimumSize(minimumSize);

        //创建拆分面板，指定为上下拆分
        JSplitPane splitPane = new JSplitPane(JSplitPane.VERTICAL_SPLIT);
        //两个 JScrollPane 分别加入拆分面板的上边和下边
        splitPane.setLeftComponent(upSp);
        splitPane.setRightComponent(downSp);

        JFrame frame = new JFrame("JSplitPanel 演示");
        frame.getContentPane().add(splitPane, BorderLayout.CENTER);
        frame.setDefaultCloseOperation(JFrame.EXIT_ON_CLOSE);
        frame.setSize(300, 200);
        frame.setVisible(true);
    }

    public static void main(String []args) {
        javax.swing.SwingUtilities.invokeLater(new Runnable() {
            public void run() {
                new  JSplitPaneDemo();
            }
        });
    }
}
```

9.2.6　JToolBar

工具栏 JToolBar 是用于显示常用工具组件的容器。它将一些常用的操作以文字或图像按钮的形式提供给用户。在使用 JToolBar 时一般都采用水平方向的位置。如果要改变方向，可以使用它提供的 setOrientation 方法来改变设置，或是以鼠标拉动的方式来改变 JToolBar 的位置。

例 9-7 创建了有两个按钮的工具栏，运行结果如图 9-8 所示。

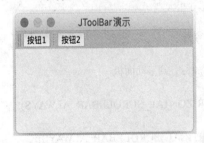

图 9-8　JToolBar 演示

例 9-7　工具栏使用示例。

文件名：JToolBarDemo.java

```
public class JToolBarDemo {
    public JToolBarDemo() {
        //创建工具栏
        JToolBar toolbar = new JToolBar();
        JButton button = new JButton("按钮 1");
        toolbar.add(button);//添加按钮到工具栏
        toolbar.addSeparator();//添加分隔符添加到工具栏
```

```
        toolbar.add(new JButton("按钮 2"));
        toolbar.setBackground(Color.LIGHT_GRAY);//设置工具栏背景颜色

        JFrame frame = new JFrame("JToolBar 演示");
        frame.getContentPane().add(toolbar, BorderLayout.NORTH);
        frame.setDefaultCloseOperation(JFrame.EXIT_ON_CLOSE);
        frame.setSize(350, 150);
        frame.setVisible(true);
    }

    public static void main(String[] args){
        javax.swing.SwingUtilities.invokeLater(new Runnable() {
            public void run() {
                new JToolBarDemo();
            }
        });
    }
}
```

9.3 Swing 组件

Swing 所提供的组件种类很多,但它们的用法相对简单,并且非常相似。下面仅对一些常用的组件比如按钮、标签、列表、组合框、复选框、菜单等进行介绍。

9.3.1 标签

标签组件 JLabel 的主要功能是显示文字和图像,可以起到信息说明的作用。它没有编辑功能。可以通过设置垂直和水平对齐方式,指定标签显示区中标签内容在何处对齐。默认情况下,标签在其显示区内垂直居中对齐;只显示文本的标签是开始边对齐;只显示图像的标签则水平居中对齐。对于同时拥有文字和图像的标签,指定文本相对于图像的位置。默认情况下,文本位于图像的结尾边上,文本和图像都垂直对齐。

例 9-8 创建了 3 种不同类型的标签,运行结果如图 9-9 所示。

图 9-9 标签演示

例 9-8 标签示例。
文件名:JLabelDemo.java

```
import java.awt.*;
import javax.swing.*;
```

```java
public class JLabelDemo extends JPanel {
    private JLabel labelLeft;
    private JLabel labelCenter;
    private JLabel labelRight;

    public static void main(String[] args) {
        javax.swing.SwingUtilities.invokeLater(new Runnable() {
            public void run() {
                JFrame frame = new JFrame("JLabel 演示");
                frame.setContentPane(new JLabelDemo());
                frame.setDefaultCloseOperation(JFrame.EXIT_ON_CLOSE);
                frame.pack();
                frame.setVisible(true);
            }
        });
    }

    public JLabelDemo() {
        setLayout(new GridLayout(1, 3));
        setBackground(Color.white);

        //创建图片对象
        ImageIcon icon = new ImageIcon("image/Bird.gif");

        // 创建 3 种不同形式的 JLabel 组件
        labelLeft = new JLabel("Hello", icon, JLabel.CENTER);
        labelCenter = new JLabel("Hello");
        labelRight = new JLabel(icon);

        // 设置图片相对文字的位置，并设置文字字体
        labelLeft.setVerticalTextPosition(JLabel.BOTTOM);
        labelLeft.setHorizontalTextPosition(JLabel.CENTER);
        labelLeft.setFont(new Font("Serif", Font.BOLD, 16));
        labelCenter.setHorizontalAlignment(JLabel.CENTER);
        labelCenter.setFont(new Font("Serif", Font.BOLD, 30));

        // 将 label 组件加入到 panel 容器中
        add(labelLeft);
        add(labelCenter);
        add(labelRight);
    }
}
```

9.3.2 按钮

Swing 提供有两个功能非常相似的按钮 JButton 和 JToggleButton。

1）JButton

JButton 按钮组件被广泛用于用户输入。当用户用鼠标单击按钮时，系统会自动执行与该按钮相联系的事件处理程序，从而完成预先指定的功能。

例如，创建具有指定文本和图像的按钮的示范性代码如下。

```
Icon icon = new ImageIcon("图像文件");
JButton button = new JButton("按钮", icon) ;
```

2）JToggleButton

切换按钮 JToggleButton 组件与普通按钮 JButton 很像，主要的差别在于普通按钮按下去会自动弹回来，而 JToggleButton 按钮按下去会陷下去，不会弹回来。

例如，创建具有指定文本并处于选定状态的切换按钮的示范性代码如下。

```
JToggleButton aToggleButton = new JToggleButton("反转按钮", true);
```

例 9-9 创建了 JButton 和 JToggleButton 按钮，运行结果如图 9-10 所示。

例 9-9 按钮使用示例。

文件名：JButtonDemo.java

```java
import java.awt.BorderLayout;
import java.awt.Color;
import javax.swing.*;
import java.awt.BorderLayout;
import javax.swing.*;

public class JButtonDemo {
    public static void main(String args[]) {
        Icon icon = new ImageIcon("image/cup.gif");
        JButton button1 = new JButton("按钮", icon);
        JToggleButton button2 = new JToggleButton("反转按钮", true);
        JFrame frame = new JFrame("按钮演示");
        frame.getContentPane().add(button1, BorderLayout.NORTH);
        frame.getContentPane().add(button2, BorderLayout.SOUTH);
        frame.setSize(300, 200);
        frame.setVisible(true);
    }
}
```

图 9-10 按钮演示

9.3.3 复选框

复选框 JCheckBox 提供一种简单的"开/关"两种状态，即选中和未选中。在一组复选框中，同时可以选择多项。当用户点中复选框的时候，复选框的状态就会改变。

例 9-10 创建了 3 个复选框，并设置初始状态为第一个复选框，还可以通过鼠标选中其他的复选框。运行结果如图 9-11 所示。

例 9-10 使用复选框示例。

文件名：JCheckBoxDemo.java

图 9-11 复选框演示

```java
import java.awt.FlowLayout;
import javax.swing.*;

public class JCheckBoxDemo {
    public static void main(String[]args) {
        //创建一组复选框
```

```
        JCheckBox checkBoxA = new JCheckBox("A");
        checkBoxA.setSelected(true);//设置复选框 checkBoxA 为选中状态
        JCheckBox checkBoxB = new JCheckBox("B");
        JCheckBox checkBoxC = new JCheckBox("C");
        JFrame frame = new JFrame("JCheckBox 演示");
        frame.setLayout(new FlowLayout());
        frame.getContentPane().add(checkBoxA);
        frame.getContentPane().add(checkBoxB);
        frame.getContentPane().add(checkBoxC);
        frame.setDefaultCloseOperation(JFrame.EXIT_ON_CLOSE);
        frame.setSize(200,100);
        frame.setVisible(true);
    }
}
```

9.3.4 单选按钮

单选按钮 JRadioButton 同复选框一样也有选中和未选中两种状态。多个单选按钮通常组织在一个按钮组 ButtonGroup 中，此时只能选择其中一项。即单选按钮主要用于给出若干选项，提供用户选择其中一项。

类 ButtonGroup 主要用途是为一组按钮创建一个多斥作用域。使用相同的 ButtonGroup 对象创建一组按钮意味着"开启"其中一个按钮时，将关闭组中的其他所有按钮。

例 9-11 创建了 3 个单选按钮，并设置初始状态为第一个按钮，运行结果如图 9-12 所示。

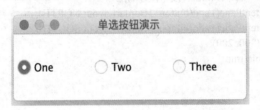

图 9-12 单选按钮演示

例 9-11 使用单选按钮示例。
文件名：**JRadioButtonDemo.java**

```
import java.awt.*;
import java.awt.*;
import javax.swing.*;

public class JRadioButtonDemo extends JPanel {

    private JRadioButton   buttonOne;
    private JRadioButton   buttonTwo;
    private JRadioButton   buttonThree;

    public static void main(String[] args) {
        javax.swing.SwingUtilities.invokeLater(new Runnable() {
            public void run() {
                JFrame frame = new JFrame("单选按钮演示");
```

```java
                frame.setContentPane(new JRadioButtonDemo());//设置窗体面板
                frame.setDefaultCloseOperation(JFrame.EXIT_ON_CLOSE);
                frame.setSize(300,100);
                frame.setVisible(true);
            }
        });
    }

    public JRadioButtonDemo() {
        setLayout(new GridLayout(1, 3));//设置布局管理器
        setBackground(Color.white);

        // 创建一组 RadioButton 组件
        buttonOne = new JRadioButton("One", true);
        buttonTwo = new JRadioButton("Two");
        buttonThree = new JRadioButton("Three");

        // 所有的单选按钮放到一个按钮组里
        ButtonGroup group = new ButtonGroup();
        group.add(buttonOne);
        group.add(buttonTwo);
        group.add(buttonThree);

        // 将单选按钮加入 Panel 容器里
        add(buttonOne);
        add(buttonTwo);
        add(buttonThree);
    }
}
```

9.3.5 列表框

列表框 JList 支持用户单选和多选。列表框的所有选项都是可见的。其选项类型可以是任意类型的对象。

列表框适用于数量较多的选项以列表形式显示，此时，应将它放置在一个 JScrollPanel 对象里面，这样，当选项数目超过了列表框的可见区域的时候，则在列表框的右侧会出现一个滚动条，允许用户翻页寻找。

一般情况下，JList 使用实现了接口 ListModel 的默认列表模型来保存它要显示的数据。当用 new JList(data) 创建列表对象时，如果传递的参数是数组或集合对象，这个构造方法会自动地创建一个默认的列表模型，这个默认的列表模型是不可改变的，也就是不能增加，删除或修改列表中的列表项。如果想创建一个可更改的列表，就要设置列表的模型为可更改的列表模型，通常会用 DefaultListModel 类创建一个列表模型对象，并设置 JList 列表模型为该类对象，DefaultListModel 对象提供了一组方法，可以对列表项进行各种操作。

例如，建立不允许新增、删除和替换选项的 JList 对象的示范性代码如下：

```java
String[] items={" items1"," items2"," items3"," items4"};
JList list = new JList(items);
JScrollPane scroll1 = new JScrollPane(list);
```

```
JScrollPane scroll1 = new JScrollPane(list);
```

建立允许新增、删除和替换选项的 JList 对象的示范性代码如下:

```
String[] items={" items1"," items2"," items3"," items4"};
DefaultListModel dlistModel = new DefaultListModel();
for (int i = 0; i < items.length; i++)
    dlistModel.addElement(items[i]);
list = new JList(dlistModel);
JScrollPane scroll1 = new JScrollPane(list);
```

例 9-12 为使用列表框示例,运行结果如图 9-13 所示。

图 9-13　列表框演示

例 9-12　使用列表框示例。

文件名:JListDemo.java

```
import java.awt.*;
import javax.swing.*;

public class JListDemo extends JPanel {
    private JList list;
    private DefaultListModel listModel;

    public JListDemo() {
        String[] items={" items1"," items2"," items3"," items4"," items5"," items6"," items7"," items8"};
        //创建 DefaultListModel 对象
        listModel = new DefaultListModel();
        for (int i = 0; i < items.length; i++)
            listModel.addElement(items[i]);
        //创建列表对象,列表模式为 DefaultListModel 模式
        list = new JList(listModel);
        //设置列表为单选模式
        list.setSelectionMode(ListSelectionModel.SINGLE_SELECTION);
        list.setSelectedIndex(0);//默认选项为第一项
        list.setVisibleRowCount(5); //设置列表最多显示 5 项
        JScrollPane scroll = new JScrollPane(list); //将列表加入 JScrollPane
        this.add(scroll);
    }

    private static void createAndShowGUI() {
```

```
            JFrame frame = new JFrame("JList 演示");
            frame.setDefaultCloseOperation(JFrame.EXIT_ON_CLOSE);
            JListDemo newContentPane = new JListDemo();
            frame.setContentPane(newContentPane);
            frame.pack();
            frame.setVisible(true);
        }

        public static void main(String[] args) {
            javax.swing.SwingUtilities.invokeLater(new Runnable() {
                public void run() {
                    createAndShowGUI();
                }
            });
        }
    }
```

9.3.6　组合框

组合框 JComboBox 是将按钮或可编辑字段与下拉列表组合在一起的组件，它适合紧凑空间的界面。用户可以从下拉列表中选择一个值，当用户单击下拉列表旁边的向下箭头时，才会显示整个下拉列表中的选项。如果组合框处于可编辑状态，则组合框将包含可输入文字的的文本框。下拉列表中每项内容可以是任意数据对象的集合。

例如，创建 JComboBox 对象的示范性代码如下：

```
String [] items={" items1"," items2"," items3"," items4"};
//创建包含指定数组中元素的 JComboBox
JComboBox comboBox = new JComboBox(items);
comboBox.setEditable(true);//使组合框可编辑
```

图 9-14　组合框演示

例 9-13 为使用组合框示例。运行结果如图 9-14 所示。

例 9-13　使用组合框示例。

文件名：JComboBoxDemo.java

```
import javax.swing.*;

public class JComboBoxDemo {
    private static void createAndShowGUI() {
        String [] items = { "items 1", "items 2", "items 3", "items 4"};
        JComboBox comboBox = new JComboBox(items);//创建 JComboBox
        comboBox.addItem("其他"); //在组合框选项的最后再添加一个"其他"选项
        comboBox.setEditable(true); //使组合框可编辑

        JFrame frame = new JFrame("JComboBox 演示");
        frame.getContentPane().add(comboBox);
        frame.pack();
        frame.setVisible(true);
    }
```

```
        public static void main(String []args) {
            javax.swing.SwingUtilities.invokeLater(new Runnable() {
                public void run() {
                    createAndShowGUI();
                }
            });
        }
    }
```

9.3.7 文本输入

Swing 中与文字输入有关的常用组件有 JTextField、JPasswordField 和 JTextArea。

1．JTextField

单行文本输入框 JTextField 组件继承于 JTextComponent 类，它主要用来接收用户输入的单行文字信息。

JTextField 的水平对齐方式可以设置为左对齐（JTextField.LEFT）、前端对齐（JTextField.LEADING）、居中对齐（JTextField.CENTER）、尾部对齐（JTextField.TRAILING）。尾部对齐在所需的字段文本尺寸小于为它分配的尺寸时使用。默认情况下为前端对齐。

例如，创建居中对齐的 JTextField 对象的示范性代码如下：

```
JTextField textField = new JTextField();
textField.setHorizontalAlignment(JTextField.CENTER)
```

2．JPasswordField

密码输入框 JPasswordField 是 JTextField 的子类，它们之间的主要区别是 JPasswordField 不会显示出用户输入的东西，而只会显示出程序员预设定的一个固定字符，比如 "*" 等。

例如，创建 JPasswordField 对象的示范性代码如下：

```
JPasswordField passwordField = new JPasswordField();
```

3．JTextArea

多行文本输入框 JTextArea 组件继承于 JTextComponent 类，它的功能与单行文本输入框的功能相同，只是它能够输入或显示多行纯文本内容。

例如，创建 JTextArea 对象的示范性代码如下：

```
JTextArea textArea = new JTextArea();
textArea.setLineWrap(true); //当行的长度大于所分配的宽度时将换行
textArea.setWrapStyleWord(true); //使用单词边界来换行
JScrollPane scrollPane = new JScrollPane(textArea);
```

例 9-14 定义了三种类型的文本组件，运行结果如图 9-15 所示。

图 9-15　文本输入演示

例 9-14 使用文本输入组件示例。

文件名：JTextDemo.java

```java
import java.awt.*;
import javax.swing.*;

public class JTextDemo extends JPanel {
    public JTextDemo() {
        setLayout(new BorderLayout());
        JLabel fieldLabel = new JLabel("JTextField 组件:");

        //创建单行文本输入框
        JTextField textField = new JTextField("你好", 10);
        JLabel passwordLabel = new JLabel("JPasswordField 组件:");

        //创建密码输入框
        JPasswordField passwordField = new JPasswordField(10);
        passwordField.setEchoChar('*');//设定密码输入要显示的字符

        JPanel panelTextField = new JPanel();
        panelTextField.add(fieldLabel);
        panelTextField.add(textField);
        panelTextField.add(passwordLabel);
        panelTextField.add(passwordField);

        //创建多行文本输入框
        JTextArea textArea = new JTextArea(
                "多行文本输入框 JTextArea 组件继承于 JTextComponent 类,"+
                "\n 它的功能与单行文本输入框的功能相同," +
                "\n 只是它能够输入或显示多行纯文本内容。 " );

        textArea.setFont(new Font("标楷体",Font.BOLD,16));//设置字体
        textArea.setLineWrap(true);//设置自动换行
        textArea.setWrapStyleWord(true);//设置自动换行时依据单词而不是字符
        JScrollPane areaScrollPane = new JScrollPane(textArea);
        areaScrollPane.setVerticalScrollBarPolicy(
                        JScrollPane.VERTICAL_SCROLLBAR_ALWAYS);
        areaScrollPane.setPreferredSize(new Dimension(250,150));

        add(panelTextField,BorderLayout.NORTH);
        add(areaScrollPane,BorderLayout.CENTER);
    }

    public static void main(String[] args) {
        javax.swing.SwingUtilities.invokeLater(new Runnable() {
            public void run() {
                JFrame frame = new JFrame("文本输入演示");
                frame.setContentPane(new JTextDemo());
                frame.setDefaultCloseOperation(JFrame.EXIT_ON_CLOSE);
                frame.pack();
                frame.setVisible(true);
            }
```

            });
        }
    }

9.3.8 进度条

进度条 JProgressBar 组件是提供了一种以图形方式显示进程完成进度的简单方式。在任务的完成进度中，一个长条就会在该组件上逐渐延伸，直到任务完成并且长条全部填满。进度条显示的是任务完成的百分比。

JProgressBar 有非确定和确定两种工作模式。对于非固定步数的长任务，可以将进度条设置为不确定模式。此时，进度条在显示区域中来回移动，并显示固定的动画以表明有些事情正在发生，但是它不表明完成的百分比。一旦可以确定任务长度和进度量，则应该更新进度条的值，将其切换回确定模式。

为了演示进度条例 9-15 用到了事件处理，事件处理相关内容请参考 9.4 节。程序运行结果如图 9-16 所示。

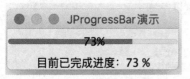

图 9-16 进度条演示

例 9-15 使用进度条 JProgressBar 组件示例。

文件名：**JProgressBarDemo.java**

```java
import javax.swing.*;
import java.awt.*;
import javax.swing.event.*;
public class JProgressBarDemo implements ChangeListener{
    JFrame frame;
    JProgressBar progressbar;
    JLabel label;
    static final int MY_MINIMUM = 0;
    static final int MY_MAXIMUM = 100;

    public JProgressBarDemo(){
        label = new JLabel(" ",JLabel.CENTER);
        //创建一个显示边框但不带进度字符串的水平进度条
        progressbar = new JProgressBar();
        progressbar.setOrientation(JProgressBar.HORIZONTAL);//设置进度条的方向
        progressbar.setMinimum(MY_MINIMUM);//设置进度条的最小值
        progressbar.setMaximum(MY_MAXIMUM);//设置进度条的最大值
        progressbar.setValue(0);//设置进度条的当前值
        progressbar.setStringPainted(true);//设置进度条呈现进度字符串
        progressbar.addChangeListener(this);//注册进度条监听器
        //设置进度条的首选大小
        progressbar.setPreferredSize(new Dimension(200,30));
        //将进度条设置为确定模式
        progressbar.setIndeterminate(false);

        frame = new JFrame("JProgressBar 演示");
        frame.add(progressbar,BorderLayout.CENTER);
        frame.add(label,BorderLayout.SOUTH);
        frame.setDefaultCloseOperation( JFrame.EXIT_ON_CLOSE );
```

```
            frame.pack();
                        frame.setVisible(true);
    }

    public void stateChanged(ChangeEvent e1){
        int value = progressbar.getValue();
        if(e1.getSource() == progressbar){
            label.setText("目前已完成进度："+Integer.toString(value)+" %");
        }
    }

    public void updateBar(int newValue) {
        progressbar.setValue(newValue);
    }

    public static void main(String[] args){
        final JProgressBarDemo progressBarDemo = new JProgressBarDemo();
        for (int i = MY_MINIMUM; i <= MY_MAXIMUM; i++) {
            final int percent=i;
            try {
                SwingUtilities.invokeLater(new Runnable() {
                    public void run() {
                        progressBarDemo.updateBar(percent);
                    }
                });
                java.lang.Thread.sleep(100);
            } catch (InterruptedException e) {;}
        }
    }
}
```

9.3.9 菜单栏

Java 中，菜单栏由菜单条 JMenuBar、菜单 JMenu、菜单项 JMenuItem、带复选框的菜单项 JCheckBoxMenuItem、带单选按钮的菜单项 JRadioButtonMenuItem 等对象组成。

菜单条（JMenuBar）组件是一个水平菜单。它只能加入到一个顶层容器中，并成为所有菜单树的根。在某一个时刻，一个顶层容器只可以显示一个菜单条。然而，可以根据程序的状态修改菜单条，这样就可以在不同的时刻显示不同的菜单。菜单条不支持事件监听。作为普通菜单行为的一部分，在菜单条的区域中发生的预期事件会被系统自动处理。

菜单 JMenu 提供了一个基本的下拉式菜单。它可以加入到一个菜单条或者另一个菜单中。创建菜单的步骤如下。

① 创建菜单条（JMenuBar）。示例代码如下。

```
JMenuBar menuBar = new JMenuBar();
```

建立 JMenuBar 对象后，默认是空的菜单条。

② 创建菜单（JMenu），加入相应菜单条。示例代码如下。

```
JMenu menuFile = new JMenu( "文件" );
menuBar.add( menuFile );
```

③ 创建菜单项（JMenuItem），加入相应菜单。示例代码如下。

  JMenuItem menuItem = new JMenuItem("打开");
  menuFile.add(menuItem);

④ 使菜单条依附于拥有它的对象，即添加菜单条到顶层容器。示例代码如下。

  this.setJMenuBar(menuBar);

说明：

① 使用分隔线，示例代码如下。

  menuFile.addSeparator();

② 创建二级菜单项，其方法与创建一级菜单项一样。示例代码如下。

  JMenu menuEditPaste=new JMenu("粘贴"); //创建二级菜单
  JMenuItem menuItemPasteAll=new JMenuItem("全部粘贴")
  JMenuItem menuItemPastePart=new JMenuItem("部分粘贴");
  menuEditPaste .add(menuItemPastePart);//为二级菜单加入菜单项
  menuEditPaste.add(menuItemPasteAll);
  menuFile.add(menuEditPaste);//把二级菜单项加入菜单项

③ 复选框菜单项。复选框菜单项 JCheckBoxMenuItem 是实现复选框功能的菜单项，具有 JCheckBox 的一切特征。JCheckBoxMenuItem 可以实现同时选中几个菜单的功能。示例代码如下。

  JMenu rcMenu = new JMenu("单选与复选");
  menuBar.add(rcMenu);
  JMenu cMenu = new JMenu("复选");
  cMenu.add(new JCheckBoxMenuItem("复选 1 ", true));
  cMenu.add(new JCheckBoxMenuItem("复选 2", false));
  rcMenu.add(cMenu);

④ 单选按钮菜单项。单选按钮菜单项 JRadioButtonMenuItem 实现了单选按钮功能的菜单项，其具有 JRadioButton 类的一切特征。使用 JRadioButtonMenuItem 主要是为了实现几选一的功能，所以其主要被编组使用，这与 JRadioButton 相同。示例代码如下。

  JMenu rMenu = new JMenu("单选");
  JRadioButtonMenuItem radioButtonMenuItem1=new JRadioButtonMenuItem ("男");
  JRadioButtonMenuItem radioButtonMenuItem2=new JRadioButtonMenuItem ("女");
  ButtonGroup buttonGroup=new ButtonGroup();
  buttonGroup.add(radioButtonMenuItem1);
  buttonGroup.add(radioButtonMenuItem2);
  rMenu.add(radioButtonMenuItem1);
  rMenu.add(radioButtonMenuItem2);
  rcMenu. Add(rMenu);

⑤ 弹出式菜单。与其他形式菜单不同的是，弹出式菜单 JPopupMenu 并不固定在菜单栏中，而是附着在某一个组件或容器上，并且能够自由浮动。JPopupMenu 具有很好的上下文相关特性，每一个 JPopupMenu 都与相应的组件相关联。弹出式菜单一般情况下是不可见，只有当用户用鼠标右键单击附着有弹出式菜单的组件时，它才会弹出显示。示例代码如下。

  JPopupMenu popup = new JPopupMenu();
  popup.add(new JMenuItem("男"));
  popup.add(new JMenuItem("女"));

例 9-16 为使用菜单组件的示例，运行效果如图 9-17 所示。

图 9-17 菜单演示

例 9-16 使用菜单组件示例。
文件名：JMenuDemo.java

```java
import java.awt.*;
import java.awt.event.*;
import javax.swing.*;

public class JMenuDemo {
    JTextArea output;
    JScrollPane scrollPane;

    public JMenuBar createMenuBar() {
        JMenuBar menuBar;
        JMenu menu, submenu;
        JMenuItem menuItem;
        JRadioButtonMenuItem rbMenuItem;
        JCheckBoxMenuItem cbMenuItem;

        //创建菜单条.
        menuBar = new JMenuBar();

        //创建编辑菜单
        menu = new JMenu("编辑");
        menu.setMnemonic(KeyEvent.VK_A);

        menuBar.add(menu);//加入菜单条

        //为编辑菜单创建菜单项
        menuItem = new JMenuItem("打开",KeyEvent.VK_T);
        menu.add(menuItem);

        ImageIcon icon = new ImageIcon("image/save.gif");
        menuItem = new JMenuItem("保存", icon); //创建带图片的菜单项
        menu.add(menuItem);

        //添加使用分隔线
        menu.addSeparator();

        //创建一组单选按钮菜单项
```

```java
        ButtonGroup group = new ButtonGroup();
        rbMenuItem = new JRadioButtonMenuItem("宋体");
        rbMenuItem.setSelected(true);
        group.add(rbMenuItem);
        menu.add(rbMenuItem);
        rbMenuItem = new JRadioButtonMenuItem("楷体");
        rbMenuItem.setMnemonic(KeyEvent.VK_O);
        group.add(rbMenuItem);
        menu.add(rbMenuItem);

        menu.addSeparator();

         //创建一组复选框按钮菜单项
        cbMenuItem = new JCheckBoxMenuItem("红色",true);
        menu.add(cbMenuItem);
        cbMenuItem = new JCheckBoxMenuItem("绿色",true);
        menu.add(cbMenuItem);
        cbMenuItem = new JCheckBoxMenuItem("黄色");
        menu.add(cbMenuItem);

        menu.addSeparator();

        //创建二级菜单
        submenu = new JMenu("清除...");
        menuItem = new JMenuItem("清除内容");
        submenu.add(menuItem);
        menuItem = new JMenuItem("清除格式");
        submenu.add(menuItem);

        menu.add(submenu);

        //在菜单条上创建帮助菜单
        menu = new JMenu("帮助");
        menuBar.add(menu);

        return menuBar;
    }

    private static void createAndShowGUI() {
        JFrame frame = new JFrame("菜单演示");
        frame.setDefaultCloseOperation(JFrame.EXIT_ON_CLOSE);

        //为窗体设置菜单
        JMenuDemo demo = new JMenuDemo();
        frame.setJMenuBar(demo.createMenuBar());

        frame.setSize(450, 260);
        frame.setVisible(true);
    }

    public static void main(String[] args) {
        javax.swing.SwingUtilities.invokeLater(new Runnable() {
            public void run() {
                createAndShowGUI();
            }
```

        });
    }
}

9.4 布局管理器

布局管理就是指定各个组件在容器中的分布位置、大小、排列顺序。每个容器都有一个默认的布局管理器,但可以重新进行设置。

9.4.1 BorderLayout

每个被边界布局 BorderLayout 管理的容器均被划分为 5 个区域:东(EAST 或者 LINE_END)、南(SOUTH 或者 PAGE_END)、西(WEST 或者 LINE_START)、北(NORTH 或者 PAGE_START)、中(CENTER)。容器的每个区域,只能加入一个组件,若将组件置于已有组件的区域,则原组件将被取代。

当窗口缩放时,容器内组件的相应的位置不变化,但其大小改变,CENTER 区域总是占据最大的空间。

边界布局是 JWindow、JDialog 和 JFrame 的默认布局管理器,也可以通过内容面板的 setLayout 方法改变布局管理器。

例 9-17 为窗体内容面板设置了边界布局管理器,5 个位置分别放置了 5 个按钮。其运行结果如图 9-18 所示。

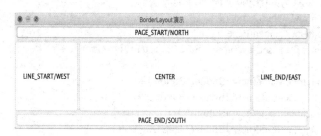

图 9-18 BorderLayout 布局管理器演示

例 9-17 使用边界布局布置组件的应用程序。
文件名:BorderLayoutDemo.java

```java
import java.awt.*;
import javax.swing.*;

public class BorderLayoutDemo {
    public static void main(String[] args) {
        JFrame frame    = new JFrame("BorderLayout 演示");
        Container content = frame.getContentPane();//获取内容面板

        content.setLayout(new BorderLayout()); //设置布局管理器

        content.add(new JButton("PAGE_START"+
                "/NORTH"), BorderLayout.PAGE_START);//添加组件"
        content.add(new JButton("PAGE_END/SOUTH"), BorderLayout.PAGE_END);
```

```
            content.add(new JButton("LINE_START"
                    + "/WEST"), BorderLayout.LINE_START);
            content.add(new JButton("LINE_END/EAST"), BorderLayout.LINE_END);
            content.add(new JButton("CENTER"), BorderLayout.CENTER);

            frame.setSize(500,200); //设置窗体大小
            frame.setVisible(true); //窗口可见
        }
    }
```

9.4.2 FlowLayout

流布局管理器 FlowLayout 提供了一种非常简单的布局,用来将一群组件安排在同一行(由左向右排列)并维持组件的大小,当此行已经排满时,它会将剩余的组件自动排列到下一行,而各行的组件会向中间对齐。也可以通过 FlowLayout 构造方法设置对其方式:FlowLayout(int align),align 参数可以是 LEFT,CENTER 或者 RIGHT。

流布局管理器是 JPanel 和 JApplet 默认的布局管理器。

例 9-18 使用流布局布置组件的应用程序。

文件名:FlowLayoutDemo.java

```
    import java.awt.event.*;
    import javax.swing.*;

    public class FlowLayoutDemo extends JFrame {
        public FlowLayoutDemo() {
            Container contentPane = getContentPane();
            contentPane.setLayout(new FlowLayout());//设置流布局管理器

            contentPane.add(new JButton("Button 1"));
            contentPane.add(new JButton("Button 2"));
            contentPane.add(new JButton(" 3"));
            contentPane.add(new JButton(" lang lang Button 4"));
            contentPane.add(new JButton("B5"));
        }

        public static void main(String args[]) {
            javax.swing.SwingUtilities.invokeLater(new Runnable() {
                public void run() {
                    FlowLayoutDemo window = new FlowLayoutDemo();
                    window.setDefaultCloseOperation(JFrame.EXIT_ON_CLOSE);
                    window.setTitle("FlowLayout");
                    window.pack();
                    window.setVisible(true);
                }
            });
        }
    }
```

图 9-19 显示了流布局管理器窗体中的组件随着窗体变窄,组件自动换行。

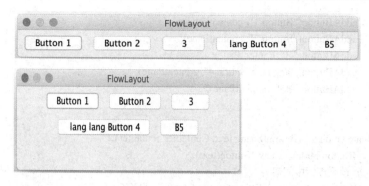

图 9-19　流布局管理器演示

9.4.3　BoxLayout

盒式布局 BoxLayout 允许按照自上而下或者从左到右的顺序依次加入多个组件。与流布局不同的是：当空间不够时，组件不会自动往下移。

通过盒式布局的如下构造方法创建一个将沿给定轴放置组件的布局管理器。

BoxLayout(Container target, int axis)

参数 target 表示需要布置的容器。参数 axis 表示布置组件时使用的轴。它可以是以下值之一。

① BoxLayout.X_AXIS：从左到右横向布置组件。组件的上沿在同一水平线上。

② BoxLayout.Y_AXIS：从上到下纵向布置组件。组件的左沿在同一垂直线上。

③ BoxLayout.LINE_AXIS：根据目标容器的 ComponentOrientation 属性确定的文本行方向放置组件。

④ BoxLayout.PAGE_AXIS：根据目标容器的 ComponentOrientation 属性确定的文本行在页面中的流向来放置组件。

与流布局一样，盒式布局也是按照组件加入的顺序对它们进行排列。盒式布局对加入容器的组件流的安排策略取决于容器的 ComponentOrientation 属性，它可能是以下两个值中的一个。

① ComponentOrientation.LEFT_TO_RIGHT：表示各项从左到右布局，各行从上到下。

② ComponentOrientation.RIGHT_TO_LEFT：表示各项从右到左布局，各行从上到下。

例 9-19　使用盒式布局布置组件的应用程序。

文件名：BoxLayoutDemo.java

```
import java.awt.*;
import java.awt.event.*;
import javax.swing.*;

public class BoxLayoutDemo extends JFrame {

    public BoxLayoutDemo() {
        Container contentPane = getContentPane();
        contentPane.setLayout(new BoxLayout(contentPane,
                                BoxLayout.Y_AXIS));
```

```
            addAButton("Button 1", contentPane);
            addAButton("Button 2", contentPane);
            addAButton(" 3", contentPane);
            addAButton("lang lang Button 4", contentPane);
            addAButton("B5", contentPane);
        }
        private void addAButton(String text, Container container) {
            JButton button = new JButton(text);
            // 设置按钮中间对齐
            button.setAlignmentX(Component.CENTER_ALIGNMENT);
            container.add(button);
        }

        public static void main(String args[]) {
            BoxLayoutDemo window = new BoxLayoutDemo();

            window.setTitle("BoxLayout 演示");
            window.pack();
            window.setVisible(true);
            window.setDefaultCloseOperation(JFrame.EXIT_ON_CLOSE);
        }
    }
```

例 9-19 的运行结果如图 9-20 所示，所有组件居中对齐。

图 9-20 盒式布局管理器演示

BoxLayout 布局管理器中的组件或中间容器可以通过 setAlignmentX 方法设置对齐方式，例如 button.setAlignmentX (Component.RIGHT_ALIGNMENT)，设置按钮为右对齐方式。

BoxLayout 布局管理器控制的每个组件都紧靠其相邻组件。如果要在组件之间留有空间，则可以为一个或两个组件添加一个空边框，或插入不可见的组件。通过 Box 类提供的方法可以创建不可见的组件。

Box.createRigidArea(size)方法可以创建指定大小的空白区域，例如，两个按钮之间放置 6 个像素，可以使用以下代码：

```
            container.add(new JButton("Button 1"));
            container.add(Box.createRigidArea(new Dimension(6,0)));
            container.add(new JButton("Button 2"));
```

结果如图 9-21 所示。

Box.createHorizontalGlue()和 Box.createVerticalGlue()方法可以水平方向或垂直方向填充布局中多余的空间，就像是弹性胶水一样可拉伸且可扩展，例如填充两个按钮之间的空白空间，可以使用以下代码：

```
            container.add(new JButton("Button 1"));
            container.add(Box.createHorizontalGlue());
            container.add(new JButton("Button 2"));
```

结果如图 9-22 所示。

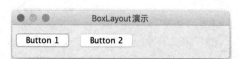
图 9-21　组件间加入指定大小的空白区域

图 9-22　组件间填充满空白的效果演示

9.4.4　GridLayout

网格布局 GridLayout 是将容器空间平均分割成若干行乘若干列的网格，每个格放一个组件。各组件按照从上到下，从左至右的顺序排列。所以，GridLayout 布局中每个网格都是大小相同，并且强制组件与网格大小相同。

例 9-20　使用网格布局管理器布置组件的应用程序。

文件名：**GridLayoutDemo.java**

```
import java.awt.*;
import javax.swing.*;

public class GridLayoutDemo {
    public static void main(String[] args) {
        JFrame frame = new JFrame("GridLayout 演示");
        frame.setBounds(30, 30, 300, 300);

        Container content = frame.getContentPane();
        content.setLayout(new GridLayout(2,3));

        content.add(new JButton("Button 1"));
        content.add(new JButton("Button 2"));
        content.add(new JButton("3"));
        content.add(new JButton("Button 4"));
        content.add(new JButton("B5"));

        frame.setVisible(true);
    }
}
```

例 9-20 的运行结果如图 9-23 所示。构造方法 GridLayout(2,3) 的含义是创建 2 行、3 列的网格。需要指出的是构造方法 GridLayout 中的行数和列数都可以为 0，但不能同时为 0，0 表示可以包含任意多行或列。

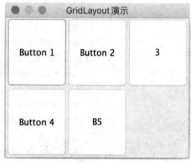
图 9-23　网格布局管理器演示

9.4.5　CardLayout

卡片布局 CardLayout 需要在同一位置显示不同的组件或面板。该布局将容器分成许多层，每层只允许放置一个组件或面板。每个组件或面板可以看作是一张卡片，好像一副扑克牌，它们叠在一起，但每次只能显示出它最上面的那个组件。可以通过 JPanel 来实现每层的复杂的用户界面。

例 9-21　使用卡片布局管理器布置组件的应用程序。

文件名：**CardLayoutDemo.java**

```
import java.awt.*;
```

```java
import java.awt.event.*;
import javax.swing.*;

public class CardLayoutDemo implements ActionListener {
    JPanel cards; //使用 CardLayout 布局的面板

    public void addComponentToPane(Container pane) {
        JPanel radioButtonPane = new JPanel();
        radioButtonPane.setBackground(Color.WHITE);

        // 创建一组 RadioButton 组件
        JRadioButton buttonOne = new JRadioButton("按钮 Card", true);
        buttonOne.setActionCommand("按钮组");
        JRadioButton buttonTwo = new JRadioButton("文本框 Card");
        buttonTwo.setActionCommand("文本框组");
        buttonOne.addActionListener(this);
        buttonTwo.addActionListener(this);

        // 所有的单选按钮放到一个按钮组里
        ButtonGroup group = new ButtonGroup();
        group.add(buttonOne);
        group.add(buttonTwo);

        // 将单选按钮加入 Panel 容器里
        radioButtonPane.add(buttonOne);
        radioButtonPane.add(buttonTwo);

        //创建卡片 1
        JPanel card1 = new JPanel();
        card1.add(new JButton("打开文件"));
        card1.add(new JButton("保存文件"));

        //创建卡片 2
        JPanel card2 = new JPanel();
        JLabel fieldLabel = new JLabel("账号:");
        JTextField textField = new JTextField("",10);
        JLabel passwordLabel = new JLabel("密码:");
        JPasswordField passwordField = new JPasswordField(10);
        passwordField.setEchoChar('*');

        card2.add(fieldLabel);
        card2.add(textField);
        card2.add(passwordLabel);
        card2.add(passwordField);

        //将两个卡片加入到 CardLayout 布局的面板里
        cards = new JPanel(new CardLayout(0,40));
        cards.add(card1, "按钮组"); //对应选项卡的文本提示
        cards.add(card2, "文本框组");

        //将两个 Panel 加入窗体
        pane.add(radioButtonPane, BorderLayout.NORTH);
        pane.add(cards, BorderLayout.CENTER);
```

}

```
//单选按钮的事件处理方法
public void actionPerformed(ActionEvent e)   {
    CardLayout cl = (CardLayout)(cards.getLayout());
   //根据 RadioButton 按钮的文字显示相应选项卡
    cl.show(cards, (String)e.getActionCommand());
}

private static void createAndShowGUI() {

    JFrame frame = new JFrame("CardLayout 演示");
    frame.setDefaultCloseOperation(JFrame.EXIT_ON_CLOSE);
    CardLayoutDemo demo = new CardLayoutDemo();
    demo.addComponentToPane(frame.getContentPane());
    frame.setSize(350,200);
    frame.setVisible(true);
}

public static void main(String[] args) {
    javax.swing.SwingUtilities.invokeLater(new Runnable() {
        public void run() {
            createAndShowGUI();
        }
    });
}
}
```

例 9-21 的运行结果如图 9-24 所示，当选择不同的单选按钮时，显示不同的卡片内容。

图 9-24　卡片布局管理器演示

构造方法 CardLayout(int hgap, int vgap)的含义是创建一个具有指定水平间距 hgap 和垂直间距 vgap 的卡片布局。水平间距置于左右边缘。垂直间距置于上下边缘。默认为 0 个像素。

方法 add(Component c，String text)用于指定和该组件 c 对应的选项卡的文本提示是 text，选择卡片时就根据该文本信息。

9.4.6　GridBagLayout

网格包布局 GridBagLayout 是最灵活也是最复杂的布局管理器，它在 GridLayout 的基础上发展而来。由于 GridLayout 中的每个网格大小相同，并强制组件与网格大小也相同，使得容器中的每个组件也都是相同的大小，显得不够灵活。

而 GridBagLayout 不仅能控制组件的放置位置，还能设置每个组件占用多少行或列。要使用网格包布局，必须使用类 GridBagConstraints。它包含 GridBagLayout 类用来定位及调整组件大小所需要的全部信息。类 GridBagConstraints 的构造方法如下。

>   public GridBagConstraints(int gridx, int gridy, int gridwidth,
>   int gridheight, double weightx, double weighty, int anchor,
>   int fill, Insets insets, int ipadx, int ipady)

各参数的含义如下。

① gridx，gridy：指定组件摆放的网格位置，分别表示列和行。默认值为 GridBagConstraints.RELATIVE，表示组件紧接着上一个摆放。

② gridwidth，gridheight：指定组件在横向和纵向上占有的网格数。

③ weightx，weighty：增量字段，用于设置缩放容器时，各组件分配的宽度和高度的比例数，如希望缩放时组件大小不变，则设为 0。

④ anchor：如组件没有填充整个网格，通过 anchor 来指定它的位置。默认值是 GridBagConstraints.CENTER，表示将其放在单元的中部。总共有 9 个位置（PAGE_START，PAGE_END，LINE_START，LINE_END，FIRST_LINE_START，FIRST_LINE_END，LAST_LINE_END 和 LAST_LINE_START）。

⑤ fill：如组件分配的空间大于它需要的空间时，GridBagLayout 会依 fill 的值调整该组件的大小。默认值为 GridBagConstraints.NONE 表示组件大小不变，HORIZONTAL 表示组件水平填满其显示区域，但高度不变，VERTICAL 表示组件垂直填满其显示区域，但宽度不变，BOTH 表示使组件完全填满其显示区域。

⑥ ipadx，ipady：改变组件宽度和高度的值，改变后组件的宽度为组件原有宽度加上 ipadx*2 像素，因为填充的是组件两侧的宽度。高度改变同理。

⑦ Insets 类：指定组件与其显示区域四周边缘之间的最小距离，该类包含用于顶部，底部，左侧和右侧插入空间的值。

使用 GridBagLayout 进行组件布局的步骤如下：
① 定义当前容器的布局管理器为网格包布局；
② 创建 GridBagContraints 对象；
③ 为组件设置各种约束；
④ 将组件添加到容器；
⑤ 对各个将被显示的组件重复以上步骤。

例 9-22　使用网格包布局管理器布置组件的应用程序。

文件名：**GridBagLayoutDemo.java**

```
import java.awt.*;
import javax.swing.*;

public class GridBagLayoutDemo {
    public static void addComponentsToPane(Container pane) {
        JButton button;
        pane.setLayout(new GridBagLayout());
        GridBagConstraints c = new GridBagConstraints();
```

```java
    button = new JButton("Button 1");
    c.fill = GridBagConstraints.HORIZONTAL;//水平填充其显示区域，高度不变
    c.weighty = 1.0;    //占据任何额外的所有垂直空间
    c.anchor = GridBagConstraints.FIRST_LINE_START; //空间的左上顶部
    c.insets = new Insets(0,0,10,0);    //与显示区域的边缘之间的最小距离为10
    c.gridy = 0;         //第 1 行
    c.gridx = 0;         //第 1 列
    c.gridwidth = 2;     //占 2 列
    pane.add(button, c);

    button = new JButton("Long long Button 2");
    c.anchor = GridBagConstraints.CENTER; //空间的中间位置
    c.fill = GridBagConstraints.HORIZONTAL;
    c.insets = new Insets(0,0,0,0);//恢复成与显示区域的边缘之间的零距离
    c.ipady = 40;        //设置按钮高度
    c.weighty = 0.0;     //不占用额外的垂直空间
    c.weightx = 1.0;     //占据任何额外的所有水平空间
    c.gridwidth = 2;
    c.gridx = 1;
    c.gridy = 1;
    pane.add(button, c);

    button = new JButton("Button 3");
    c.weightx = 0.5;
    c.fill = GridBagConstraints.HORIZONTAL;
    c.ipady = 0; //恢复设置，不改变按钮的高度
    c.gridx = 0;
    c.gridy = 2;
    c.gridwidth=1;
    c.weighty = 0.0;
    pane.add(button, c);

    button = new JButton("Button 4");
    c.fill = GridBagConstraints.HORIZONTAL;
    c.weightx = 0.5;
    c.gridx = 1;
    c.gridy = 2;
    pane.add(button, c);

    button = new JButton("B5");
    c.fill = GridBagConstraints.HORIZONTAL;
    c.weightx = 0.5;
    c.gridx = 2;
    c.gridy = 2;
    pane.add(button, c);
}

private static void createAndShowGUI() {
    JFrame frame = new JFrame("GridBagLayout 演示");
    frame.setDefaultCloseOperation(JFrame.EXIT_ON_CLOSE);
    addComponentsToPane(frame.getContentPane());
    frame.pack();
    frame.setVisible(true);
```

```
            }
            public static void main(String[] args) {
                javax.swing.SwingUtilities.invokeLater(new Runnable() {
                    public void run() {
                        createAndShowGUI();
                    }
                });
            }
```

例 9-22 的运行结果如图 9-25 所示，可以看出网格包布局管理器可以设计出复杂的图形界面应用。

图 9-25　网格包布局管理器演示

9.5　事件处理

在前面编写的程序中，当用鼠标单击按钮等组件时程序没有任何反应，其原因是没有给它们添加事件处理功能。

9.5.1　事件处理机制

自 JDK1.1，AWT 引入了委托事件处理模型，该模型定义了一个标准一致的机制去产生和处理事件。该机制通过使用 3 个非常简单的概念（事件源、事件及事件监听器）来描述。

事件源是一个产生事件的对象。当该对象内部的状态发生改变时，就会产生事件。一个事件源可能会产生多种事件。例如,常见的用于同用户进行交互的 GUI 组件按钮和文本框都是事件源。

事件是一个描述了事件源的状态改变的对象，即它描述的是"发生了什么事情"。系统会根据用户的操作构造出相应事件类的对象。该对象封装了与事件源所产生事件相关的信息。比如，当用户用鼠标单击按钮 Button 时就产生一个 ActionEvent 事件对象，该事件对象包括产生事件的对象（用 getSource 方法获取）、与此动作相关的命令字符串（用 getActionCommand 方法获取）、发生时间（用 getWhen 方法获取）等信息。

事件监听器是一个在事件发生时被通知的对象。它会实时监听事件的产生，接收事件，并对事件进行处理。实际上，事件监听器是一个实现了某种类型的事件监听器接口的类对象。其中，事件监听器接口定义了当事件监听器监听到事件后，必须去做什么，但没有规定具体该怎么去做。每个事件都有一个相应的事件监听器接口。

为了能够监听事件源所产生的事件，需要给事件源至少注册一个事件监听器。这样，当事件源发生事件时,事件监听器就根据捕获的事件进行处理。

事件注册是通过事件源对象即组件所提供的如下形式的方法来进行的。

  public void addXXXListener(XXXListener e)

这里,XXX 代表某一事件类型。e 是事件监听器的引用。方法 addXXXListener 支持多个事件监听器监听同一组件所产生的事件。例如,注册一个键盘事件监听器的方法是 addKeyListener。

对已注册的事件监听器还可以进行注销,以便使它不再接收发自此组件的相应事件。注销操作是通过以下形式的方法来进行的。

  public void removeXXXListener (XXXListener e)

一般来说,每个事件类都至少有一个事件监听器接口与之相对应,而事件类中的每个具体事件类型都有一个具体的抽象方法与之相对应。当具体事件发生时,这个事件将被封装成一个事件类的对象作为实参传递给与之对应的事件监听器的具体方法,由这个具体方法负责响应并处理发生的事件。比如,与 ActionEvent 事件对应的事件监听器接口 ActionListener 内声明有方法 actionPerformed(ActionEvent evt)。

事件源、事件、事件监听器之间的关系如图 9-26 所示。

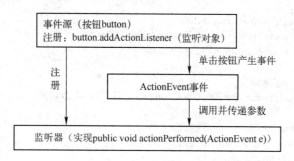

图 9-26 事件源、事件、事件监听器之间的关系

Java 中一个组件可注册多个事件监听器,当组件产生事件时,注册的不同监听器分别做不同的事情。

一个监听器也可以监听多个组件,例 9-23 就是一个监听器监听两个按钮的例子。

Java Swing 中捕获及处理 GUI 事件的一般步骤是:

① 定义一个实现事件监听器接口的类;

② 实现事件监听器接口内所定义的方法;

③ 为产生事件对象的 GUI 组件注册一个事件监听器。

下面以单击事件处理为例说明事件处理的实现机制。

组件如 Button、Menu、TextField 等都产生单击按钮事件 ActionEvent,与该事件对应的事件监听器接口是 ActionListener,该接口定义有唯一的一个事件处理方法是 actionPerformed(ActionEvent evt)。

对于 ActionEvent 事件的处理步骤是:

① 定义一个监听器,对事件进行处理,即实现 ActionListener 接口的 actionPerformed(ActionEvent e)方法。

② 对有关组件，利用以下方法注册事件。

　　组件对象.addActionListener(ActionListener listener);

实现事件监听器的示范代码如下。

```
class MyListener implements ActionListener{    //定义一个监听器类
        public void actionPerformed(ActionEvent e){
            … //方法体
        }
}

MyListener myListener = new MyListener(); //创建监听器类对象
组件对象.addActionListener(myListener); //注册监听器对象
```

例 9-23 中的 ClickListener 监听器监听了两个按钮组件。

例 9-23　单击按钮事件演示。

文件名：EventDemo.java

```java
import java.awt.BorderLayout;
import java.awt.event.*;
import javax.swing.*;

public class EventDemo extends JFrame {
    private JButton button1 = new JButton("请单击!");
    private JButton exitButton= new JButton("退出");

    public EventDemo() {
        ClickListener cl = new ClickListener(); //创建监听器对象

        JPanel panel1 = new JPanel();
        button1.addActionListener(cl); //注册事件监听器
        panel1.add(button1);
        exitButton.addActionListener(cl); //注册事件监听器
        panel1.add(exitButton);

        this.getContentPane().add(panel1,BorderLayout.CENTER );
        this.setTitle("单击事件演示");
        this.setSize(275, 100);
        //关闭窗体上"close" 按钮
        this.setDefaultCloseOperation(JFrame.DO_NOTHING_ON_CLOSE);
        this.setVisible(true);
    }

    private class ClickListener implements ActionListener {//定义监听器
        private int clickCount = 0;

        public void actionPerformed(ActionEvent e){

            if (e.getSource() == button1) {//返回发生 ActionEvent 事件的对象的引用
                clickCount++;
                button1.setText("已单击次数：" + clickCount);
            } else if (e.getSource() == exitButton) {
                if (clickCount > 0)
```

```
                    System.exit(0);//退出程序执行
                else {//显示提示信息对话框
                    JOptionPane.showMessageDialog(EventDemo.this,
                            "至少要单击 1 次才能退出!", "单击事件演示",
                            JOptionPane.ERROR_MESSAGE);
                }
            }
        }
    }

    public static void main(String[] args) {
        javax.swing.SwingUtilities.invokeLater(new Runnable() {
            public void run() {
                new EventDemo();
            }
        });

    }
}
```

当用鼠标单击"请单击!"按钮时,监听器对用户单击次数进行统计,并对"请单击!"按钮的文本内容随时更新,显示"已单击次数:X"的信息,X 代表用户单击次数,如图 9-27 所示。如果想退出程序的执行,只需单击"退出"按钮即可。如果用户单击"退出"按钮前没有单击"请单击!"按钮,则弹出一个对话框提示用户至少单击 1 次才能退出,如图 9-28 所示。

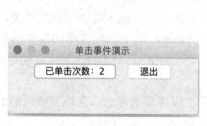
图 9-27 单击按钮后结果

图 9-28 用户提示界面

9.5.2 事件类

很多组件都可以注册多种不同类型的监听器,例如,Button 组件可以注册 ActionListener, ChangeListener,ItemListener,MouseListener,KeyListener 等。有些监听器接口是所有组件都可以注册的,比如键盘监听接口、鼠标监听接口、组件监听接口等,因为所有的 Swing 组件都继承了 AWT 的 Component 类,这类监听器接口继承自父类。

Java 将所有组件可能发生的事件进行了分类,具有共同特征的事件被抽象为一个事件类,其中包括 ActionEvent 单击事件类、ItemEvent 事件类等。它们不是某个具体组件的事件,而是属于所有组件,只要该组件能产生这种事件。例如 Button、TextField、MenuItem 都可以产生 ActionEvent 事件。由于 Swing 组件是 AWT 的扩展,所以 Swing 组件即可以使用 AWT 的事件,也可以使用 Swing 库所支持的事件。

Swing 库提供了丰富的 Swing 组件，每个组件可以支持 1 个或多个 Swing 事件或 AWT 事件，不同的事件由不同的监听器接口捕获，因此对组件进行事件处理时，要选对事件、事件监听器接口及接口的方法。

9.5.3 适配器类

有些监听器接口包含多个方法，例如鼠标监听接口 MouseListener 就包含 5 个方法：mousePressed, mouseReleased, mouseEntered, mouseExited, mouseClicked。即使仅仅关心单击鼠标行为，定义的监听器类也必须空实现其他 4 个接口里的方法。

```java
public class MyClass implements MouseListener {

    //除了 mouseClicked 方法，其他方法都空实现
    public void mousePressed(MouseEvent e) {}
    public void mouseReleased(MouseEvent e) {}
    public void mouseEntered(MouseEvent e) {}
    public void mouseExited(MouseEvent e) {}

    public void mouseClicked(MouseEvent e) {
        ...//实现代码
    }
}
```

可以看出一旦一个类要实现事件监听器接口，那么该类就必须实现这个接口中所声明的全部方法，即使事件监听器不想处理的方法也要给出空实现。这样，有用和无用的代码仅仅为了语法需要而杂糅在一起。对此，Swing 引入适配器类（Adapter），它提供了事件监听器接口内所有方法的实现，但方法体为空。此时事件监听器类只需要继承合适的适配器类，并用要实现的方法去覆盖适配器类中的方法即可。java.awt.event 包中比较常用的事件适配类有 KeyAdapter 键盘适配器，MouseAdapter 鼠标适配器，MouseMotionAdapter 鼠标移动适配器，WindowAdapter 窗口适配器等。

例如，使用鼠标适配器定义鼠标监听器，可以只实现需要的方法，其他方法由适配器实现了，其示范代码如下：

```java
public class MouseClickHandler extends MouseAdapter {
    public void mouseClicked( MouseEvent e) {
        // Do stuff with the mouse click...
    }
    …
}
```

例 9-24 是一个键盘适配器应用的例子。

例 9-24 使用键盘适配器实现事件处理的程序示例。

文件名：KeyAdapterDemo.java

```java
import java.awt.*;
import java.awt.event.*;
import javax.swing.*;

public class KeyAdapterDemo extends KeyAdapter{ //继承 KeyAdapter 适配器类
```

```
JTextField txtField,txt;

public KeyAdapterDemo(){

    txtField = new JTextField(20);
    txtField.addKeyListener(this);
    txt = new JTextField(10);

    JFrame frame = new JFrame("适配器类演示");
    frame.add(txt, BorderLayout.SOUTH);
    frame.add(txtField, BorderLayout.NORTH);

    frame.setDefaultCloseOperation(JFrame.EXIT_ON_CLOSE);
    frame.setSize(300, 200);
    frame.setVisible(true);
}

public void keyTyped(KeyEvent ke){
    char i = ke.getKeyChar();//返回键盘事件中相关键的字符类型键码
    String str = Character.toString(i);
    txt.setText(str);

}

public static void main(String[] args) {
    javax.swing.SwingUtilities.invokeLater(new Runnable() {
        public void run() {
            new KeyAdapterDemo();
        }
    });
}
}
```

例 9-24 的运行结果如图 9-29 所示。当用户利用在文本框内输入一个英文字母或数字时，当前输入的字母或数字将在下面的文本框内显示。

键盘事件监听器接口 KeyListener 声明了以下 3 个方法。

图 9-29　键盘适配器应用

① keyPressed(KeyEvent e)：按下键盘上某个键时，方法 keyPressed 方法会自动执行。
② keyTyped(KeyEvent e)：当键被按下又释放时，keyTyped 方法被调用。
③ KeyReleased(KeyEvent e)：当键被释放时，KeyReleased 方法被调用。

例 9-24 中所定义的监听器类继承于键盘适配器 KeyAdapter，所以只实现了需要的方法 keyTyped。

9.5.4　内部监听器

将监听器定义为内部监听器类的好处是可以方便地访问外部类私有成员变量，这种方式适合监听器只为所在的外部类服务的情况，也适合一个类既要继承其他类，也要继承适配器类的情况，间接解决了多继承问题。定义内部监听器类的示范代码如下：

```java
public class MyClass extends JFrame{
    ...
    someObject.addMouseListener(new MyAdapter());
    ...
    class MyAdapter extends MouseAdapter {//内部监听器类
        public void mouseClicked(MouseEvent e) {
            ...
        }
    }
}
```

9.5.5 匿名监听器

内部监听器类也可以定义为没有名字的匿名监听器。它可以使代码更加紧凑易读，因为监听器的定义和引用在一个地方。这种方式适合方法实现不是很复杂的情况。但如果一个监听器被多次引用就不适合匿名了。下面两段示范代码分别用 ActionListener 接口和 MouseAdapter 适配器实现匿名监听器。

```java
public class MyClass extends JFrame{
    ...
    someObject.addActionListener(new ActionListener() { // ActionListener 接口
        public void actionPerformed(ActionEvent e) {
            ...// 实现代码
        }
    });
    ...
}

public class MyClass extends JFrame {
    ...
    someObject.addMouseListener(new MouseAdapter() {// MouseAdapter 适配器
        public void mouseClicked(MouseEvent e) {
            ... // 实现代码
        }
    });
    ...
}
```

对于只有一个抽象方法的监听器接口，都可以用 Lambda 表达式创建监听器，例如 button.addActionListener(event->label.setText("你好"))；有点类似于匿名监听器，但 Lambda 表达式更简洁。

例 9-25 展示了如何使用 Lambda 表达式为按钮编写事件监听器。

例 9-25　Lambda 表达式实现事件监听器示例。

文件名：**LambdaDemo.java**

```java
import javax.swing.*;
import java.awt.*;
```

```java
import java.awt.event.*;

public class LambdaDemo {
    private int numClicks = 0;

    public Component createComponents() {
        JLabel label = new JLabel("    点击次数" + "0        ");

        JButton button = new JButton("点击我");
        //用 Lambda 表达式创建监听器
        button.addActionListener(event->{numClicks++;
                                        label.setText("    点击次数" + numClicks);
                                        }
                                );

        JPanel pane = new JPanel();
        pane.setBorder(BorderFactory.createEmptyBorder(30,30,10,30));

        pane.setLayout(new GridLayout(0, 1));
        pane.add(button);
        pane.add(label);

        return pane;
    }

    public static void main(String[] args) {
      javax.swing.SwingUtilities.invokeLater(new Runnable() {
            public void run() {
                JFrame frame = new JFrame("Lambda 演示");
                LambdaDemo app = new LambdaDemo();
                Component contents = app.createComponents();
                frame.getContentPane().add(contents, BorderLayout.CENTER);
                frame.setDefaultCloseOperation(JFrame.EXIT_ON_CLOSE);
                frame.pack();
                frame.setVisible(true);
            }
        });
    }
}
```

9.5.6 事件处理示例

1. 选择列表事件处理示例

组件 JList 产生列表选择事件 ListSelectionEvent，与该事件对应的事件监听器接口是 ListSelectionListener，该接口只有一个方法 valueChanged(ListSelectionEvent event)。例 9-26 实现了如何通过事件处理删除列表选项以及添加列表选项。

例 9-26 选项事件示例。

文件名：JListEventDemo.java

```java
import java.awt.*;
```

```java
import java.awt.event.*;
import javax.swing.*;
import javax.swing.event.*;
import java.util.*;

public class JListEventDemo extends JPanel {
    private JList list;
    private DefaultListModel listModel;
    private JButton   resetButton;
     private JTextArea resultTextArea;

    public JListEventDemo() {

      list = new JList( buildListModel());//根据列表模型对象创建列表
         list.setSelectionMode(ListSelectionModel.SINGLE_SELECTION);
         list.setVisibleRowCount(5); //设置列表最多显示 5 项
         list.addListSelectionListener(new FruitListListener());//列表注册监听器
         JScrollPane listSrollPane =new JScrollPane(list,
                 JScrollPane.VERTICAL_SCROLLBAR_ALWAYS,
                 JScrollPane.HORIZONTAL_SCROLLBAR_NEVER);


          resultTextArea = new JTextArea(6,15);
          resultTextArea.setEditable(false);
          JScrollPane scrollPane =new JScrollPane(resultTextArea,
                  JScrollPane.VERTICAL_SCROLLBAR_ALWAYS,
                  JScrollPane.HORIZONTAL_SCROLLBAR_NEVER);


          resetButton = new JButton("重新设置列表");
          //按钮注册监听器
          resetButton.addActionListener(new ResetButtonListener());

          setLayout(new BorderLayout());
          add(listScrollPane, BorderLayout.NORTH);
          add(resetButton, BorderLayout.CENTER);
          add(scrollPane, BorderLayout.SOUTH);

     }

    //定义列表监听器类，内部类
    class FruitListListener implements ListSelectionListener {

          //当选择列表项时，从列表中移除当前列表项，并显示到文本显示区
          public void valueChanged(ListSelectionEvent event) {
              int index = list.getSelectedIndex();//得到当前列表选项

              if (! list.getValueIsAdjusting() && index != -1) {
                  //当前列表选项值显示到文本框中
                  resultTextArea.append(list.getSelectedValue() + "\n");
                  listModel.remove(index);//删除当前列表
              }
          }
```

```java
        }
        private DefaultListModel buildListModel() { //创建 DefaultListModel
            String[] items={" 橘子"," 香蕉"," 葡萄"," 苹果"," 菠萝",
                " 桃子"," 火龙果"," 榴莲"};

            //创建 DefaultListModel 对象
            listModel = new DefaultListModel();
            for (int i = 0; i < items.length; i++)
                listModel.addElement(items[i]);

            return listModel;
        }
        class ResetButtonListener implements ActionListener {//定义按钮监听器
            public void actionPerformed(ActionEvent event) {
                list.setModel(buildListModel());//回复列表框的值
                resultTextArea.setText(""); //清空文本区
            }
        }

        private static void createAndShowGUI() {
            JFrame frame = new JFrame("列表事件示例");
            frame.setDefaultCloseOperation(JFrame.EXIT_ON_CLOSE);
            JListEventDemo newContentPane = new JListEventDemo();
            frame.setContentPane(newContentPane);
            frame.pack();
            frame.setVisible(true);
        }

        public static void main(String[] args) {
            javax.swing.SwingUtilities.invokeLater(new Runnable() {
                public void run() {
                    createAndShowGUI();
                }
            });
        }
    }
```

例 9-26 的运行的初始界面如图 9-30 所示的窗体。当用户选择列表项时，列表事件监听器将列表框中当前选项删除，并显示到文本框中。图 9-31 文本区显示了所有被删除的列表项，当选择"重新设置列表"按钮时，按钮监听器将清空文本框内容，恢复列表中的最初值。

2. 菜单和对话框应用示例

Swing 提供通过浏览文件系统选取文件或文件夹的组件 JFileChooser 和选取色彩的组件 JColorChooser 组件，这两个组件都是继承自 JComponent。

文件选择对话框组件 JFileChooser 可以让用户选择存在的文件或建立一个新文件。可以使用它所提供的 showDialog、showOpenDialog 或 showSaveDialog 方法来打开文件选择对话框，这些方法的返回值是用户选择的确定或取消按钮信息及文件名。

如果 Java 应用程序要用户选择色彩，就可以使用颜色选择对话框组件 JColorChooser。它提供有两个常用的方法 showDialog 和 CreateDialog。方法 showDialog 用于输出标准的颜色选择对话框,其返回值就是用户所选择的颜色。CreateDialog 方法用于输出具有个性化的颜色选择对话框,其返回值是一个对话框。

图 9-30　初始界面

图 9-31　单击列表项后界面

菜单项组件 JMenuItem 产生 ActionEvent 事件,与该事件对应的事件监听器接口是 ActionListener。例 9-27 实现了如何通过菜单项的事件处理打开文件对话框和颜色对话框。

例 9-27　菜单和对话框应用示例。

文件名:**JMenuDialogDemo.java**

```java
import java.awt.*;
import java.awt.event.*;
import javax.swing.*;
import java.io.File;

public class JMenuDialogDemo {
    private  JTextField texField;
    private JFrame frame;
    private Color c;

    public JMenuBar createMenuBar() {
        JMenuBar menuBar;
        JMenu menu;
        JMenuItem menuItem1;
        JMenuItem menuItem2;

        menuBar = new JMenuBar();
        menu = new JMenu("文件");
        menuBar.add(menu);

        //创建菜单项
        menuItem1 = new JMenuItem("选择文件");
        menu.add(menuItem1);
        //为菜单项创建并注册匿名监听器
        menuItem1.addActionListener(new ActionListener() {
            public void actionPerformed(ActionEvent ae) {
                JFileChooser fileChooser = new JFileChooser();
                //显示文件选择对话框
```

```java
                    int returnValue = fileChooser.showOpenDialog(null);
                    if(returnValue == JFileChooser.APPROVE_OPTION) { // 用户选择确定按钮
                        File selectedFile = fileChooser.getSelectedFile();      //获取文件名
                        texField.setText(selectedFile.getName());//文件名显示在文本框
                    }
                }
            });

            menuItem2 = new JMenuItem("选择颜色");
            menu.add(menuItem2);
            //为菜单项创建并注册匿名监听器
            menuItem2.addActionListener(new ActionListener() {
                JColorChooser chooser = new JColorChooser();
                public void actionPerformed(ActionEvent e) {
                    JDialog dialog = JColorChooser.createDialog(frame,
                        "选择颜色", true,chooser, new ActionListener() {
                            public void actionPerformed(ActionEvent e) {
                                c = chooser.getColor();//获取颜色
                        }}, null);
                    dialog.setVisible(true);
                    frame.getContentPane().setBackground(c);//设置窗体的面板颜色
                }
            });


            return menuBar;
    }

    private    void createAndShowGUI() {
        frame = new JFrame("菜单演示");
        frame.setDefaultCloseOperation(JFrame.EXIT_ON_CLOSE);

        frame.setJMenuBar(createMenuBar());
        texField = new JTextField();

        frame.getContentPane().add(texField,BorderLayout.SOUTH);
        frame.setSize(450, 260);
        frame.setVisible(true);
    }

    public static void main(String[] args) {

        javax.swing.SwingUtilities.invokeLater(new   Runnable()
{
            public void run() {
                JMenuDialogDemo demo = new JMenuDialog-
Demo();
                demo.createAndShowGUI();
            }
        });
    }
}
```

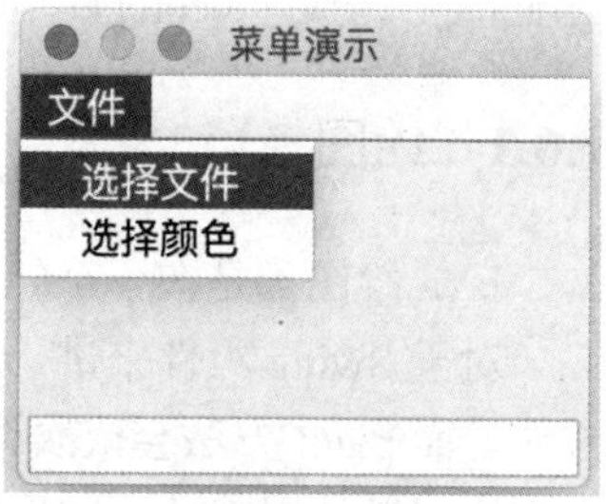

图 9-32 显示了两个菜单选项,当单击"选择文件"菜单项时,会弹出如图 9-33 所示的"文件选择"对话框,此时用户可以选取文件,当单击"打开"按钮后,用户所选择的文件名显示在窗体的文本框中。当单击

图 9-32 初始界面

"选择图像"菜单项，会弹出如图 9-34 所示的"选择颜色"对话框，此时用户可以选取喜欢的颜色，当单击"确定"按钮后，窗体的背景颜色变为所选的颜色。

图 9-33　打开"文件选择"对话框界面

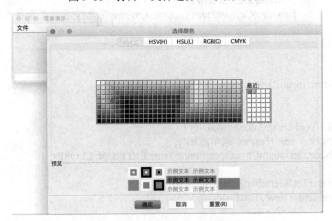

图 9-34　打开"选择颜色"对话框界面

9.6　多媒体

对多媒体的支持，一直是 Java 语言的重要特色。下面主要介绍 Java 语言中对于绘图（graphics）、颜色（colors）、图像（images）及动画（animations）等多媒体相关技术的处理方式。

9.6.1　绘图

Java 绘图都是在一个轻量级的容器里，比如 swing 的 JPanel，它就像一块画布。

对于 Swing 组件来讲，无论是系统级还是应用程序级的触发请求，系统总会自动调用 paint 方法。而 paint 方法会依次调用 paintComponent, paintBorder 和 paintChildren 三个方法。后两个方法一般使用其默认实现就可以。

当利用 Swing 编写绘图程序，且继承于 JComponent 或其子类如 JPanel 时，只需要覆盖 paintComponent 方法即可。换言之，程序员需要将有关的绘图代码放置在 paintComponent 方法内，而不是 paint 方法内。

图形的绘制需要使用 AWT 中 Graphics 类，它提供了许多与绘图相关的方法。类 Graphics 在包 java.awt 中定义，通过它可以在屏幕上绘制或者填充各种几何图形、输出文字或者显示图像，还可以设置当前字体、绘图区域、绘图颜色、绘图方式等。

下面分别讲解图形、文字、图像和动画的实现。

9.6.2 基本图形

基本图形包括点、线、圆、矩形等。它们是构成复杂图形的基础。Graphics 类中绘图的方法一类是绘制方法，一类是填充方法，填充方法适用于几何图形。如图 9-35 所示。

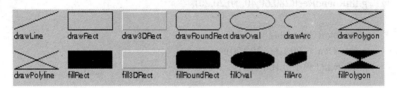

图 9-35 绘制和填充图形的方法

绘制图形时一般都要给出图形的坐标点、图形的长度宽度等信息。例如 drawLine(int x1, int y1, int x2,int y2)表示使用当前颜色在点 (x1, y1) 和 (x2, y2) 之间画一条线。fillRect(int x, int y, int width, int height)表示填充一个矩形，该矩形左边缘和右边缘分别位于 x 和 x + width − 1。上边缘和下边缘分别位于 y 和 y + height − 1。

例 9-28 展示了如何绘制基本图形，运行结果如图 9-36 所示。

例 9-28 利用 JPanel 在窗口绘制基本图形。

文件名：DrawShapeDemo.java

```
import java.awt.*;
import java.awt.event.*;
import javax.swing.*;

public class DrawShapeDemo{

    public static void main(String[] args) {

        ShapePanel imagePanel = new ShapePanel ();

        JFrame f = new JFrame("绘图演示");
        f.setDefaultCloseOperation(JFrame.EXIT_ON_CLOSE);
        f.getContentPane().add(imagePanel, BorderLayout.CENTER);
        f.setSize(new Dimension(400,350));
        f.setVisible(true);
    }
}

//绘画面板类
```

图 9-36 绘制基本图形

```java
class ShapePanel extends JPanel {
    //绘画方法
    public void paintComponent(Graphics g) {
        super.paintComponent(g); //画背景

        //选颜色，画图形
        g.setColor(Color.red);
        g.drawRect(50,50,40,40);
        g.setColor(Color.yellow );
        g.fillRect(51,51,39,39);

        g.setColor(Color.CYAN );
        g.fillRoundRect(280,60,40, 50,20,20);

        g.setColor(Color.blue );
        g.drawOval (100,100,120,120);
        g.fillOval(150,150,100,100);

        g.drawLine (50,300,350,200);
    }
}
```

9.6.3 颜色和字体

Java 是通过 java.awt 包中的 Color 类处理颜色的。该类封装了使用 RGB 格式的颜色。在 RGB 格式中，颜色的红 R、绿 G、蓝 B 成分分别用一个位于 0～255 范围内的整数表示。0 表示这个基色成分没有贡献颜色。255 表示这个颜色成分的最大饱和度。

虽然 Color 类基于包含 3 个成分的 RGB 模型，它也支持 HSB 模型（在 HSB 模型中，H 表示色相，S 表示饱和度，B 表示亮度）。色相是指组成可见光谱的单色。红色在 0°，绿色在 120°，蓝色在 240°。它基本上是 RGB 模式全色度的饼状图。饱和度表示色彩的纯度，为 0 时为灰色。白、黑和其他灰色色彩都没有饱和度的。在最大饱和度时，每一色相具有最纯的色光。亮度是色彩的明亮读。为 0 时即为黑色。最大亮度是色彩最鲜明的状态之间的转换提供了一系列便利方法。如 HSBtoRGB 方法将由 HSB 模型指定的颜色的成分转换为等价的 RGB 模型的值的集合。例如，构造一个灰色对象的语句为：

    Color gray=new Color(205,205,205);

Java 通过 java.awt 包中 Font 类控制组件所用字形大小、样式和字体等。例如构造一个 Times Roman 字型，字体样式为 BOLD，字体大小为 12 的字体对象的语句为：

    Font boldFont = new Font("Times Roman", Font.BOLD, 12);

Graphics 类中绘制文字的方法 drawString(String str,int x,int y)。实现的代码片段如下。

```java
public void paintComponent(Graphics g) {
    super.paintComponent(g); //画背景

    Font font = new Font("Serif", Font.PLAIN, 36);
    g.setFont(font); //设置字体
```

```
g.setColor(Color.BLUE); //设置颜色
g.drawString("你好！", 70,120);
g.setColor(new Color(205,225,199)); //设置颜色
g.drawString("你好！", 70, 60);

    }
```

9.6.4 图像

与图形不同，图像是由专门的软件生成的二进制文件，按不同的存储格式存储图像数据就形成了不同的图像种类。

在 Java 中，与图像处理相关的类主要分布在 java.applet、java.awt、java.awt.image 包中。每一个图像都是用 java.awt.Image 对象表示。除了 Image 类外，java.awt 包提供了可用于创建、操纵和观察图像的接口和类。例如，Graphics 类的 drawImage 方法用于显示图像，Toolkit 对象的 getImage 方法用于加载图像，MediaTracker 类用于跟踪图像下载情况等。

1．加载图像

Java 语言所提供的方法 getImage 可以加载 GIF 和 JPEG 两种格式的图像。使用方法 getImage 的典型代码如下：

```
myImage = getImage(URL); //只能用于 Java 小应用程序
myImage =   Toolkit.getDefaultToolkit().getImage(filenameOrURL);
```

getImage 方法立即返回，因此不必等待图像加载完就可以直接在程序中执行其他的操作。虽然这可以提高性能，但有时程序可能会需要更多的控制或者有关图像的信息。

2．跟踪图像下载

为了在下载图像时，避免出现残缺不全的现象，需要对图像的下载进行跟踪。此时可以使用类 MediaTracker 或接口 ImageObserver 来完成此任务。

类 MediaTracker 可以同时实现对图像的同步或异步跟踪。示例代码如下：

```
//生成对象，com 为媒体跟踪器对象 tracker 所要跟踪的给定组件
MediaTracker tracker = new MediaTracker(com);
//加入需要跟踪的图像，img 为要跟踪的图像，id 为下载图像的优先级
tracker.addImage(img, id);
```

然后可以利用 MediaTracker 的方法 checkID(int)、checkAll()、statusID(int)、statusAll()等异步跟踪图像的载入情况；利用方法 waitForID(int)、waitForAll()等可以同步跟踪图像的载入情况。

当然，也可以通过实现 ImageObserver 接口中定义的 imageUpdate 方法跟踪图像的加载过程。

3．显示图像

对于已经加载完毕的图像，可以通过调用 Graphics 类所提供的 drawImage()方法的以下 6个重载方法之一来完成。

```
drawImage(Image img, int x, int y, Color bgcolor, ImageObserver observer)
drawImage(Image img, int x, int y, ImageObserver observer)
drawImage(Image img, int x, int y, int width, int height, Color bgcolor, ImageObserver observer)
drawImage(Image img, int x, int y, int width, int height, ImageObserver observer)
```

drawImage(Image img, int dx1, int dy1, int dx2, int dy2, int sx1, int sy1, int sx2, int sy2, Color bgcolor, ImageObserver observer)

drawImage(Image img, int dx1, int dy1, int dx2, int dy2, int sx1, int sy1, int sx2, int sy2, ImageObserver observer)

方法 drawImage()在显示已经载入的图像数据后立即返回，因此如果图像还没有完全载入时，其显示是不完整的，但可以使用 MediaTracker 类或 ImageObserver 接口来保证图像完全载入后再显示。

例 9-29 实现了原图绘制图像和放大绘制图像，实现结果如图 9-37 所示。

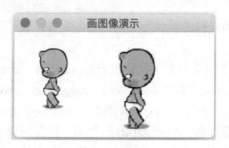

图 9-37　画图像演示

例 9-29　按不同比例显示一幅图像示例。

文件名：DrawImageDemo.java

```java
import java.awt.*;
import java.awt.event.*;
import javax.swing.*;

public class DrawImageDemo{
    public static void main(String[] args) {
        //加载图像
        Image image = Toolkit.getDefaultToolkit().getImage("image/boy.png");
        ImagePanel imagePanel = new ImagePanel(image);

        JFrame f = new JFrame("画图像演示");
        f.setDefaultCloseOperation(JFrame.EXIT_ON_CLOSE);
        f.getContentPane().add(imagePanel, BorderLayout.CENTER);
        f.setSize(new Dimension(250,150));
        f.setVisible(true);
    }
}

//绘画面板类
class ImagePanel extends JPanel {
    Image image;

    public ImagePanel(Image image) {
        this.image = image;
        this.setBackground(Color.white);
    }

    public void paintComponent(Graphics g) {
```

```
            super.paintComponent(g); //画背景
            //画原图
            g.drawImage(image,30,20,this);
            //改变图像尺寸
            g.drawImage(image,130,20,50,100,this);

        }
    }
```

4. 重画图形或图像

如果想要在已经画好图形或图像的 JPanel 上擦掉重画，可以调用 repaint()方法，它自动调用 paintComponent 方法重新绘画。repaint 有两个重载的方法。

        void repaint() //重新画整个画布
        void repaint(int x, int y, int width, int height) //重画指定区域

例 9-30 展示了当鼠标单击画布的不同位置时，就会在新的位置重新画图像，同时擦掉旧位置的图片，运行结果如图 9-38 所示。

图 9-38　重画图像

例 9-30　重画图像示例。
文件名：RepaintImageDemo.java

```java
import javax.swing.*;
import java.awt.*;
import java.awt.event.*;

public class RepaintImageDemo extends JFrame{
    private Image image;
    public RepaintImageDemo(Image image){
        super("重画图像");
        Container container = getContentPane() ;
        container.setLayout(new BoxLayout(container,BoxLayout.Y_AXIS ));
        PointPanel pointPanel= new PointPanel(image);
        container.add(pointPanel);
    }

    public static void main(String[] args) {
        //加载图片
        Image image = Toolkit.getDefaultToolkit().getImage("image/boy.png");
        JFrame frame = new RepaintImageDemo(image);
        frame.setDefaultCloseOperation(JFrame.EXIT_ON_CLOSE);
        frame.setSize(300,200);;
        frame.setVisible(true);
    }
}

class PointPanel extends JPanel{
    Image image;
    Point point=null;
    Dimension preferredSize = new Dimension(400,150);
```

```java
        public PointPanel(Image image ){
            this.image=image;
            this.setBackground(Color.white);

            addMouseListener(new MouseAdapter(){
                public void mousePressed(MouseEvent e){
                    //得到新的坐标点
                    int x=e.getX();
                    int y=e.getY();
                    if(point==null){
                        point =new Point(x,y);
                    }else{
                        point.x=x;
                        point.y=y;
                    }
                    repaint();//重画图像
                }
            });
        }
        public void paintComponent(Graphics g){
            super.paintComponent(g);
            if(point!=null){
                //在新的坐标点重画图像
                g.drawImage(image, point.x,point.y, this);
            }
        }
    }
```

9.6.5 动画

　　Java 程序不仅可以对图形、图像进行处理，还可以对声音、动画等进行控制。

　　动画是指连续而平滑地显示多幅图像。其原理是：首先在屏幕上显示动画的第一幅画面即第一帧，然后每隔很短的时间再显示另外一帧，如此往复。由于人眼的视觉暂停而感觉好像画面中的物体在运动。

　　使用 Timer 定时器可以方便地创建动画循环，Timer 类每间隔一定时间就会触发一个 ActionEvent 事件，因此可以在捕获事件的方法里更换图片，这样有规律地在间隔时间内更换图片就形成了动画。如果想停止动画，只需停止定时器运行，它就不会再触发事件，也就不会再更新图片。如果想继续运行动画，可以重新启动定时器。定时器有以下常用的方法。

　　① Timer(int, ActionListener)：Timer 构造方法第一个参数是触发事件之间暂停的毫秒数，第二个参数是捕获事件的监听器。

　　② void setDelay(int) 和 int getDelay()：设置和获取暂停时间间隔的毫秒数。

　　③ void setInitialDelay(int) 和 int getInitialDelay()：设置和获取开始第一个动作之前等待的毫秒数。默认与间隔时间的毫秒数一样。

　　④ void setRepeats(boolean)和 boolean isRepeats()：设置或获取计时器是否重复。默认情况下，此值为 true。setRepeats(false)设置一个计时器，该计时器会触发一个动作事件，然后停止。

⑤ void start()和 void restart()：启动计时器，restart 会重新启动暂停的定时器。

⑥ void stop()：停止计时器。

⑦ boolean isRunning()：获取计时器是否在运行。

例 9-31 的运行结果如图 9-39 所示。一个男孩在表演杂技，总共有 8 幅图片循环地变换，当单击暂停动画按钮时定格在某一张图片上，当单击播放动画按钮时，动画又重新运行。

例 9-31　动画示例。

文件名：ImageSequenceTimer.java

图 9-39　动画演示

```java
import javax.swing.*;
import javax.swing.border.Border;
import java.awt.*;
import java.awt.event.*;

public class ImageSequenceTimer implements ActionListener {
    ImageBoyPanel imageBoyPanel;
    Timer timer;
    static int frameNumber = -1;

    void buildUI(Container container, Image[] boys) {

        timer = new Timer(200,this);//定义定时器，并添加监听器
        timer.setInitialDelay(0);

        imageBoyPanel = new ImageBoyPanel(boys);

        JButton startButton= new JButton("播放动画");
        //创建并注册监听器，lambda 表达式方式，单击按钮启动定时器
        startButton.addActionListener(event->timer.start());

        JButton stopButton= new JButton("暂停动画");
        //创建并注册监听器，lambda 表达式方式，单击按钮停止定时器
        stopButton.addActionListener(event->timer.stop());

        JPanel buttonPanel =new JPanel();
        buttonPanel.add(startButton);
        buttonPanel.add(stopButton);

        container.add(imageBoyPanel, BorderLayout.CENTER);
        container.add(buttonPanel, BorderLayout.NORTH);

    }

    public void actionPerformed(ActionEvent e) {
        frameNumber++; //计数器加 1
        imageBoyPanel.repaint();   //重新绘制图片
    }

    class ImageBoyPanel extends JPanel{
```

```java
    Image boys[];

    public ImageBoyPanel(Image[] boys) {
        this.boys = boys;

        //给画布加一个立体边框
        Border raisedBevel = BorderFactory.createRaisedBevelBorder();
        Border lowedBevel = BorderFactory.createLoweredBevelBorder();
        Border compound = BorderFactory.createCompoundBorder
                                          (raisedBevel,lowedBevel);
        setBorder(compound);
        this.setPreferredSize(new Dimension(200,200));
    }

    //画当前图片
    public void paintComponent(Graphics g) {
        super.paintComponent(g); //画背景

        //获取当前图片并画出
        try {
            g.drawImage(boys[ImageSequenceTimer.frameNumber%8],
                        50,50,this);

        } catch (ArrayIndexOutOfBoundsException e) {
            System.out.println("图片数组下标越界");
            return;
        }
    }
}

//Invoked only when this is run as an application.
public static void main(String[] args) {
    Image[] waving = new Image[10];

    for (int i = 1; i <= 8; i++) { //加载图片
        waving[i-1] =
            Toolkit.getDefaultToolkit().getImage("B"+i+".gif");
    }

    JFrame f = new JFrame("动画演示");
    f.setDefaultCloseOperation(JFrame.EXIT_ON_CLOSE);

    ImageSequenceTimer controller = new ImageSequenceTimer();
    controller.buildUI(f.getContentPane(), waving);
    controller.timer.start();//启动定时器

    f.pack();;
    f.setVisible(true);
    }
}
```

习题

1. Swing 有哪些常用组件？怎么用？
2. Swing 有几种容器？其功能特性是什么？
3. Swing 的布局管理器有哪些特点？
4. 简述 Java 中所采用的事件处理机制。
5. 举例说明向窗口添加菜单的步骤并说明如何创建多级菜单。
6. 创建了一个文本框和 4 个文本区，文本框用来接收键盘的输入并注册键盘事件监听者。其他 3 个文本区中分别显示在 Pressed、Released、Typed 方法中相关联的键所对应的字符。
7. 设计一个内含一个按钮的窗体，当此按钮按下时，窗体的颜色便会从原先的白色变成黄色。
8. 编写程序实现一个计算器，包括 10 个数字（0~9）按钮和 4 个运算符（+、-、*、/）按钮，以及等号和清空两个辅助按钮，还有一个显示输入和运算结果的文本框。
9. 编写程序模拟 Windows 画图程序。
10. 一个窗口中，在四个位置循环显示四种不同颜色的正方形，当鼠标单击时，停止循环显示，再次单击，恢复显示。
11. 在窗口的一个区域进行鼠标操作：mouseEnter，mouseExit，mousePress，mouseDrag，mouseClick。

在窗口的另一个区域以文字显示鼠标所进行的相应操作。

另外，当鼠标进行 mousePress，mouseDrag，mouseClick 操作时，将显示一个图片。当鼠标拖拉时，图片随鼠标移动。

12. 设计一个窗体，窗体的顶部有一个文本编辑框，一个打开文件按钮，一个保存文件按钮，窗体的下面有个带滚动条的多行文本编辑区。当在文本编辑框中输入文件名并单击打开文件按钮时，文件的内容显示到多行文本编辑区，可以对编辑区文本进行修改，当单击保存按钮时，修改后的内容保存到文件中。

第10章 网络通信

本章介绍 Java 中网络编程的基本技术，针对 TCP/IP 的 4 个不同层次，分别介绍了面向网络接口层、面向网络层、面向传输层和面向应用层的具体编程实现。其中，面向传输层的 TCP 和 UDP 通信是本章的重点，面向应用层的 URL 编程可以扩展到与 Servlet 等服务程序的交互，为 Java 应用提供更实用的网络通信功能。

10.1 网络基本概念

网络编程就是指实现网络上的计算机之间的数据通信，其基本编程模型是客户-服务器结构，即通信双方的一方作为服务器等待客户请求并予以响应，而客户在需要服务时向服务器提出申请。由于服务器需要同时为多个客户提供服务，因此一般会采用多线程方式来处理客户请求。

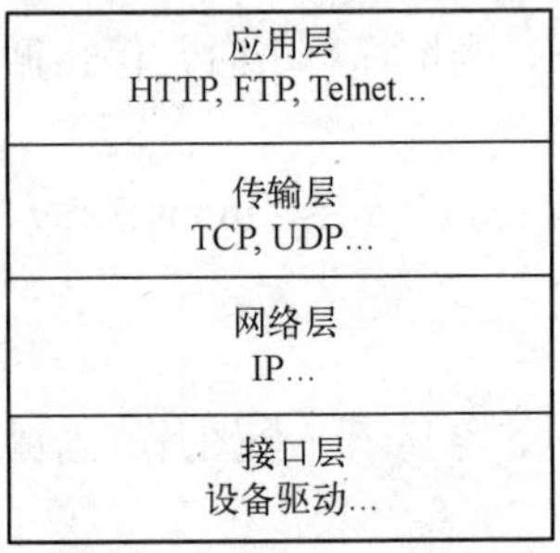

网络编程使用网络通信协议来进行交互。网络通信协议是指应用程序（通常是不同计算机上的应用程序）间相互通信时所需要共同遵守的各种规则的集合。目前使用最广泛的网络协议是 Internet 的 TCP/IP 协议，TCP/IP 协议模型包括 4 个层次，自下向上分别为网络接口层、网络层、传输层和应用层，如图 10-1 所示。

应用层 HTTP, FTP, Telnet...
传输层 TCP, UDP...
网络层 IP...
接口层 设备驱动...

图 10-1 TCP/IP 协议模型

编写 Java 网络通信应用程序实际是应用层的编程，一般不需要关心底层的具体协议，而只需要使用 java.net 包中提供的网络相关类，这些类提供独立于系统的网络通信功能。在选择具体类前，需要先理解 TCP 和 UDP 协议。

10.1.1 TCP 协议

TCP （transmission control protocol，传输控制协议）是面向连接的、提供两个计算机之间的可靠数据传输的协议。TCP 协议有流量控制和拥塞控制，提供全双工通信，面向字节流。每一个 TCP 连接只能是一对一。

当两个应用需要相互之间可靠的通信时，首先建立连接，然后使用该连接发送和接收数据。TCP 协议提供一个端到端的通道，保证数据从连接一端发送的数据在另一端以相同的顺序接收，否则报告错误。应用层的协议如 HTTP（hypertext transfer protocol，超文本传输协议）、FTP（file transfer protocol，文件传输协议）和 Telnet（telecommunication network protocol，远程通信协议）等都需要使用可靠的通信通道，因此都是使用 TCP 协议进行通信。

10.1.2 UDP 协议

UDP （user datagram protocol，用户数据报协议）是非连接的通信协议，发送的数据单元称为数据报，数据报传输时不保证能够按序到达接收的计算机。UDP 是无连接的，尽最大可能交付，没有拥塞控制，面向报文。支持一对一、一对多、多对一和多对多的交互通信。

从一个应用发送独立的 UDP 数据报到另一个应用，其过程类似于通过邮局投递一封信件：每一封信都独立于其他的信件，投递的顺序并不重要，也不能保证能否到达。

对于大多数基于网络的应用，可靠传输是信息传输的必要条件，但是也有一些应用，数据通信并不需要这样严格。例如，在屏幕上报告股票市场、显示航空信息等，在这些场合，如果有消息丢失，在几秒之后另一个新的消息就会替换它。UDP 是分发信息的一个理想协议。另外，UDP 也广泛用在多媒体应用中，对于音频和多媒体网络应用，更多的是强调传输性能而不是传输的完整性时，UDP 是更合适的选择。

10.1.3 IP 地址和端口

一般来说，一台计算机只有一个物理的网络连接，通常称为网络接口，如网卡。所有数据的发送和接收都需要通过该连接才可以实现。在 TCP/IP 协议中，网络接口采用 IP 地址来唯一标识网络上的当前计算机。但是，一台计算机上可能有多个不同的应用程序需要同时发送和接收数据，这就需要计算机采用端口（port）来标识这些应用，从而实现数据通信。

Internet 上计算机之间的数据传输实际是通过使用计算机 IP 地址和对应的端口来实现的，通常称为套接字（socket）。IP 地址在互联网上唯一标识一台具体的计算机，计算机的 IP 地址是 32 位（IPv4）或 128 位（IPv6）无符号数字，以 IPv4 为例，32 位的标识一般采用 4 个无符号十进制数值的标注方式，如 192.168.1.10。端口是一个 16 位的无符号数字，用来唯一确定某台计算机上的一个具体的应用程序，TCP 和 UDP 协议使用端口号来将输入数据与运行在计算机上的一个具体应用程序映射起来。每个端口只能对应到一个应用，不允许重复绑定。

在使用基于连接的 TCP 协议时，服务器应用程序需要将 Socket 绑定到指定的端口号，相当于在当前计算机系统中注册了该服务器程序来接收该端口的所有数据，之后，客户应用程序可以通过该端口来请求服务，如图 10-2 所示。

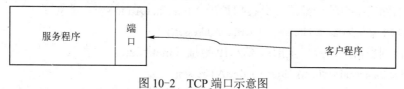

图 10-2 TCP 端口示意图

在使用基于数据报的 UDP 协议时，数据报包含目的计算机的 IP 和端口号，通过 UDP 协议将具体的数据报转发到具体的应用。端口的作用如图 10-3 所示。

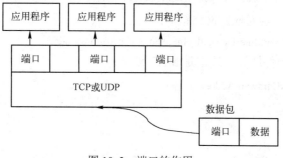

图 10-3 端口的作用

由于端口是由 16 位二进制位来表示的，因此端口号的有效范围是 0～65 535。其中，端口 0～1023 为限制使用端口，也称为熟知端口，保留用于熟知的系统服务，如 HTTP 使用 80 端口、而 FTP 则使用 21 端口等。程序员编写的应用程序应该避免使用这些熟知端口。

10.2 Java 网络功能

Java 平台的 java.net 包中提供了实现网络功能的各种类，用于实现基于 TCP 或 UDP 的网络通信功能。针对 TCP/IP 的 4 个不同层次，可以将 Java 语言所提供的网络功能分为网络接口层、网络层、传输层和应用层 4 大类。

10.2.1 网络接口层

java.net.NetworkInterface 类用于表示网络接口。

网络接口是计算机与网络之间的互联点，通常是指网卡（network interface card，NIC）。网络接口也可以用软件来实现，例如，环回（loopback）接口（IPv4 中为 127.0.0.1，而 IPv6 中为::1）并不是物理设备，而是软件模拟的一个当前系统的网络接口，通常用于测试。

NetworkInterface 类对于使用多个网卡的多地址系统尤其重要，使用 NetworkInterface 类可以指定使用哪个网卡来进行特定的网络活动。NetworkInterface 类没有提供构造方法，但是提供了一组 get 方法来获取网络接口相关的信息。

获取当前机器上的所有网络接口：

  public static Enumeration<NetworkInterface> getNetworkInterfaces()

获取当前网络接口的名称：

  public String getName()

获取当前网络接口的显示名称，显示名称是描述网络接口的字符串：

  public String getDisplayName()

获取当前网络接口的全部或部分接口地址（InterfaceAddresses 对象）：

  public List<InterfaceAddress> getInterfaceAddresses()

获取绑定到当前网络接口全部或部分 IP 地址（InetAddress 对象）：

  public Enumeration<InetAddress> getInetAddresses()

结合 getNetworkInterfaces()和 getInetAddresses()可以获取当前机器上的所有 IP 地址。

获取指定名称的网络接口：

  public static NetworkInterface getByName(String name)

依据指定 IP 地址返回对应的网络接口：

  public static NetworkInterface getByInetAddress(InetAddress addr)

获取当前接口的硬件地址，通常是 MAC 地址：

  public byte[] getHardwareAddress()

10.2.2 网络层

java.net.InetAddress 类用来表示 IP 地址。InetAddress 类的两个直接子类是 Inet4Address

和 Inet6Address，分别表示 IPv4 的地址和 IPv6 的地址。

每个 InetAddress 对象包含有 IP 地址、主机名等信息。InetAddress 类没有提供构造方法，不能直接使用 new 来构造一个 InetAddress 对象。但是 InetAddress 类提供了一组 get 方法来获取相关属性。

获取 InetAddress 对象的主机名：

  public String getHostName()

获取 InetAddress 对象的字符串格式的 IP 地址：

  public String getHostAddress()

获取 InetAddress 对象的二进制数据格式的 IP 地址，以字节数组方式存放，地址的最高字节存放于数组下标 0 的元素，其他依次存放。

  public byte[] getAddress()

返回本地主机的 InetAddress 对象：

  public static InetAddress getLocalHost()

依据给定的主机名返回对应的 InetAddress 对象：

  public static InetAddress getByName(String host)

依据给定的 IP 地址，返回对应的 InetAddress 对象，参数按 IP 地址字节顺序，高位字节位于 addr[0]中：

  public static InetAddress getByAddress(byte[] addr)

例 10-1 为使用 InetAddress 类的简单实例，依据给定的主机域名，确定对应的 IP 地址。

例 10-1 InetAddress 类的使用实例。

文件名：testIPAddr.java

```java
import java.net.*;

public class TestIPAddr {
    public static void main(String[] argv) throws Exception {

        InetAddress localHost = InetAddress.getLocalHost();
        System.out.println("本机名: " + localHost.getHostName());// 本机名
        System.out.println("IP 地址: " + localHost.getHostAddress());// IP 地址

        // 返回指定主机的 IP 地址
        InetAddress host = InetAddress.getByName("www.bjtu.edu.cn");
        System.out.println("\n 域名: " + host.getHostName());// 域名
        System.out.println("IP 地址: " + host.getHostAddress());// IP 地址
    }
}
```

输出结果如下：

  本机名: X-Huawei
  IP 地址: 172.28.112.1

  域名: www.bjtu.edu.cn
  IP 地址: 202.112.154.197

结合 NetworkInterface 和 InetAddress 两个类，可以获取当前系统的所有网络接口及对应的 MAC 地址、IPv4 和 IPv6 地址，如例 10-2 所示。

例 10-2 获取当前系统的所有接口及对应 MAC 地址、IP 地址实例。

文件名：ListNIFs.java

```java
import java.net.*;
import java.util.*;
import static java.lang.System.out;//static import

public class ListNIFs {
    public static void main(String args[]) throws SocketException {
        Enumeration<NetworkInterface> nets =
            NetworkInterface.getNetworkInterfaces();
        for (NetworkInterface netIf : Collections.list(nets)) {
            showNetworkInterface(netIf);
            showNetIp(netIf);
            out.printf("\n");
        }
    }

    // 网络接口描述信息及 MAC 地址
    static void showNetworkInterface(NetworkInterface netIf)
            throws SocketException {
        out.printf("Display name[描述]: %s\n", netIf.getDisplayName());
        out.printf("Name: %s\n", netIf.getName());

        byte[] mac = netIf.getHardwareAddress();
        if (mac != null && mac.length > 0) {
            out.print("MAC Address [物理地址] :");
            for (int i = 0; i < mac.length; i++) {
                out.printf("%02X", mac[i]);
                if (i < mac.length - 1)
                    out.printf("-");
            }
            out.printf("\n");
        }
    }

    static void showNetIp(NetworkInterface netIf) {
        Enumeration<InetAddress> inets = netIf.getInetAddresses();
        for (InetAddress inet : Collections.list(inets)) {
            showIP(inet);
            out.printf("\n");
        }
    }

    // 输出 IP 地址，支持 IPv4 和 IPv6
    static void showIP(InetAddress ia) {
        byte[] ip = ia.getAddress();
        int unsignedIP; // 用于获取 java byte 的无符号数值，避免输出负数，如 202
        if (ip != null) {
            if (ip.length == 4) {// IPv4
```

```
                out.print("[IPv4]");
                for (int i = 0; i < ip.length; i++) {
                    unsignedIP = ip[i] & 0xff;//通过位运算高位变0来改为正数
                    out.printf("%d", unsignedIP);// ip[i]);
                    if (i < 3)
                        out.printf(".");
                }
            } else { // IPv6
                out.print("[IPv6]");
                for (int i = 0; i < ip.length;) {
                    out.printf("%02X", ip[i]);
                    i++;
                    if (i % 2 == 0 && i < ip.length - 1)
                        out.printf(":");
                }
            }
        }
        out.printf("\n");
    }
}
```

输出结果示例如下：

```
Display name[描述]: Software Loopback Interface 1
Name: lo
[IPv4]127.0.0.1
[IPv6]0000:0000:0000:0000:0000:0000:0000:0001

Display name[描述]: Intel(R) Dual Band Wireless-AC 8265
Name: wlan1
MAC Address [物理地址] :F8-63-3F-FE-1C-C1
[IPv4]192.168.0.104
[IPv6]FE80:0000:0000:0000:6D2A:428D:BCF7:39D5
…
```

10.2.3 传输层

面向传输层类主要有 InetSocketAddress、Socket、ServerSocket、DatagramPacket、DatagramSocket 和 MulticastSocket。

InetSocketAddress 类用于表示 IP 套接字地址，也就是包括 IP 地址和端口号。可以根据 IP 地址和端口号来创建套接字地址，同样也提供相应的 get 方法来获取 IP 地址、主机名和端口号。

类 Socket 和 ServerSocket 应用的是 TCP 协议实现网络通信。利用类 ServerSocket 实现的是服务器套接字，利用类 Socket 实现客户端套接字。

类 DatagramPacket、DatagramSocket 应用的是 UDP 协议实现网络通信。类 DatagramPacket 表示的是一个数据报。类 DatagramSocket 用于在程序之间建立传送数据报的通信连接，即发送和接收数据报包的套接字。

DatagramSocket 的子类 MulticastSocket 用于发送和接收 IP 多播包。

10.2.4 应用层

面向应用层的类本章只介绍 URL 和 URLConnection。URL 和 URLConnection 类的底层是使用传输层的 TCP 协议进行网络通信。

URL 类代表统一资源定位符(uniform resource locator,URL),是指向互联网资源的指针。资源可以是简单的文件或目录,也可以是对更为复杂的对象引用,如数据库或者搜索引擎的查询。通常,URL 可分成以下几个部分:协议名://主机名[:端口号]/资源名。例如,如下的 URL 使用的协议为超文本传输协议 http,主机名为 www.bjtu.edu.cn,具体的资源为 index.html 文档。

    http://www.bjtu.edu.cn/index.html

URL 中如果没有指定远程主机 TCP 连接的端口,则使用协议默认的端口,例如,HTTP 协议的默认端口为 80。

通过 URL,Java 程序可以直接读取网络上所存放的数据,或把自己的数据传送到网络的另一端。

10.3 基于 TCP 的网络通信

在客户-服务器应用中,服务器程序提供服务,而客户程序使用服务器提供的服务,客户和服务器之间的网络通信必须是可靠的,也就是说,不能出现数据丢失和数据到达顺序与发送顺序不一致的现象。

TCP 协议提供了可靠的、点到点的通信通道,可以满足客户-服务器应用的要求。使用 TCP 协议通信时,客户程序和服务器程序要建立连接,双方都需要绑定一个套接字到连接的端点,在通信时,双方分别使用自己端的套接字读写数据。

套接字(socket)是一个网络上两个应用程序之间的双向通信链路的一端,绑定到一个具体的端口号,TCP 层可以通过端口号来映射到具体的应用。

在 Java 提供的网络通信类中,ServerSocket 类表示服务器端套接字,而 Socket 类则表示通用套接字,可以用于客户和服务端的通信。

10.3.1 TCP 服务器

java.net.ServerSocket 类提供了创建 ServerSocket 对象、在指定端口侦听、建立连接后发送和接收数据的相关方法。

创建绑定到特定端口的服务器套接字:

  public ServerSocket(int port)

侦听并接受到服务器套接字的连接:

  public Socket accept()

accept()方法是阻塞式方法,在没有客户端连接时会一直等待,当有客户端连接成功,就会返回与该客户端通信的套接字 Socket 对象,使用该 Socket 对象就可以和对应连接上的客户端进行数据通信了。

服务器可以继续侦听并接受到服务器套接字的客户端连接。

网络数据通信实际还是使用 Java 中的输入输出流，Socket 对象提供两个方法分别获取输入流和输出流：

    public InputStream getInputStream() throws IOException
    public OutputStream getOutputStream() throws IOException

具体来说，创建基于 TCP 的网络通信服务器程序的步骤如下：

① 创建绑定到特定端口的服务器套接字 ServerSocket 对象；

② 调用 ServerSocket 对象的 accept()方法侦听指定端口的连接请求，accept()方法会处于阻塞状态，当收到客户连接请求建立连接时，才会返回连接客户与服务器的 Socket 对象；

③ 使用返回的 Socket 对象的 getInputStream()方法和 getOutputStream()方法，获取网络通信的输入流和输出流；

④ 使用输入流和输出流进行读写操作；

⑤ 关闭输入流和输出流；

⑥ 关闭套接字。

例 10-3 为使用 ServerSocket 类实现的 TCP 服务器应用程序实例，实现的功能是将客户端程序发送过来的信息重新返回给客户端。

例 10-3 TCP 服务器应用程序。

文件名：TCPServer.java

```java
import java.net.*;
import java.io.*;

public class TCPServer {
    public static void main(String[] args) {
        ServerSocket serverSocket = null;
        Socket sSocket = null;

        BufferedReader in;
        PrintWriter out;
        String inputLine;

        InetAddress client; // 远程客户端 IP 地址

        System.out.println("服务启动...");
        try {
            // 1 创建侦听端口的服务器套接字
            serverSocket = new ServerSocket(2021);

            // 2 侦听客户端连接，阻塞...
            sSocket = serverSocket.accept(); //连接成功返回一个 socket 对象

            // 3 收到连接请求
            System.out.println("连接建立...");
            // 获取远程 客户端 IP 地址
            client = sSocket.getInetAddress();

            // 4 使用返回的 socket 进行通信
```

```
                    out = new PrintWriter(sSocket.getOutputStream(), true);
                    in = new BufferedReader(
                            new InputStreamReader(sSocket.getInputStream()));
                    while ((inputLine = in.readLine()) != null) {
                        System.out.printf("收到客户端信息[From %s]: %s%n",
                                    client, inputLine);
                        out.println("ECHO From Server:" + inputLine);
                        if (inputLine.equals("bye"))
                            break;
                    }

                    // 5 关闭输入输出流和套接字
                    System.out.println("服务终止！");
                    out.close();
                    in.close();
                    sSocket.close();
                    serverSocket.close();
                } catch (Exception e) {
                    System.out.println(e);
                    System.exit(1);
                }
            }
        }
```

每一个 Socket 都将占用一定的资源，所以在 Socket 对象使用完毕时，要将其关闭。在关闭 Socket 之前，应先将与 Socket 相关的所有的输入输出流全部关闭，而且要注意关闭的顺序。

10.3.2 TCP 客户端

java.net.Socket 类提供了创建 TCP 客户端 Socket 对象的构造方法和获取网络通信的输入流和输出流的方法。

创建一个套接字，连接到指定主机上的指定端口号：

  public Socket(String host,int port)

创建一个流套接字，连接到指定 IP 地址的指定端口号：

  public Socket(InetAddress address,int port)

获取当前套接字的输入流：

  public InputStream getInputStream()

获取当前套接字的输出流：

  public OutputStream getOutputStream()

具体来说，使用类 Socket 创建客户端程序的步骤如下：

① 使用服务器 IP 及端口作为参数创建一个 Socket 对象，连接到指定服务器；

② 使用 Socket 对象的 getInputStream()方法和 getOutputStream()方法，获取网络通信的输入流和输出流；

③ 使用输入流和输出流进行读写操作；

④ 关闭输入流和输出流；

⑤ 关闭套接字。

例 10-4 为使用 Socket 类实现的 TCP 客户应用程序实例。

例 10-4　TCP 客户应用程序。

文件名：**TCPClient.java**

```java
import java.io.*;
import java.net.*;

public class TCPClient {
    public static void main(String[] args) {
        Socket cSocket = null;
        PrintWriter out = null;
        BufferedReader in = null;
        String userInput;

        System.out.println("从键盘获取输入，发送到服务器\n" +
                    "然后读取服务器的响应信息并显示");

        try {
            // 1 创建 Socket，连接到服务器
            cSocket = new Socket("127.0.0.1", 2021);
            // 获取服务器 IP 地址
            InetAddress server = cSocket.getInetAddress();

            // 2 获取 Socket 对应的 IO Stream
            out = new PrintWriter(cSocket.getOutputStream(), true);
            in = new BufferedReader(
                new InputStreamReader(cSocket.getInputStream()));

            // 3 使用输入流和输出流进行读写操作
            // 从键盘获取输入，发送到服务器，然后读取服务器响应信息
            BufferedReader stdIn = new BufferedReader(
                            new InputStreamReader(System.in));
            while ((userInput = stdIn.readLine()) != null) {
                System.out.println("发送信息: " + userInput);
                out.println(userInput);
                System.out.printf("收到服务器响应[From %s]: %s%n",
                    server, in.readLine());
                if (userInput.equals("bye"))
                    break;
            }
            System.out.println("程序退出！");
            // 4 关闭
            out.close();
            in.close();
            stdIn.close();
            cSocket.close();
        } catch (IOException e) {
            System.out.println(e);
        }
    }
}
```

在先运行例 10-3 对应的服务器程序后，再运行启动客户程序，下面是一个网络交互的结果。客户程序输出如下：

```
从键盘获取输入，发送到服务器
然后读取服务器的响应信息并显示
hello
发送信息: hello
收到服务器响应[From /127.0.0.1]: ECHO From Server:hello
bjtu
发送信息: bjtu
收到服务器响应[From /127.0.0.1]: ECHO From Server:bjtu
北京交通大学
发送信息: 北京交通大学
收到服务器响应[From /127.0.0.1]: ECHO From Server:北京交通大学
bye
发送信息: bye
收到服务器响应[From /127.0.0.1]: ECHO From Server:bye
程序退出！
```

服务器程序输出如下：

```
服务启动...
连接建立...
收到客户端信息[From /127.0.0.1]: hello
收到客户端信息[From /127.0.0.1]: bjtu
收到客户端信息[From /127.0.0.1]: 北京交通大学
收到客户端信息[From /127.0.0.1]: bye
服务终止！
```

10.3.3 处理多客户请求

例 10-3 对应的服务器程序实现了服务器侦听和处理一个客户程序的连接请求，实际上，服务器的同一个端口可以同时接收多个客户端程序的请求，对应的 ServerSocket 对象也可以处理多个客户端程序的请求。在实现时，对同一个端口的客户连接请求是以队列方式等待服务器响应，服务器则是依次接受和处理连接请求。

使用线程技术可以实现服务器同时处理多个客户请求。服务器在指定的端口上侦听客户请求，当一个客户端连接上以后，启动一个线程处理与当前连接上的客户程序的通信；线程启动后，主线程继续等待下一个客户端连接。服务器主线程的基本流程可以描述如下：

```
while (true) {
    等待客户端连接；
    接受一个客户连接后，启动一个线程处理与当前连接上的客户程序的通信；
}
```

例 10-5 使用多线程技术对例 10-3 的 TCP 服务器程序进行了改进，实现同时与多个客户端通信的功能。

例 10-5 支持多客户连接的 TCP 服务器应用程序。

文件名：MultiTCPServer.java

```
import java.net.*;
import java.io.*;
```

```java
public class MultiTCPServer extends Thread {
    static ServerSocket serverSocket = null;
    Socket clientSocket = null; // 与线程相关的客户套接字
    static int count = 1; // 给不同的客户端统一编号
    private int clientID;

    // 构造方法
    private MultiTCPServer(Socket clientSoc) {
        clientID = count++;
        System.out.println("客户端 " + clientID + " 已经连接上");
        clientSocket = clientSoc;
    }

    // 使用线程处理客户请求
    public void run() {
        BufferedReader in;
        PrintWriter out;
        String inputLine;

        try {
            out = new PrintWriter(clientSocket.getOutputStream(), true);
            in = new BufferedReader(
                    new InputStreamReader(clientSocket.getInputStream()));

            while ((inputLine = in.readLine()) != null) {
                System.out.println("收到客户端[" + clientID + "]信息: "
                        + inputLine);
                out.println("ECHO From Server: " + inputLine);
                if (inputLine.equals("bye"))
                    break;
            }

            System.out.println("BYE, client " + clientID + " ! ");
            out.close();
            in.close();
            clientSocket.close();
        } catch (IOException e) {
            System.out.println("Client " + clientID + " Exception ! ");
            // System.exit(1);
        }
    }

    public static void main(String[] args) throws IOException {
        System.out.println("服务器启动...");
        try {
            // 创建侦听端口的服务器套接字
            serverSocket = new ServerSocket(2021);
            while (true) {
                // 等待连接，阻塞
                Socket s = serverSocket.accept();
                // 有 client 连接上，启动线程，之后等待下一个连接
                new MultiTCPServer(s).start();
```

```
                }
            } catch (IOException e) {
                System.out.println("服务终止：" + e);
                System.exit(1);
            } finally {
                serverSocket.close();
            }
        }
    }
```

在运行例 10-5 对应的 MultiTCPServer 服务器程序后，启动了 3 个例 10-4 对应的 TCPClient 客户应用程序，交替在不同客户端输入信息。下面是其中一个网络交互的结果。

客户程序 1 的输出如下：

```
从键盘获取输入，发送到服务器
然后读取服务器的响应信息并显示
hello
发送信息: hello
收到服务器响应[From /127.0.0.1]: ECHO From Server: hello
I must go！
发送信息: I must go！
收到服务器响应[From /127.0.0.1]: ECHO From Server: I must go！
bye
发送信息: bye
收到服务器响应[From /127.0.0.1]: ECHO From Server: bye
程序退出！
```

客户程序 2 的输出如下：

```
从键盘获取输入，发送到服务器
然后读取服务器的响应信息并显示
你好
发送信息: 你好
收到服务器响应[From /127.0.0.1]: ECHO From Server: 你好
北京
发送信息: 北京
收到服务器响应[From /127.0.0.1]: ECHO From Server: 北京
就这样了
发送信息: 就这样了
收到服务器响应[From /127.0.0.1]: ECHO From Server: 就这样了
bye
发送信息: bye
收到服务器响应[From /127.0.0.1]: ECHO From Server: bye
程序退出！
```

客户程序 3 的输出如下：

```
从键盘获取输入，发送到服务器
然后读取服务器的响应信息并显示
BJTU
发送信息: BJTU
收到服务器响应[From /127.0.0.1]: ECHO From Server: BJTU
OK
发送信息: OK
收到服务器响应[From /127.0.0.1]: ECHO From Server: OK
```

```
        bye
    发送信息: bye
    收到服务器响应[From /127.0.0.1]: ECHO From Server: bye
    程序退出！
```

服务程序的输出如下：

```
    服务器启动...
    客户端 1 已经连接上
    客户端 2 已经连接上
    客户端 3 已经连接上
    收到客户端[1]信息: hello
    收到客户端[2]信息: 你好
    收到客户端[2]信息: 北京
    收到客户端[3]信息: BJTU
    收到客户端[1]信息: I must go！
    收到客户端[2]信息: 就这样了
    收到客户端[3]信息: OK
    收到客户端[3]信息: bye
    BYE, client 3！
    收到客户端[1]信息: bye
    BYE, client 1！
    收到客户端[2]信息: bye
    BYE, client 2！
```

10.4 基于 UDP 的网络通信

UDP 协议是一种应用程序以数据报（datagram）的方式发送和接收数据的通信模式。数据报是独立的、自包含的网络传输信息单元，使用 UDP 通信的应用程序并不需要建立点到点的通信通道，发送和接收的是完全独立的数据报，在网络传输过程中不保证数据报是否到达和到达顺序一致。基于 UDP 协议的网络通信针对的是发送端和接收端，客户端和服务端的定义相对比较模糊，需要依据实际应用的场景来确定，服务提供者可以看成是服务端。

在 java.net 包中，有 DatagramPacket、DatagramSocket 和 MulticastSocket 等 3 个类用于基于 UDP 的网络通信。

基本的 UDP 应用程序使用数据报套接字 DatagramSocket 类来发送和接收数据报报文包 DatagramPacket，数据报套接字是数据报报文包投递服务的发送或接收点。

对于多播应用，通过使用多播套接字 MulticastSocket 类，数据报以广播方式同时发送给多个接收端，所有接收端可以同时接收广播的报文包 DatagramPacket。

在 Java 中，基于 UDP 的发送端和接收端的应用程序的实现基本一致，其基本步骤如下：

1）使用类 DatagramSocket 创建用于数据报通信的套接字

服务端（指先接受数据的那一端）一般需要指定接收端口：

    public DatagramSocket(int port)

如果不指定端口参数 port，DatagramSocket 的构造器会使用当前系统任意一个可用的端口号来创建套接字，这种方式一般用于客户端应用程序。

    public DatagramSocket()

2）使用类 DatagramPacket 创建数据报报文包

数据报报文包有两类型：发送数据用的报文包和接收数据用的报文包。

对于用来发送数据的报文包，首先需要采用二进制数据来表示报文包数据，采用字节数组存放将要发送数据。在构造发送数据的报文包时，需要指定接收端的主机地址和端口，使用如下的构造器，用于将存放在字节数组 buf 且长度为 length 的数据报报文包发送到指定主机上的指定端口号：

```
public DatagramPacket(byte[] buf,   int length, InetAddress address, int port)
```

用来接收数据的数据报报文包则不需要指定主机地址和端口信息。在构造接收数据的数据报报文包时，只需要指定存放报文包的字节数组 buf 和长度 length：

```
public DatagramPacket(byte[] buf, int length)
```

接收完成后，一般需要将收到的二进制数据（字节数组）还原成实际数据内容。

3）发送数据报报文包

使用 DatagramSocket 对象的 send()方法来发送报文包，参数只能使用发送数据用的数据报报文包。

```
public void send(DatagramPacket p)
```

4）接收数据报报文包

使用 DatagramSocket 对象的 receive()方法完成数据报的接收，该方法是阻塞式方法，会一直等待直到收到一个数据报报文包。参数必须为接收数据的数据报报文包。

```
public void receive(DatagramPacket p)
```

接收完成后，需要将收到的二进制数据还原成实际数据内容。

5）关闭数据报通信套接字

使用 DatagramSocket 对象的 close()方法关闭数据报通信套接字。

```
public void close()
```

10.4.1 UDP 服务器

例 10-6 为利用 DatagramSocket 创建 UDP 服务器端程序示例，接收客户程序发来的字符串消息，加上日期后作为响应返回客户程序。

例 10-6　UDP 服务器应用程序。

文件名：UDPServer.java

```java
import java.io.*;
import java.net.*;
import java.util.*;

public class UDPServer extends Thread {
    protected DatagramSocket socket = null;

    public UDPServer() throws IOException {
        this("UDPServer");
    }
```

```java
public UDPServer(String name) throws IOException {
    super(name);
    // 创建用于 UDP 通信的套接字 socket
    socket = new DatagramSocket(2022); // 接收端需要指定端口
    System.out.println("UDP 服务器已启动...");
}

public void run() {
    byte[] buf = new byte[256]; //接收数据的数据缓冲区
    byte[] sbuf;//发送数据的数组变量
    try {
        // 准备用于接收数据报报文包的 DatagramPacket 对象
        DatagramPacket packet = new DatagramPacket(buf, buf.length);

        while (true) {
            // 1 接收报文包
            socket.receive(packet); // 阻塞，直到收到报文包数据

            // 2 处理收到的数据
            // 获取远端地址和端口，用于回复响应消息
            InetAddress address = packet.getAddress();
            int port = packet.getPort();
            // 将接收的消息还原成字符串
            String received =
                    new String(packet.getData(), 0, packet.getLength());
            // 显示接收的消息
            System.out.println("接收[" + address + ":" + port + "]: " +
                    received);

            // 退出控制
            if (received.equals("bye")) {
                System.out.println("客户端 " + address + ":" + port + " 退出.");
                continue;
            }

            // 3 发送响应数据
            // 构造响应数据：日期+接收的字符串
            Calendar c = Calendar.getInstance();
            int year = c.get(Calendar.YEAR);
            int month = c.get(Calendar.MONTH)+1;
            int date = c.get(Calendar.DATE);
            int hour = c.get(Calendar.HOUR_OF_DAY);
            int minute = c.get(Calendar.MINUTE);
            int second = c.get(Calendar.SECOND);
            String dString = year + "年" + month + "月" + date + "日 " +
                    hour + ":" + minute + ":" + second;
            dString = "[服务端：" + dString + "]" + received;

            // 将响应数据封装到数据报报文包 DatagramPacket
            // 构造发送数据报报文包，指定接收者的端口和 IP 地址
            sbuf = dString.getBytes();
            packet = new DatagramPacket(sbuf, sbuf.length,
                    address, // 接收端地址
```

```
                            port); // 接收端端口
                    // 发送响应数据报报文包
                    socket.send(packet);
                }
            } catch (IOException e) {
                e.printStackTrace();
            }
            // 关闭 socket
            socket.close();
        }

        public static void main(String[] args) throws IOException {
            // 启动服务线程
            new UDPServer().start();
        }
    }
```

10.4.2 UDP 客户端

例 10-7 为利用 DatagramSocket 创建 UDP 客户端的程序示例，将键盘输入字符串发送到服务器端，并接收和显示服务器发来的响应消息。

例 10-7 UDP 客户端应用程序。

文件名：UDPClient.java

```
    import java.io.*;
    import java.net.*;

    public class UDPClient {

        public static void main(String[] args) throws IOException {
            if (args.length != 1) {
                System.out.println("Usage: java UDPClient <hostname>");
                return;
            }
            byte[] buf = new byte[256];// 接收数据的缓冲区
            byte[] sbuf;//发送数据使用的数组变量

            // 从键盘读取用户输入
            BufferedReader userInput =
                new BufferedReader(new InputStreamReader(System.in));

            // 创建用于 UDP 通信的客户端套接字，未使用端口参数会使用当前系统任一可用的端口号
            DatagramSocket socket = new DatagramSocket();
            InetAddress address = InetAddress.getByName(args[0]);

            while (true) {
                System.out.print("请输入信息：");
                String theLine = userInput.readLine();

                // 构造发送数据报报文包：需要指定接收端（端口和 IP 地址），但无须建立连接
```

```java
            sbuf = theLine.getBytes();
            DatagramPacket packet = new DatagramPacket(sbuf, sbuf.length,
                    address, // 接收端地址
                    2022); // 端口

            // 发送数据报报文包
            socket.send(packet);

            //结束控制
            if (theLine.equals("bye"))            break;

            // 获取响应：接收数据报报文包
            packet = new DatagramPacket(buf, buf.length);
            socket.receive(packet);

            // 显示响应结果
            String received =
                    new String(packet.getData(), 0, packet.getLength());
            System.out.println("接收到响应: " + received);
        }
        //关闭流和套接字
        userInput.close();
        socket.close();
    }
}
```

由于 UDP 服务程序不需要等待客户端连接，因此，服务端天然就支持多客户端进行通信，直接就可以接收不同客户端发送过来的消息和返回对应的响应信息。

在运行例 10-6 对应的 UDPServer 服务器程序后，使用下面的命令启动了两个 UDPClient 客户应用程序：

  java UDPClient localhost

交替在不同客户端输入信息，下面是一个网络交互的结果示例。

客户程序 1 的输出如下：

```
C:\JavaBook\bin>java UDPClient localhost
请输入信息：你好
接收到响应: [服务端: 2021 年 1 月 27 日 17:26:35]你好
请输入信息：北京交通大学
接收到响应: [服务端: 2021 年 1 月 27 日 17:26:43]北京交通大学
请输入信息：这里是 UDP 通信端一
接收到响应: [服务端: 2021 年 1 月 27 日 17:27:23]这里是 UDP 通信端一
请输入信息：待一会
接收到响应: [服务端: 2021 年 1 月 27 日 17:29:7]待一会
请输入信息：就这样
接收到响应: [服务端: 2021 年 1 月 27 日 17:30:18]就这样
请输入信息：bye
```

客户程序 2 的输出如下：

```
C:\JavaBook\bin>java UDPClient localhost
请输入信息：UDP 客户端二
接收到响应: [服务端: 2021 年 1 月 27 日 17:28:32]UDP 客户端二
```

请输入信息：测试结束
接收到响应：[服务端：2021 年 1 月 27 日 17:28:58]测试结束
请输入信息：再见
接收到响应：[服务端：2021 年 1 月 27 日 17:29:13]再见
请输入信息：bye

UDP 服务程序的输出如下：

UDP 服务器已启动...
接收[/127.0.0.1:63272]：你好
接收[/127.0.0.1:63272]：北京交通大学
接收[/127.0.0.1:63272]：这里是 UDP 通信端一
接收[/127.0.0.1:58274]：UDP 客户端二
接收[/127.0.0.1:58274]：测试结束
接收[/127.0.0.1:63272]：待一会
接收[/127.0.0.1:58274]：再见
接收[/127.0.0.1:58274]：bye
客户端 /127.0.0.1:58274 退出.
接收[/127.0.0.1:63272]：就这样
接收[/127.0.0.1:63272]：bye
客户端 /127.0.0.1:63272 退出.

10.4.3 多播通信

多播也称为组播。多播就是给一组特定的主机发送数据，这些主机需要加入到同一个多播组中。多播组的地址是 D 类 IP 地址，范围是 224.0.0.1～239.255.255.255，该范围内的地址并不是真正的互联网主机地址，而是多播组的标识符。任何发送到多播组地址的数据都会被发送到已经加入到该组的所有成员主机。多播组可以是永久的，也可以是临时的。加入到同一个多播地址的主机可以在指定端口上广播信息，也可以在指定的端口号上接收信息。

对于多播应用，通过使用多播套接字 MulticastSocket 类，数据报以广播方式同时发送给多个客户端，使用该类对应的多播套接字的所有客户端可以同时接收服务器广播的报文包，接收的数据类型也是 DatagramPacket。

利用 MulticastSocket 类实现多播通信可以分为发送多播数据报的多播服务器和接收多播数据的客户端两个部分。

多播服务器一般指的是发送多播数据报的程序，其实现的一般步骤如下：

① 使用 InetAddress 类创建多播组地址。

　　InetAddress group = InetAddress.getByName("230.0.0.1");

② 使用 MulticastSocket 类创建一个多播套接字。

创建绑定到特定端口的多播套接字：

　　public MulticastSocket(int port)

也可以创建绑定到指定套接字地址的多播套接字：

　　public MulticastSocket(SocketAddress bindaddr)

可以使用 MulticastSocket 对象的 setTimeToLive()方法设置多播数据包的默认生存时间，以便控制多播的范围：

```
public void setTimeToLive(int ttl)
```

其中，0≤ttl≤255，该参数设置数据报最多可以跨过多少个网络，当 ttl 为 0 时，指定数据报应停留在本地主机；当 ttl 的值为 1 时，指定数据报发送到本地局域网；当 ttl 为 255 时，意味着数据报可发送到所有地方；默认值为 1。

下面语句使用端口 2023 创建了多播套接字：

```
MulticastSocket s = new MulticastSocket(2023);
```

③ 使用类 DatagramPacket 创建发送用的数据报报文包，其中接收数据的 InetAddress 地址使用多播组地址，端口参数为接收多播的多播套接字端口号：

```
DatagramPacket sPackage = new DatagramPacket(buf, length, group, port);
```

④ 使用 MulticastSocket 对象的 send()方法发送多播数据报报文包。

```
s.send(sPackage);
```

多播客户程序这里指的接收多播数据报的应用，其实现的一般步骤如下：

① 使用 InetAddress 类创建多播组地址：

```
InetAddress group = InetAddress.getByName("230.0.0.1");
```

② 使用 MulticastSocket 类创建一个多播套接字：

```
MulticastSocket s = new MulticastSocket(2023);
```

③ 使用 MulticastSocket 类的对象 joinGroup()方法加入多播组：

```
s.joinGroup(group);
```

④ 使用类 DatagramPacket 创建准备接收数据的报文包，然后使用 MulticastSocket 对象的 receive()方法接收多播包，之后可以对接收的数据进行处理：

```
DatagramPacket recv = new DatagramPacket(buf, buf.length);
s.receive(recv);
```

⑤ 使用 MulticastSocket 对象的 leaveGroup()方法可以退出多播组：

```
public void leaveGroup(InetAddress group)
```

例 10-8 为多播服务器程序的实例，功能是每隔 3 秒钟时间就以多播方式发送一个统一编号的信息。

例 10-8 多播服务器程序。

文件名：MulticastServer.java

```
import java.io.*;
import java.net.*;

public class MulticastServer extends Thread {
    protected MulticastSocket socket = null;
    private InetAddress group;
    static int count = 0;
    int port = 2023;
    String groupIP = "230.0.0.1";

    public MulticastServer() throws IOException {
        // 创建多播组地址
```

```java
            group = InetAddress.getByName(groupIP);
            // 创建多播套接字对象
            socket = new MulticastSocket(port);
        }

        public void run() {
            byte[] buf = new byte[256];// 接收数据缓冲区
            System.out.println("多播服务器启动... ");
            while (true) {
                count++;
                String str = "Hello " + ":" + count;
                System.out.println("广播信息: " + str);
                buf = str.getBytes();
                try {
                    // 使用多播套接字发送多播数据包
                    DatagramPacket packet =
                        new DatagramPacket(buf, buf.length, group, port);
                    socket.send(packet);
                    // 间隔 3 秒
                    Thread.sleep(3000);
                } catch (Exception e) {
                    e.printStackTrace();
                }
            }
            // socket.close();
        }

        public static void main(String[] args) throws Exception {
            new MulticastServer().start();
        }
    }
```

接收例 10-8 多播服务器发送的多播信息，客户端必须使用绑定到指定端口的多播套接字。另外，客户程序需要使用 MulticastSocket 对象的 joinGroup()方法加入多播地址为 230.0.0.1 的多播组。之后，客户程序就可以使用 DatagramPacket 对象接收多播组 230.0.0.1 的 2020 端口的多播信息。例 10-9 利用 MulticastSocket 创建客户端程序的示例，连续接收并显示多播服务器发送的 50 个信息。

例 10-9　多播数据接收的客户端程序。

文件名：MulticastClient.java

```java
    import java.io.*;
    import java.net.*;

    public class MulticastClient {

        public static void main(String[] args) throws IOException {
            MulticastSocket socket = new MulticastSocket(2023);
            InetAddress group = InetAddress.getByName("230.0.0.1");
            //socket.setTimeToLive(100);
            socket.joinGroup(group);
            DatagramPacket packet;
```

```
            for (int i = 0; i < 50; i++) {
                // 接收多播数据
                byte[] buf = new byte[256];
                packet = new DatagramPacket(buf, buf.length);
                socket.receive(packet);
                // 显示接收结果
                String received =
                    new String(packet.getData(), 0, packet.getLength());
                System.out.println("接收： " + received);
            }
            // 离开多播组，关闭套接字
            socket.leaveGroup(group);
            socket.close();
        }
    }
```

运行例 10-8 所示的多播服务器程序，之后同时运行 3 个例 10-9 所示的多播接收客户程序，可以看到，所有的客户程序都同时收到相同的多播数据。运行结果如图 10-4 所示。

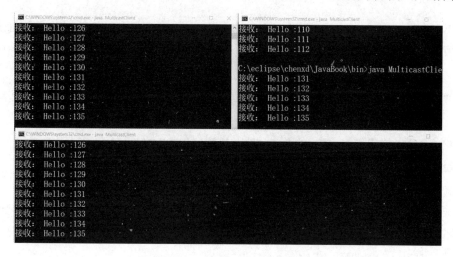

图 10-4　多播网络应用运行结果

10.5　使用 URL

URL（uniform resource locator，统一资源定位符）是对互联网上的资源的一种统一定义的访问方式，可以看成是这些资源的网络地址，使用 URL 可以定位到具体的互联网资源对应的文件、目录或对象。

URL 的一般格式是：协议名://资源名。协议名指的是获取资源时所使用的网络应用层协议，常用的协议名如下：

① HTTP：表示与一个 WWW 服务器上超文本文件的连接。
② FTP：表示与一个 FTP 服务器上文件的连接。
③ Gopher：表示与一个 Gopher 服务器上文件的连接。
④ News：表示与一个 Usenet 新闻组的连接。

⑤ Telnet：表示与一个远程主机的连接。
⑥ Wais：表示与一个 WAIS 服务器的连接。
⑦ File：表示与本地计算机上文件的连接。

资源名是资源的完整地址，包括主机名、端口号、文件名或文件内部的一个引用，可以忽略协议默认端口号和默认资源名。一个典型的 URL 实例如下：

  http://www.bjtu.edu.cn:80/index.html

其含义是使用 HTTP 协议请求主机 www.bjtu.edu.cn 在 80 端口提供的 HTTP 服务，并获取该服务器上的 index.html 文件。同样效果的忽略协议默认端口和默认资源名的表示如下：

  http://www.bjtu.edu.cn/

Java 程序可以使用 URL 来访问互联网的具体资源。Java 中使用 java.net.URL 类来表示 URL 地址。

10.5.1 创建 URL 对象

利用 java.net.URL 类，可以创建一个 URL 对象，该对象所表示的是一个 URL 地址。

最简单的创建 URL 对象的方法是使用表示 URL 的字符串来创建。语法格式如下：

  public URL(String spec)

这种方式创建的 URL 对象表示的是绝对 URL，包含了获取资源的所有必需的信息。例如：

  URL bjtuURL= new URL("http://www.bjtu.edu.cn/");

当然，也可以使用相对 URL 来创建 URL 对象。相对 URL 只包含相对于已有的一个 URL 来获取需要的资源的必要信息。语法格式如下：

  public URL(URL baseURL, String relativeURL)

第一个参数 baseURL 是一个 URL 对象，指定了新 URL 对象的基础，第二个参数为字符串，描述相对于基础 URL 上的资源名相关的其他信息。如果 baseURL 为空，则完全和绝对 URL 效果一样。

例如，假设需要访问同一个站点下的以下两个 URL：

  http://www.bjtu.edu.cn/xrld/xyjj.htm
  http://www.bjtu.edu.cn/xrld/lsyg.htm

使用相对 URL 的格式如下：

  URL bjtuURL = new URL("http://www.bjtu.edu.cn/xrld/");
  URL relativeURL1 = new URL(bjtuURL, "xyjj.htm");
  URL relativeURL2 = new URL(bjtuURL, "lsyg.htm");

对于同一个页面文件内的引用（也称锚点），使用相对 URL 更加有效：

  URL relativeURL3 = new URL(baseURL, "#BOTTOM");

对于程序中没有完整 URL 的字符串，但是 URL 的相关部分可以分别获取的情况，URL 类可以根据指定协议（protocol）、主机（host）、端口（port）和资源文件（file）来创建 URL 对象：

  public URL(String protocol, String host, int port, String file) public URL(String protocol, String host, String file)

10.5.2 解析 URL

类 URL 提供查询 URL 对象属性的相关方法。

方法 getProtocol()获取协议名称字符串；getAuthority()获取当前 URL 对象的授权部分；getHost()获取当前 URL 对象的主机名；getPort()获取当前 URL 对象的端口号；getPath()获取当前 URL 对象的路径部分；getQuery()获取当前 URL 对象的查询部分；getFile()获取当前 URL 对象的文件名；getRef()获取当前 URL 对象的引用，也称为锚点。

使用这些查询方法并不需要关心 URL 具体是用什么方法创建的。例 10-10 为获取 URL 对象属性的实例。

例 10-10 查询 URL 对象的相关属性。

文件名：ParseURL.java

```java
import java.net.*;

public class ParseURL {
    public static void main(String[] args) throws Exception {
        URL url = new URL("https://www.oracle.com:80/java/technologies/javase"
                + "/java-tutorial-downloads.html?name=urls#license ");
        System.out.println("协议：" + url.getProtocol());// 获取该 URL 的协议名
        System.out.println("域名：" + url.getHost());// 获取该 URL 的主机名
        System.out.println("端口：" + url.getPort());// 获取该 URL 的端口号
        System.out.println("路径：" + url.getPath());// 获取该 URL 的路径
        System.out.println("查询信息：" + url.getQuery());// 获取该 URL 的查询信息
        System.out.println("文件名：" + url.getFile());// 获取该 URL 的文件名
        System.out.println("引用：" + url.getRef()); // 获得此 URL 引用
    }
}
```

运行结果如下：

协议：https
域名：www.oracle.com
端口：80
路径：/java/technologies/javase/java-tutorial-downloads.html
查询信息：name=urls
文件名：/java/technologies/javase/java-tutorial-downloads.html?name=urls
引用：license

10.5.3 读取 URL 资源内容

创建了 URL 对象之后，就可以使用 URL 的 openStream()方法来获取一个输入流，用于读取该 URL 对应的资源内容。

public final InputStream openStream()

例 10-11 为获取 URL 对象内容的实例，使用 openStream()获取 URL 的输入流，然后使用该输入流创建 BufferedReader 对象，以字符方式读取并显示资源的内容。

例 10-11 获取 URL 资源内容。

文件名：URLReader.java

```java
import java.net.*;
import java.io.*;

public class URLReader {
    public static void main(String[] args) throws Exception {
        URL url = new URL("https://www.bjtu.edu.cn/");
        BufferedReader in = new BufferedReader(
                new InputStreamReader(url.openStream()));

        // 从输入流中读入数据并输出
        String inputLine;
        while ((inputLine = in.readLine()) != null)
            System.out.println(inputLine);

        in.close();
    }
}
```

运行例 10-11，会将 https://www.bjtu.edu.cn/ 对应网页的 HTML 内容显示在输出窗口中：

```
<!doctype html>
<html>

<head>
  <meta charset="UTF-8">
  <meta name="viewport" content="width=device-width, initial-scale=1.0, minimum-scale=1.0, maximum-scale=1.0">
  <meta name="apple-mobile-web-app-status-bar-style" content="black" />
  <meta name="format-detection" content="telephone=no" />
  <meta name="renderer" content="webkit">
  <meta http-equiv="X-UA-Compatible" content="IE=edge,chrome=1">
  <title>北京交通大学</title>
  ...
```

URL 类中的方法 openStream() 只能读取网络资源中的数据，要想读取和写入 URL 引用的资源，则需要使用 URL 连接类 URLConnection。

10.5.4 使用 URL 连接

java.net.URLConnection 类表示 Java 程序和 URL 在网络上的通信连接。

URLConnection 对象可用于读取和写入当前 URL 引用的资源。创建一个 URL 连接需要使用 URL 对象的 openConnection() 方法生成 URLConnection 对象，然后使用 URLConnection 对象的 connect() 方法连接到 URL 表示的远程对象。如果成功地连接至所希望的 URL，就可以使用 URLConnection 相应方法进行读写或查询操作。

在调用 URLConnection 的某些方法时，如 getInputStream() 方法，会自动建立连接，不再需要显式地使用 connect() 方法。

例 10-12 利用 URLConnection 类重写例 10-11，实现同样的功能。

例 10-12 获取 URL 资源内容。
文件名：URLConnectionReader.java

```java
import java.net.*;
import java.io.*;

public class URLConnectionReader {
    public static void main(String[] args) throws Exception {
        URL url = new URL("https://www.bjtu.edu.cn/");
        // 由 URL 对象产生连接
        URLConnection con = url.openConnection();
        BufferedReader in = new BufferedReader(
            new InputStreamReader(con.getInputStream()));
        String inputLine;
        // 从输入流中读入数据并输出
        while ((inputLine = in.readLine()) != null)
            System.out.println(inputLine);
        in.close();
    }
}
```

许多 HTML 页面包含表单，例如，文本框、下拉选择框等用户交互的图形对象，用户提交的数据需要发送到服务器端，服务器端收到并处理数据，发送响应页面到用户。这些 HTML 表单大多使用 HTTP 协议的 POST 方法来向服务器发送数据，服务器响应 POST 请求并读取客户端发送的数据。服务器端需要能够读取客户程序提交的数据，因此需要有相应能力的服务器程序。常见的服务器端应用可以使用 CGI 程序、基于 Java 技术的 Servlet 程序或 JSP 技术、基于.net 的 ASP 技术等。

对于 Java 应用程序实现与服务器的交互，只需要实现对 URL 写入数据，实现提交数据给服务端应用程序。基本步骤如下。

① 创建 URL 对象：

URL url = new URL("https://www.bjtu.edu.cn/");

② 打开 URL 连接，返回 URLConnection 对象：

URLConnection connection = url.openConnection();

③ 设置 URLConnection 允许输出：

connection.setDoOutput(true);

④ 获取 URL 连接的输出流：

OutputStreamWriter out = new OutputStreamWriter(connection.getOutputStream());

⑤ 使用输出流实现数据写：

out.write("param=" + values);

⑥ 关闭流：

out.close();

URL 写入的数据需要对应的服务端应用读取才能运行，下面以 Servlet 为例来说明 URL 连接与服务端的交互。

10.5.5 与 Servlet 交互

Servlet 程序是运行在 Web 服务器端的 Java 应用程序，需要 Web 容器（如常用的 Tomcat、WebSphere、Weblogic、JBoss 等）的支持才能运行。可用于在获得客户程序的请求和提交的信息，并动态生成相应的响应消息，发送给对应的客户程序。Servlet 程序可以实现基于 URL（如网页）的交互式浏览和数据的修改。

Servlet 程序继承 HttpServlet 类，URL 数据获取一般通过 GET 或 POST 请求进行，Servlet 应用程序需要对应实现 doGet()或 doPost()方法。

以 Tomcat 运行 Java Servlet 为例，实现 Servlet 应用程序的过程如下。

1）安装与配置运行 Servlet 程序的 Web 服务器 Tomcat

安装时需要选择 Tomcat 运行 JVM 版本为开发 Java 程序的 JDK 版本一致。如果下载的为直接释放的压缩包，则需要运行 Tomcat 的配置程序，设置 Java 相关选项中的 Java 虚拟机，如图 10-5 所示为 Tomcat 9.0 的配置界面。

图 10-5　配置 Tomcat

2）编写 Servlet 程序

例 10-13 为一个 Servlet 应用程序，实现的功能是获取客户端输入的字符串，将字符串顺序倒转后作为响应写回到对应的客户端。

例 10-13　　反转字符串的 Servlet 应用程序。

文件名：URLServlet.java

```
import java.io.*;
import java.net.*;
import javax.servlet.ServletInputStream;
import javax.servlet.http.*;
```

```java
@SuppressWarnings("serial")
public class URLServlet extends HttpServlet {
    private static String message = "Servlet 处理错";

    public void doPost(HttpServletRequest req, HttpServletResponse resp) {
        try {
            int len = req.getContentLength();
            byte[] input = new byte[len];
            // 获取字符串
            ServletInputStream sin = req.getInputStream();
            int c, count = 0;
            while ((c = sin.read(input, count, input.length - count)) != -1) {
                count += c;
            }
            sin.close();
            // 取 = 后面的字符串
            String inString = new String(input);
            int index = inString.indexOf("=");
            if (index == -1) {
                resp.setStatus(HttpServletResponse.SC_BAD_REQUEST);
                resp.getWriter().print(message);
                resp.getWriter().close();
                return;
            }
            String value = inString.substring(index + 1);
            // 解码
            String decodedString = URLDecoder.decode(value, "UTF-8");
            // 反转字符串
            String reverseStr = (
                new StringBuffer(decodedString)).reverse().toString();
            // 设置响应状态码
            resp.setStatus(HttpServletResponse.SC_OK);
            // 写响应信息：反转后的字符串
            OutputStreamWriter writer =
                new OutputStreamWriter(resp.getOutputStream());
            writer.write(reverseStr);
            writer.flush();
            writer.close();
        } catch (IOException e) {
            try {
                resp.setStatus(HttpServletResponse.SC_BAD_REQUEST);
                resp.getWriter().print(e.getMessage());
                resp.getWriter().close();
            } catch (IOException ioe) {
            }
        }
    }
}
```

3）用 javac 工具对它进行编译，产生 URLServlet.class 文件

这里需要用到支持 Servlet 的类库文件 servlet-api.jar，使用 -cp 编译选项，命令如下：

```
javac -encoding UTF-8 -cp "E:\Tomcat 9.0\lib\servlet-api.jar" URLServlet.java
```

4）部署 Servlet 应用

以下的操作中，如果指定的目录和文件不存在，就新建对应的目录和文件。

假设设置访问该 Servlet 的 URL 为：

http://localhost:8080/Test/servlet/URLServlet

在 Tomcat 安装目录的 webapp 目录下新建一个 Test 应用目录，将 URLServlet.class 文件复制到对应的目录的 classes 目录下。例如：

E:\Tomcat 9.0\webapps\Test\WEB-INF\classes

修改 Tomcat 安装目录下的 webapps\Test\WEB-INF\web.xml 的内容，将 URLServlet 映射到 URL 地址/servlet/URLServlet 上：

```xml
<?xml version="1.0" encoding="UTF-8"?>
<web-app xmlns="http://java.sun.com/xml/ns/javaee"
    xmlns:xsi="http://www.w3.org/2001/XMLSchema-instance"
    xsi:schemaLocation="http://java.sun.com/xml/ns/javaee
                        http://java.sun.com/xml/ns/javaee/web-app_3_0.xsd"
    version="3.0"
    metadata-complete="true">

    <servlet>
        <servlet-name>URLServlet</servlet-name>
        <servlet-class>URLServlet</servlet-class>
    </servlet>
    <servlet-mapping>
        <servlet-name>URLServlet</servlet-name>
        <url-pattern>/servlet/URLServlet</url-pattern>
    </servlet-mapping>

</web-app>
```

至此完成了 Servlet 的开发与部署。

编写 Java 应用程序实现与 Servlet 交互。例 10-14 为利用 URLConnection 与 Servlet 进行通信的实例。

例 10-14 使用 URL 连接读写 Servlet。

文件名：URLConnectionClient.java

```java
import java.io.*;
import java.net.URL;
import java.net.URLConnection;
import java.net.URLEncoder;

public class URLConnectionClient {
    public static void main(String[] args) throws Exception {
        if (args.length != 1) {
            System.err.println("Usage: java URLConnectionClient "
                + "string_to_reverse");
            System.exit(1);
        }
        //命令行参数作为写到服务端 URL 的字符串
```

```
            String param = URLEncoder.encode(args[0], "UTF-8");
            // 创建 URL 对象
            URL url = new URL("http://localhost/Test/servlet/URLServlet");
            // 使用 URL 对象创建 URLConnection 对象
            URLConnection urlc = url.openConnection();
            // 设置 URLConnection 对象的输出能力
            urlc.setDoOutput(true);
            // 获取连接的输出流
            OutputStreamWriter out =
                    new OutputStreamWriter(urlc.getOutputStream());
            // 使用输出流写指定的字符串
            out.write("string=" + param);
            // 关闭流
            out.close();
            // 读信息,并输出读取的结果
            BufferedReader in = new BufferedReader(
                    new InputStreamReader(urlc.getInputStream()));
            String nextline;
            while ((nextline = in.readLine()) != null) {
                    System.out.println(nextline);
            }
            in.close();
        }
    }
```

编译该程序：

```
javac -encoding UTF-8 URLConnectionClient.java
```

启动 Tomcat 后，运行例 10-14 对应的客户程序，将命令行参数发送给服务端后，读取并显示服务端返回的反转字符串处理结果。示例结果如图 10-6 所示。

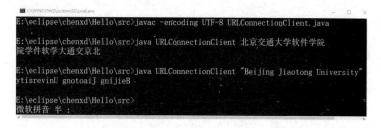

图 10-6　使用 URL 连接与服务端交互

习题

1．实现一个采用用户自定义协议的文件传输服务器 FileServer 和客户 FileClient。当 FileClient 发送请求"GET xxx.xxx"时，FileServer 就把 xxx.xxx 文件发送给 FileClient，FileClient 把该文件保存到客户端的本地文件系统中；当 FileClient 发送请求"PUT xxx.xxx"时，FileServer 就做好接收 xxx.xxx 文件的准备，FileClient 接着发送 xxx.xxx 文件的内容，FileServer 把接收到的文件内容保存到服务器端的本地文件系统中。GET 或 PUT 命令中的文件允许采用相对路径，其根路径由用户自定义的 FILE_PATH 系统属性指定。

2. 结合 MulticastSocket 和 DatagramSocket 开发一个简单的局域网内的即时通信工具，局域网内每个用户启动该工具后，就可以看到该局域网内所有在线用户，他也会被其他用户看到，用户之间可以发送和接收即时消息。

3. 开发一个基于 FTP 的断点续传、多线程下载工具。

4. 开发基于客户/服务器结构的游戏大厅。

5. 开发局域网内的数据文件共享程序。

6. 使用 URL 相关类实现一个简易的图形界面的浏览器。

7. 编写一个与服务器端 Servlet 程序交互的 Java 图形界面的图书管理应用程序，用于查询指定编号的图书详细信息。服务器端可以采用文件存放图书信息。

第 11 章 访问数据库

JDBC（Java database connectivity，Java 数据库连接）API 是独立于具体数据库产品的数据库连接行业标准，用于 Java 语言访问和操作各种数据源的数据，包括 SQL 数据库（如 MySQL、Oracle、SQL Server、DB2、SQLite 等）和表格数据源（如电子表格或文本文件）。JDBC API 提供了基于 SQL 语言（structured query language，结构化查询语言）的数据库访问和操作。使用支持 JDBC 技术的驱动程序，可以访问不同的数据库。请参考：https://www.oracle.com/java/technologies/javase/javase-tech-database.html。

11.1 SQL 语言

RDBMS（relational database management system，关系数据库管理系统）是所有现代数据库系统的基础，Oracle、MySQL、SQL Server、DB2、SQLite 等都是关系数据库系统。所有关系数据库管理系统都使用 SQL 作为标准数据库语言。

11.1.1 关系数据库简介

RDBMS 中的数据存储在被称为表的数据库对象中。表是相关的数据项的集合，它由列和行组成。

表由字段构成。字段是表中的一列，用于维护表中每条记录的特定信息。例如，表 Customers 可以包含 CustomerID、CustomerName、Address 和 PhoneNumber 等字段。

表中行表示保存在表中的每个单独条目，通常称为记录。记录是表中的横向实体。表中的列是表中的垂直实体，包含特定字段的所有数据。

图 11-1 描述了表 Customers 的字段、记录和列之间的关系。

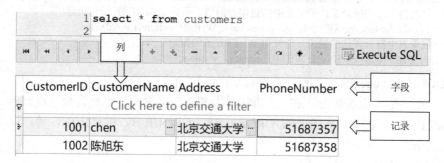

图 11-1 数据库表中的字段、记录和列

11.1.2 SQL 语言

SQL 语言是关系数据库系统的标准语言，用于对数据库进行数据存取及查询、更新和

管理关系数据库系统。SQL 是一种高级的非过程化编程语言，不要求指定数据的存放方法，也不需要了解具体的数据存放方式，因此，不同数据库系统可以使用相同的 SQL 语言作为数据输入与管理的接口。

SQL 语言是非大小写敏感的语言，建议的规范是将关键字大写而其他标识符小写的方式来编写 SQL 命令。

SQL 语言可以分为以下的 6 种语言，其中数据库操作的基本功能由前 3 种完成。

1）DDL（data definition language，数据定义语言）

DDL 用于改变数据库结构，包括创建、更改和删除数据库对象。例如，在数据库中创建新表或删除表、为表加入索引等。其语句包括动词 CREATE、ALTER 和 DROP。以下为数据定义语言命令示例：

```
//创建数据库 myDB
CREATE DATABASE myDB ;
//创建表 myTable：包含 id 和 name 两列，分别为整数和字符串类型
CREATE TABLE myTable(id int, name varchar(80)) ;
//修改表，增加一个列定义：age
ALTER TABLE myTable ADD age int ;
//修改表，删除一列：age
ALTER TABLE myTable DROP age ;
//删除表 myTable
DROP TABLE myTable ;
//删除数据库 myDB
DROP DATABASE myDB;
```

2）DML（data manipulation language，数据操作语言）

数据操作语言用于检索、插入和修改数据，是最常用的 SQL 命令。其语句包括 INSERT、UPDATE 和 DELETE，分别用于添加、修改和删除表中的记录。以下为简单的数据操作语言命令示例：

```
//向表 tableName 插入一条完整记录，包含所有字段值，数据中的字符串须使用单引号
INSERT INTO tableName VALUES(value1, value2,...) ;
//向表 tableName 插入一条记录，值必须和指定的列的个数一致、顺序一样，
INSERT INTO tableName (column1, column2,...) VALUES (value1, value2,...) ;
//修改指定表中符合条件的记录中的指定列的值，条件由 WHERE 子句指定
UPDATE tableName SET column1 = newValue WHERE column1 = oldValue ;
//删除表中符合条件的记录，条件由 WHERE 子句指定
DELETE FROM tableName WHERE column1 = value ;
```

3）DQL（data query language，数据查询语言）

从一个或多个表检索某些记录。其语句采用 SELECT 命令，也称为数据检索语句。保留字包括 SELECT、FROM、WHERE、ORDER BY、GROUP BY 和 HAVING 等。以下为简单的数据查询语言命令示例：

```
//查询一个表中的所有记录
SELECT * FROM tableName;
//查询表中限定条件下记录的指定列的内容
SELECT column1... FROM tableName WHERE column2 = value;
//复杂的限定条件下，使用 SELECT 语句查询记录的指定列内容
SELECT column1... FROM tableName WHERE column1 = value AND column2 = otherValue;
//查询结果按指定的列 column1 升序排序（可以多列排序），ASC 为升序，降序使用 DESC
```

SELECT * FROM tableName ORDER BY column1 ASC;

4）TPL（transaction processing language，事务处理语言）

在数据库的插入、删除和修改操作时，只有当事务在提交到数据库后才算完成。在事务提交前，只有当前操作数据库的人能看到相应的操作结果。TPL 确保被 DML 语句影响的表的所有行及时得以更新。TPL 语句包括 BEGIN TRANSACTION、COMMIT（提交修改）和 ROLLBACK（回退修改）。

如果想在插入、修改、删除语句执行后系统自动进行提交，需要把 AUTOCOMMIT 设置为 ON，其格式为：

SET AUTOCOMMIT ON;

5）DCL（data control language，数据控制语言）

对数据库的权限进行设置，用来授予或回收访问数据库的特定权限。包括 GRANT 和 REVOKE 命令，用于指定或者回收某用户和用户组对数据库对象的访问权限。

6）CCL（cursor control language，游标控制语言）

游标控制命令，像 DECLARE CURSOR、FETCH INTO 和 UPDATE WHERE CURRENT 用于对一个或多个表单独行的操作。

可以将连续的 SQL 操作命令放在同一个文件中，由 DBMS 工具批量执行，这种文件一般称为 SQL 脚本文件，通常用于数据库的初始化。例 11-1 为一个 SQL 脚本文件示例。

例 11-1 SQL 脚本程序。

文件名：zipcodes.sql

```
drop table if exists zipcodes;
create table zipcodes(zipcode varchar(6), university varchar(20), city varchar(2));
insert into zipcodes values ('100044', '北京交通大学', '北京');
insert into zipcodes values ('200030', '上海交通大学', '上海');
insert into zipcodes values ('710049', '西安交通大学', '西安');
insert into zipcodes values ('610299', '西南交通大学', '成都');
select * from zipcodes;
```

11.2 JDBC 概述

JDK 中自动包含 JDBC API，定义在 java.sql 模块中，包括以下两个包。

1）java.sql

访问和处理存储在数据源（通常是关系数据库）中的数据的 API，包括：通过 DriverManager 工具与数据库建立连接；通过 Statement 及其子类将 SQL 语句发送到数据库执行；通过 ResultSet 检索和更新查询结果；SQL 类型到 Java 编程语言中的类和接口的标准映射；SQL 用户定义类型（UDT）自定义映射到 Java 编程语言中的类；相关元数据和异常类。

2）javax.sql

用于服务器端数据源访问和处理的 API，包括：使用 DataSource 数据源对象替代 DriverManager 与数据源建立连接；支持连接池和语句池；通过 XADataSource 和 XAConnection 支持分布式交易；RowSet 接口及相关类。

在 Java 程序中，使用 JDBC API 访问数据库系统，需要使用对应的 JDBC 驱动程序。JDBC

驱动程序充当 Java 应用程序和 DBMS 之间的中间层角色。如图 11-2 所示为数据库访问典型的 C/S（Client/Server，客户-服务器）2 层模型。

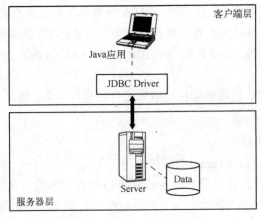

图 11-2　数据库访问 C/S 模型

特定数据库管理系统的 JDBC 驱动程序一般由数据库厂商提供，使用 Java 语言或 Java 语言和 JNI（Java native interface，Java 本机接口）方法混合实现，表现为 java.sql.Driver 类型的对象。

JDBC 驱动程序按实现方式不同分为以下 4 种类型。

Type 1：将 JDBC API 实现为到另一个数据访问 API（如 ODBC，开放数据库连接）的映射。这种类型的驱动程序通常依赖于本地系统库，可移植性受限。这一类型典型的驱动程序是 JDBC-ODBC 桥。但 JDK 已经不再支持。仅当 DBMS 不提供 Java 的 JDBC 驱动程序时，才考虑使用此功能。

Type 2：部分用 Java 编程语言和部分本机代码编写，驱动程序使用特定连接到数据源的本机库，可移植性受到一定限制。例如，Oracle 的 OCI（Oracle call interface）客户端驱动程序是 Type 2 驱动程序，Java 程序先调用本机的 Oracle 客户端，然后再访问数据库，速度快，但需要安装和配置数据库客户端。

Type 3：使用纯 Java 客户端并使用独立于数据库的协议与中间件服务器通信，中间件服务器将客户端的请求传达给数据源。

Type 4：纯 Java 的驱动程序，可为特定数据源实现网络协议。客户端直接连接到数据源。通常也称为 thin 驱动程序。例如，MySQL 的 Connector / J 驱动程序和 Oracle 的 thin 驱动程序就是典型的 Type 4 驱动程序。

一般情况下，JDBC 驱动程序的安装通常就是将驱动程序对应的一个或者多个 jar 包文件复制到计算机并将其位置添加到类路径（CLASSPATH）。Type 4 驱动程序通常不需要其他配置。除 Type 4 驱动程序外，许多 JDBC 驱动程序都要求安装客户端 API。

11.3　使用 JDBC 访问数据库

不论底层采用何种数据库系统，使用 JDBC 访问数据库都有一个相同的操作流程，其基本流程如下。

（1）导入必要的类。基本操作流程涉及的类都在 java.sql 包中，包括：DriverManager、Connection、Statement 和 ResultSet 等。

```
import java.sql.DriverManager;
import java.sql.Connection;
import java.sql.Statement;
import java.sql.ResultSet;
```

（2）加载 JDBC 驱动程序。使用 Class.forname()方法可以加载指定的 JDBC 驱动程序，参数为驱动程序的主类名：

```
public static Class<?> forName(String className)
    throws ClassNotFoundException
```

（3）确定数据源字符串。不同的数据库对应的数据源是不同的，需要参考对应数据库厂商提供的说明。当前主流数据库的数据源字符串可以参考表 11-1 中的 URL 字符串内容。例如，Oracle 数据库的数据源字符串为："jdbc:oracle:thin:@ServerHost:1521:orcl"。

（4）连接数据库，创建 Connection 对象。使用 DriverManager.getConnection()方法建立数据库连接，参数就是数据源字符串：

```
public static Connection getConnection(String url) throws SQLException
```

（5）创建操作数据库的 Statement 对象。连接到数据库后，就可以使用 Connection 对象的 createStatement()方法创建 Statement 对象，用于执行 SQL 语句命令：

```
Statement createStatement() throws SQLException
```

如果多次执行同一条 SQL 语句，则使用 prepareStatement ()方法创建的 PreparedStatement 对象会更有效。PreparedStatement 是 Statement 的子接口类型。

```
PreparedStatement prepareStatement(String sql) throws SQLException
```

（6）使用 Statement 对象执行 SQL 语句。

编程时，一般采用字符串来构造和保存 SQL 命令，然后再使用 Statement 对象的 execute()、executeUpdate()或 executeQuery()等方法来执行相应的 SQL 语句。

execute()方法可以执行任何类型的 SQL 语句，并可以返回多个结果。如果执行后的第一个结果是记录集 ResultSet 对象，方法返回 true。检索结果必须使用方法 getResultSet()或 getUpdateCount()，并使用 getMoreResults()方法移至后续的结果。方法签名如下：

```
boolean execute(String sql) throws SQLException
```

executeUpdate()方法执行给定的 SQL 语句，该语句可以是 INSERT、UPDATE 或 DELETE 语句，也可以是不返回任何内容的 SQL 语句（如 DDL 语句）。其返回值为 SQL 数据操作语言（DML）语句的实际影响的行数，对不返回任何内容的 SQL 语句返回 0。方法签名如下：

```
int executeUpdate(String sql) throws SQLException
```

executeQuery()方法执行给定的 SQL 语句，通常是静态 SELECT 语句，返回结果为一个 ResultSet 对象。ResultSet 对象中包含由给定查询生成的数据。

```
ResultSet executeQuery(String sql) throws SQLException
```

（7）如果是执行 SELECT 查询，从返回的 ResultSet 对象检索数据。

ResultSet 对象支持结果集的游标（cursor）操作，游标是一个指向 ResultSet 中的一行数据的指针，不是数据库本身的游标。

方法 isFirst()和 isLast()用于判定游标是否在此 ResultSet 对象的第一行或最后一行上；方

法 first()、last()、next()、previous()用于将游标移动到此 ResultSet 对象的第一行、最后一行和下一行、前一行上，如果新的当前行有效，则返回 true，如果没有更多行，则返回 false。因此一般遍历结果集数据时，可以采用循环中判定 next()方法返回 false 来结束循环。

    boolean next() throws SQLException

  ResultSet 对象有两种类型的 get 方法来获取指定记录行中对应字段的值。第一种是指定数据库表的列编号，第二种则是指定数据库表的列名称。

  以 Java 语言中的 int 类型结果获取当前行中某列的值为例，指定数据库表的列号，对应的 get 方法如下：

    int getInt(int columnIndex) throws SQLException

参数 columnIndex 为列编号，第一列是 1。

指定数据库表的列名称，对应的方法如下：

    int getInt(String columnLabel) throws SQLException

参数 columnLabel 为列的名称，如果有 SQL AS 子句，则为 AS 指定的名称。其他数据类型请参考 JDK 的 API 文档中 ResultSet 类的说明。

  （8）关闭 ResultSet、Statement、Connection 对象。

使用对应对象的 close()方法即可。

    void close() throws SQLException

不同数据库使用的驱动程序是不一样的，建立 JDBC 连接的方式也有所不同，除此之外，其他过程都是一致的。表 11-1 为常用数据库建立 JDBC 连接的方式。

表 11-1 常用数据库的建立 JDBC 连接操作

数 据 库	使用 JDBC 连接的典型方式
Oracle 数据库（thin 模式）	Class.forName("oracle.jdbc.driver.OracleDriver"); //假设 Oracle 数据库的 SID 为 orcl，用户名和密码都是 test String url="jdbc:oracle:thin:@localhost:1521:orcl"; String user="test"; String password="test"; Connection conn = DriverManager.getConnection(url,user,password);
DB2 数据库	Class.forName("com.ibm.db2.jdbc.app.DB2Driver "); //数据库名为 myDB，用户名 admin，密码空 String url="jdbc:db2://localhost:5000/myDB"; String user="admin"; String password=""; Connection conn = DriverManager.getConnection(url,user,password);
Sql Server 数据库	Class.forName("com.microsoft.jdbc.sqlserver.SQLServerDriver"); String url="jdbc:microsoft:sqlserver://localhost:1433;DatabaseName=mydb"; //数据库为 myDB，用户名 sa，密码空 String user="sa"; String password=""; Connection conn = DriverManager.getConnection(url,user,password);
Sybase 数据库	Class.forName("com.sybase.jdbc.SybDriver"); String url =" jdbc:sybase:Tds:localhost:5007/myDB"; Properties sysProps = System.getProperties(); SysProps.put("user","userid"); SysProps.put("password","user_password"); Connection conn = DriverManager.getConnection(url, SysProps);
MySQL 数据库	Class.forName("org.gjt.mm.mysql.Driver"); String url ="jdbc:mysql://localhost/myDB?user=soft&password=soft&"+ "useUnicode=true&characterEncoding=8859_1" Connection conn = DriverManager.getConnection(url);

续表

数 据 库	使用 JDBC 连接的典型方式
PostgreSQL 数据库	Class.forName("org.gjt.mm.mysql.Driver"); String url ="jdbc:mysql://localhost/myDB?user=soft&password=soft&"+ "useUnicode=true&characterEncoding=8859_1" Connection conn= DriverManager.getConnection(url);
SQLite 数据库	Class.forName("org.sqlite.JDBC"); //数据库文件为 myDB.db Connection conn = DriverManager.getConnection("jdbc:sqlite: myDB.db");

11.4 使用 SQLite 数据库

为了简单起见，下面的示例是采用无须安装和配置的 SQLite 数据库来存储数据。如前所述，使用其他数据库只需要按表 11-1 所示修改 JDBC 连接的建立过程相关源程序语句即可使用对应的程序。

11.4.1 SQLite 简介

SQLite 是一个轻型的数据库，是遵守 ACID 的关系数据库管理系统。支持 Windows、Linux、UNIX、Mac OS-X、Android 和 iOS 等主流的操作系统。支持如 Java、C、Tcl、C#、PHP 等很多编程语言，允许从多个进程或线程安全访问。相比较 MySQL、PostgreSQL 等数据库，SQLite 的处理速度更快。SQLite 只需要几百 KB 的内存就可以运行，非常适合应用于嵌入式设备。

SQLite 的整个数据库（定义、表、索引和数据本身）都存储在一个单一的文件中，是一个无服务器的、零配置的、事务性的 SQL 数据库引擎，不需要任何外部的依赖，不需要安装、配置或管理。

关于 SQLite 详细介绍请参阅：https://www.sqlite.org/。

尽管 SQLite 不需要任何管理和配置，但是为了可视化数据库表的内容，建议安装一个数据库管理工具，如 Navicat、SQLite Expert 等，方便监视数据的动态变化。图 11-3 为 SQLite Expert 专业版的运行界面。

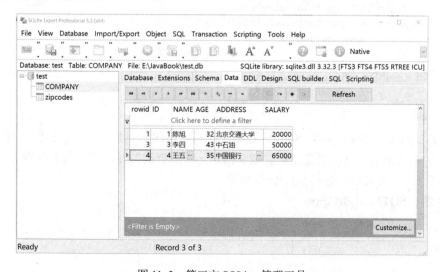

图 11-3　第三方 SQLite 管理工具

11.4.2 SQLite 数据库基本操作

使用 JDBC 访问 SQLite 数据库基本过程如下。

① 导入必要的类：

```
import java.sql.*;
```

② 加载 JDBC 驱动程序：

```
Class.forName("org.sqlite.JDBC");
```

③ 确定数据源字符串，假设 SQLite 数据库文件名为 test.db，对应的数据源如下：

```
String dataSource = "jdbc:sqlite:test.db";
```

④ 连接数据库，并创建 Connection 对象。如果 test.db 不存在会创建该文件，否则打开该文件对应的数据库。

```
Connection c = DriverManager.getConnection(dataSource);
```

⑤ 创建操作数据库的 Statement 对象：

```
Statement stmt = c.createStatement();
```

⑥ 使用 Statement 对象执行 SQL 语句。例如使用 executeUpdate() 执行 DDL 命令，使用 executeQuery() 执行 SELECT 查询：

```
stmt.executeUpdate("drop table if exists COMPANY");
ResultSet rs = stmt.executeQuery("SELECT * FROM COMPANY;");
```

⑦ 处理 ResultSet 检索结果数据。例如，使用列名获取结果的语句如下：

```
while (rs.next()) {
    int id = rs.getInt("id");
    String name = rs.getString("name");
    int age = rs.getInt("age");
    String address = rs.getString("address");
    float salary = rs.getFloat("salary");
    System.out.printf("%d\t %s\t %d\t %s\t %f\n",
        id, name, age, address, salary);
}
```

⑧ 关闭 ResultSet、Statement、Connection 对象：

```
stmt.close();
c.close();
```

例 11-2 为使用 JDBC 访问 SQLite 数据库的基本操作的完整示例，包括创建数据库表、向表中添加多条记录、修改指定记录、删除指定记录、查询并显示表中所有数据等操作。

例 11-2 使用 JDBC 访问 SQLite 数据库。

文件名：SQLiteJDBC.java

```
import java.sql.*;

public class SQLiteJDBC {
    Connection c = null;
    Statement stmt = null;
```

```java
void prepare() throws Exception {
    // 加载 JDBC 驱动程序
    Class.forName("org.sqlite.JDBC");
    // 数据源，数据库文件名为 test.db
    String dataSource = "jdbc:sqlite:test.db";
    // 连接数据库
    c = DriverManager.getConnection(dataSource);
    c.setAutoCommit(false);
    System.out.println("成功打开数据库连接。");
    // 创建操作数据库的 Statement 对象
    stmt = c.createStatement();
}

void createTable() throws Exception {
    // 创建表 COMPANY
    stmt.executeUpdate("drop table if exists COMPANY");
    String sql = "CREATE TABLE COMPANY "
                + "(ID      INT PRIMARY KEY NOT NULL,"
                + " NAME TEXT NOT NULL, "
                + " AGE INT NOT NULL, "
                + " ADDRESS CHAR(50), "
                + " SALARY REAL)";
    stmt.executeUpdate(sql);
    c.commit();
}

void insertData() throws Exception {
    // INSERT 操作
    String sql = "INSERT INTO COMPANY (ID,NAME,AGE,ADDRESS,SALARY) "
        + "VALUES (1, '陈旭', 32, '北京交通大学', 12000.00 );";
    stmt.executeUpdate(sql);
    sql = "INSERT INTO COMPANY "
        + "VALUES (2, '张三', 28, '北京电信', 35000.00 );";
    stmt.executeUpdate(sql);
    sql = "INSERT INTO COMPANY "
        + "VALUES (3, '李四', 43, '中国石化', 50000.00 );";
    stmt.executeUpdate(sql);
    sql = "INSERT INTO COMPANY "
        + "VALUES (4, '王五', 35, '中国银行', 65000.00 );";
    stmt.executeUpdate(sql);
    c.commit();
    System.out.println("成功添加数据库表记录。\n");
}

void showData() throws Exception {
    // SELECT 操作
    ResultSet rs = stmt.executeQuery("SELECT * FROM COMPANY;");
    System.out.println("查询数据记录结果如下：");
    System.out.println("ID\t NAME\t AGE\t ADDRESS\t SALARY");
    while (rs.next()) {
        int id = rs.getInt("id");
        String name = rs.getString("name");
```

```java
            int age = rs.getInt("age");
            String address = rs.getString("address");
            float salary = rs.getFloat("salary");
            System.out.printf("%d\t %s\t %d\t %s\t %.2f\n",
                    id, name, age, address, salary);
        }
        System.out.println();
        rs.close();
    }

    void cleanUp() throws Exception {
        stmt.close();
        c.close();
    }

    public static void main(String args[]) {
        SQLiteJDBC test = new SQLiteJDBC();
        try {
            // 连接数据库,创建操作数据库的 Statement 对象
            test.prepare();

            // 创建表 COMPANY
            test.createTable();

            // 数据库表中加入数据记录：INSERT 操作
            test.insertData();

            // 查询并显示表中所有数据：SELECT 操作
            test.showData();

            // UPDATE 操作
            String sql = "UPDATE COMPANY set SALARY = 20000.00 where ID=1;";
            test.stmt.executeUpdate(sql);

            // DELETE 操作
            sql = "DELETE from COMPANY where ID=2;";
            test.stmt.executeUpdate(sql);
            test.c.commit();

            // 重新查询结果
            test.showData();

            // 关闭
            test.cleanUp();
        } catch (Exception e) {
            System.err.println(e.getClass().getName() + ": "
                    + e.getMessage());
            System.exit(0);
        }
    }
```

```
                System.out.println("所有操作成功执行完成。");
        }
}
```

运行访问 SQLite 数据库的 Java 程序运行时，需要使用 SQLite JDBC 驱动程序。可以从 sqlite-jdbc 库（https://github.com/xerial/sqlite-jdbc/releases）下载 sqlite-jdbc-(版本号).jar 的最新版本，将下载的 jar 包添加到系统环境变量 CLASSPATH 中，或者在运行时使用 -classpath 选项即可。下面运行使用了版本 3.32.3.2 的驱动程序：

```
javac SQLiteJDBC.java
java -classpath ".; sqlite-jdbc-3.32.3.2.jar" SQLiteJDBC
```

运行结果如下：

```
成功打开数据库连接。
成功添加数据库表记录。
查询数据记录结果如下：
ID    NAME    AGE    ADDRESS        SALARY
1     陈旭    32     北京交通大学   12000.00
2     张三    28     北京电信       35000.00
3     李四    43     中国石化       50000.00
4     王五    35     中国银行       65000.00
查询数据记录结果如下：
ID    NAME    AGE    ADDRESS        SALARY
1     陈旭    32     北京交通大学   20000.00
3     李四    43     中国石化       50000.00
4     王五    35     中国银行       65000.00
所有操作成功执行完成。
```

11.4.3 使用带参数的 SQL 语句

使用带有参数的 SQL 语句可以在每次执行时为其提供不同的值。尽管 Statement 对象执行的 SQL 命令可以通过构造字符串的方式来绑定程序中的相关变量值，但是在实际应用中，更多是直接使用可用于带有参数的 SQL 语句的 PreparedStatement 对象。

下面的语句创建了一个带有两个参数的 SQL 语句的 PreparedStatement 对象，SQL 语句中使用问号占位符来表示参数：

```
String updateString = "update COMPANY set salary = ? where id = ?";
PreparedStatement   upSt = c.prepareStatement(updateString);
```

在执行 PreparedStatement 对象之前，必须提供具体的值代替 SQL 语句中的问号占位符。可以使用 PreparedStatement 中对应的 set 方法。如本例中 id 为 int 而 salary 为 float，对应的 set 方法为 setInt() 和 setFloat()，SQL 的参数序号也是按占位符出现顺序从 1 开始的：

```
void setInt(int parameterIndex, int x) throws SQLException
void setFloat(int parameterIndex, float x) throws SQLException
```

因为 SQL 语句中使用了 UPDATE 命令，因此，使用 PreparedStatement 对象的 executeUpdate() 方法来执行该 SQL 语句。

例 11-3 为使用支持带参数的 SQL 语句的 PreparedStatement 来修改数据库表记录的实现方法 updateSalarys()。

例 11-3　使用带参数的 SQL 语句。

文件名：SQLiteJDBC.java

```java
/**
 * 修改指定 ID 人员的工薪
 * 使用带参数的 SQL 语句：PreparedStatement
 *  *
 * @param salaryMap - SQL 语句的两个参数：ID 和薪资值，使用 MAP 传递过来
 * @throws SQLException
 */
public void updateSalarys(HashMap<Integer, Float> salarys)
        throws SQLException {
    PreparedStatement upSt = null;
    String updateString = "update COMPANY set salary = ? where id = ?";
    try {
        c.setAutoCommit(false);
        upSt = c.prepareStatement(updateString);

        for (Map.Entry<Integer, Float> e : salarys.entrySet()) {
            upSt.setInt(1, e.getValue().intValue());
            upSt.setFloat(2, e.getKey());
            upSt.executeUpdate();
            c.commit();
        }
    } catch (SQLException e) {
        e.printStackTrace();
        if (c != null) {
            try {
                System.err.print("Transaction is being rolled back");
                c.rollback();
            } catch (SQLException excep) {
                e.printStackTrace();
            }
        }
    } finally {
        if (upSt != null) {
            upSt.close();
        }
        c.setAutoCommit(true);
    }
}
```

在 main() 中调用该方法时，需要先准备数据，执行完成后，再显示结果，语句如下：

```java
…
System.out.println("\n 修改指定 ID 的人员工资。");
HashMap<Integer, Float> salarys = new HashMap<Integer, Float>();
salarys.put(1, 17500.0f);
salarys.put(2, 15000f);
salarys.put(3, 26000f);
salarys.put(4, 35500f);
salarys.put(5, 39000f);
test.updateSalarys(salarys);
```

test.showData();
…

程序运行结果如图 11-4 所示。

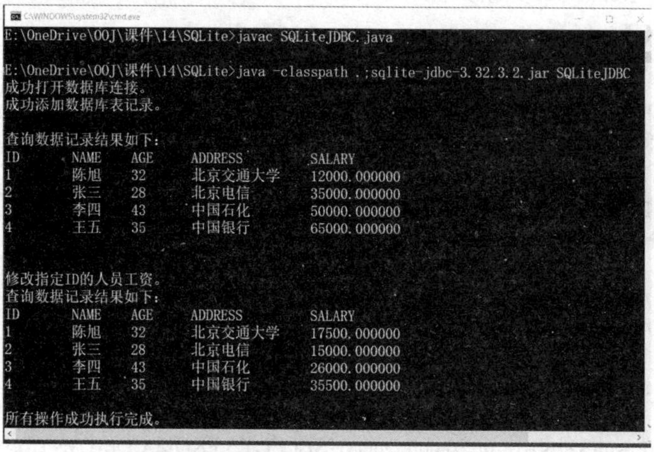

图 11-4 使用带参数的 SQL 语句运行结果

11.5 使用 ResultSet 更新数据库

ResultSet 对象通常是通过执行查询数据库的 SELECT 语句生成的结果集。默认的 ResultSet 对象只能向前移动游标、读取数据。但是，可以创建可以滚动（游标可以向后移动或移至绝对位置）和可更新的 ResultSet 对象，实现对 ResultSet 对象中的行的更新。

创建一个 ResultSet 对象时指定字段 ResultSet.TYPE_SCROLL_SENSITIVE，该对象的光标可以相对于当前位置和绝对位置向前和向后移动；指定字段 ResultSet.CONCUR_UPDATABLE 就可以更新 ResultSet 对象中的行。下面的语句使用 Statement 对象创建了可滚动、可更新的 ResultSet 对象：

```
Statement st = c.createStatement(ResultSet.TYPE_SCROLL_SENSITIVE,
                ResultSet.CONCUR_UPDATABLE);
ResultSet rs = st.executeQuery("SELECT * FROM COFFEES");
```

在更新数据时，需要使用 ResultSet 的对应数据类型的 update 方法。例如，表中 salary 列中的数据类型为浮点数，则需要使用 updateFloat()方法来更新，实现将工薪调整为上浮一定的百分比（由 percentage 指定）：

```
rs.updateFloat("salary", f * (1+percentage));
```

之后，使用 ResultSet 的 updateRow()方法更新数据行的内容，数据库表的对应内容会同步更新：

```
rs.updateRow();
```

使用 ResultSet 的 moveToInsertRow()和 insertRow()方法则可以插入数据行：

```
rs.moveToInsertRow();
rs.insertRow();
```

例 11-4 为使用 ResultSet 更新和插入数据库的代码。需要说明的是，可滚动和可更新的

ResultSet 对象需要数据库支持，目前，SQLite 还不支持 TYPE_SCROLL_SENSITIVE 和 CONCUR_UPDATABLE。该代码需要使用其他数据库才可以运行。

例 11-4 使用 ResultSet 更新数据库。

文件名：JDBCTest.java

```java
/**
 * 使用 ResultSet 更新数据库 需要数据库支持
 * SQLite 不支持 TYPE_SCROLL_SENSITIVE 和 CONCUR_UPDATABLE
 *
 * @param percent - 工资上浮百分比，如 0.1 表示上浮 10%
 * @throws SQLException
 */
public void modifySalary(float percent) throws SQLException {
    Statement st = null;
    try {
        st = c.createStatement(ResultSet.TYPE_SCROLL_SENSITIVE,
            ResultSet.CONCUR_UPDATABLE);
        ResultSet rs = stmt.executeQuery("SELECT * FROM COMPANY");

        while (rs.next()) {
            float f = rs.getFloat("salary");
            rs.updateFloat("salary", (float) (f * (1 + percent)));
            rs.updateRow();
        }
    } catch (SQLException e) {
        e.printStackTrace();
    } finally {
        if (st != null) {
            st.close();
        }
    }
}

/**
 * 使用 ResultSet 增加记录 需要数据库支持
 * SQLite 不支持 TYPE_SCROLL_SENSITIVE 和 CONCUR_UPDATABLE
 *
 * @param ID
 * @param NAME
 * @param AGE
 * @param ADDRESS
 * @param SALARY
 * @throws SQLException
 */
public void insertRow(int ID, String NAME, int AGE,
        String ADDRESS, float SALARY) throws SQLException {

    Statement st = null;
    try {
        st = c.createStatement(ResultSet.TYPE_SCROLL_SENSITIVE,
            ResultSet.CONCUR_UPDATABLE);
        ResultSet rs = st.executeQuery("SELECT * FROM COMPANY");
```

```
                rs.moveToInsertRow();
                rs.updateInt("ID", ID);
                rs.updateString("NAME", NAME);
                rs.updateInt("AGE", AGE);
                rs.updateString("ADDRESS", ADDRESS);
                rs.updateFloat("SALARY", SALARY);

                rs.insertRow();
                rs.beforeFirst();
        } catch (SQLException e) {
                e.printStackTrace();
        } finally {
                if (st != null) {
                        st.close();
                }
        }
}
```

习题

1. 参考网上材料，安装自己的一个数据库系统，如 MySQL、Oracle、SQL Server 等。

2. 编写 SQL 命令创建一个图书表，该表包含书号、书名、作者、出版社、价格等内容，并在表中插入这学期使用的所有课本信息对应的记录。使用 SQL 脚本文件保存内容。

3. 设计一组数据库表来存储学生、课堂、教师。每个课堂有多个学生，但只有一名任课教师；每个学生上多个课堂；一个教师可以教授多个课堂。将这学期你自己和同学上课的实际数据插入对应的表中。

4. JDBC API 中的 Connection 和 Statement 之间的区别是什么？

5. 编写一个 Java 程序，创建一个图书信息表，包含书号、书名、作者、出版社、价格等信息，插入这学期使用的所有课本信息对应的记录，使用 SQL 查询并按书名排序输出结果。

6. 编写一个 Java 程序，使用数据库管理一个课堂的作业成绩。第一次运行程序时，在数据库中创建学生信息表 Students 和成绩记录表 Grades。该程序可以查询给定学号的学生的所有成绩；也可以查询某次作业所有学生的成绩；教师可以添加新作业的成绩（如，学生 A 作业 4 的分数为 100 分），也可以修改现有的成绩。

7. 设计一个 Java GUI 应用，实现题 6 的功能。

第 12 章 使用第三方类库

Java 的标准库提供了最基本的数据操作，但对一些常见的需求场景，缺少实用的工具类。在实际开发过程中，要"避免重复发明轮子"，应尽可能去利用那些已经非常成熟的第三方类库，以更标准和更高效率的方式去解决这些通用的问题。常规方式下使用第三方类库，需要先确定和下载相应版本的库及有依赖关系的其他库的 jar 文件，并进行 CLASSPATH 环境变量的配置，才能编译和运行应用程序。使用 Java 的应用构建工具，可以在项目中自动完成上述配置过程，极大简化开发过程。

本章介绍 Java 构建工具 Maven 的使用，并通过实例分别介绍使用第三方类库实现使用 JSON 数据、统计图和 Word 文档处理的等开发过程中常用功能。

12.1 Maven 构建工具

在实际项目开发过程中，软件开发人员需要依靠相应的软件工具来构建应用程序。集成开发环境、BUG 跟踪工具、构建工具、框架、容器和调试工具等，在软件开发和维护中起着至关重要的作用。

构建就是将源代码、第三方的依赖包（jar 包）、各种资源和配置打包成为一个可执行文件（如 jar 包、war 包）的过程。目前流行的 Java 构建工具主要有 Ant + Ivy、Maven、Gradle 等。

Ant 是最早的构建工具，采用 XML 配置文件进行构建管理，灵活且效率高，但对于库的依赖管理比较麻烦，需要引入 Ivy 来解决库依赖管理问题。

Maven 专注于依赖管理，也是采用 XML 配置文件，只需要在 pom.xml 文件中加入依赖（也称为 Maven 坐标，实际是第三方类库的元数据描述，包括组织名称、项目名称、版本等）即可完成依赖管理，支持自动从网络上下载依赖类库。

Gradle 综合了 Ant 和 Maven 的优点，同时支持 Maven 和 Ivy 仓库，采用基于 Groovy 语言的 DSL 语法描述项目构建的配置，因此使用 Gradle 必须熟悉 Groovy 语法。Gradle 支持的语言包括 Java、Groovy、Kotlin 和 Scala，Android 项目开发管理多采用 Gradle。

本章实例中采用相对简单易用的 Maven 作为项目构建工具。

Maven 是一个开源的、基于标准的项目管理框架，可以简化项目的构建、测试、报告和打包。2004 年发布了 1.0 版本，2010 年发布了 3.0 版本。目前，Maven 已经成为全球使用最广泛的开源软件程序之一，多用于处理 Java 项目的自动化构建。目前主流的集成开发环境，如 Eclipse、IDEA 等，都直接支持 Maven 自动化构建的功能，使用这些集成开发环境，一般不需要安装就可以使用 Maven 相关功能。

本章中的示例采用的集成开发环境为 Eclipse IDE 2020-06 (4.16.0)，直接在集成开发环境中使用 Maven，无须安装和配置 Maven。

关于 Maven 详细信息，请参考官方网站：http://maven.apache.org/。下载 Eclipse 最新版本

请访问：https://www.eclipse.org/downloads/。

12.1.1 Maven 仓库

Maven 使用仓库（artifact repositories，工件仓库）来存放第三方类库的 jar 包。仓库分为本地仓库和远程仓库两类。

本地仓库是运行 Maven 的计算机上的目录，用于缓存从远程仓库下载的第三方类库的 jar 包，也包含自己开发且尚未发布的构建工件。Windows 环境下 Eclipse 默认使用的本地仓库目录为：C:\用户\{当前用户名}\.m2\repository。

远程仓库是指任何其他类型的仓库，通过各种协议（如 https）进行访问。远程仓库包括私有仓库和中央仓库（或中央仓库镜像，提升 jar 包的下载速度）。私有仓库不是必需的，是在企业内的文件或 HTTP 服务器上设置的内部仓库，用于在开发团队之间发布和共享私有工件。中央仓库是由第三方建立的真正的远程仓库，以提供第三方类库 jar 包的下载（例如，Apache 的公有仓库入口为 https://repo.maven.apache.org/maven2），是实际项目使用第三方类库时使用的仓库。

本地和远程仓库的结构布局对 Maven 用户是完全透明的。当用户引用一个 jar 包时，Maven 会先在本地仓库查找，如果有就直接使用；如果本地仓库没有，就到远程的私有仓库中找，找到的话会将该 jar 包下载到本地仓库；如果在私有仓库中也没有找到，就需要从中央仓库或镜像中下载到私有仓库和本地仓库。

一般情况下，软件开发使用的都是共有仓库中的第三方类库，可以通过使用网站 https://mvnrepository.com/ 在中央仓库中查询第三方类库，并获取对应构建工具的配置内容。图 12-1 为查询 SQLite JDBC 驱动库的结果，图中右下方为不同构建工具的配置内容，可以直接用于对应的项目中。

图 12-1　查询中央仓库中的第三方类库

12.1.2 Maven 项目结构

Maven 项目目录结构是规定好的，源文件、测试文件等相关目录必须按规定存放，否则就不能正确地构建这个项目。

Maven 项目根目录下有一个 src 目录和一个 pom.xml 文件。其中，pom.xml 是 Maven 工程的标志。src 下的 main 和 test 目录分别用来存放主程序和测试程序，下面又分别包含 java 和 resource 子目录，java 目录用来存放源代码文件（如 .java 文件），resource 目录用来存放资源文件。如果是 Web 应用项目，在 main 目录下 webapp 子目录存放于 Web 相关的资源。

POM（project object model，项目对象模型），使用 XML 格式内容的文件来描述 Maven 项目对象模型，文件名为 pom.xml。Maven 项目用到的插件、第三方类库及其依赖的类库的 jar 包等都定义在 pom.xml 文件中。开发人员只需要在 pom.xml 文件添加第三方类库的元数据（也称为 Maven 坐标），Maven 就会自动管理第三方类库与相关的其他类库之间的依赖关系，无须开发人员做其他配置。

Maven 坐标是采用 XML 格式描述第三方类库 jar 包相关属性的元数据，包括 groupId（组织名称）、artifactId（项目名称）、version（版本）、scope（范围）等属性信息。通过前三个属性，Maven 就能准确地找到该类库对应版本的 jar 包。默认的 scope 的值为 compile，表明是该 jar 包在项目编译、测试、打包和部署的整个生命周期都有效，没有特殊需要一般都不需要指定。

以项目中需要使用 SQLite 数据库的 JDBC 驱动为例，只需要在项目的 pom.xml 文件中添加如下的 SQLite 类库的坐标信息依赖配置，Maven 通过这个坐标就会自动找到并下载对应的 jar 包，开发人员可以直接使用类库中的类进行开发。

```
<!-- https://mvnrepository.com/artifact/org.xerial/sqlite-jdbc -->
<dependency>
    <groupId>org.xerial</groupId>
    <artifactId>sqlite-jdbc</artifactId>
    <version>3.34.0</version>
</dependency>
```

12.1.3 简单 Maven 项目实例

在集成开发环境中，新建 Maven 项目会自动创建目录结构和 pom.xml 文件。以 Eclipse 为例，新建一个 Maven 项目典型过程包括以下四个步骤：新建 Maven 项目、配置 POM、编写源程序和构建运行。这里还是以第 11 章中使用 SQLite 数据库的例 11-2 程序为例，说明在 Eclipse 中如何使用 Maven 工具构建访问 SQLite 数据库的应用程序。

1. 新建 Maven 项目

在 Eclipse 中，新建一个其他项目，选择项目类型为 Maven。具体菜单操作为 File→New →Other，选择对话框中的 Maven Project，如图 12-2 所示。

单击 Next 按钮之后，为了简化起见，选择创建一个简单项目。具体操作是在对话框中，勾选其中的选项 Create a simple project (skip archetype selection)，单击 Next 按钮。在之后出现的 Maven 项目相关信息的对话框中，填写当前新建项目的 Group Id（组织名称）、Artifact Id（项目名称），其他选默认值即可。如图 12-3 所示。

第 12 章 使用第三方类库

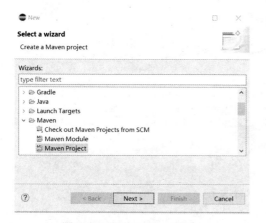

图 12-2 新建 Maven 项目

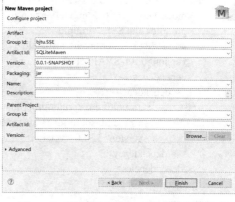

图 12-3 填写新建的 Maven 项目坐标信息

2．配置 POM

使用在中央仓库中查询的 SQLite JDBC 驱动库的结果内容（参见图 12-1），填写 POM 配置。填写 POM 配置可以有两种方式：使用对话框或者直接编辑 pom.xml 文件。

使用对话框方式是在当前项目或者在打开的 pom.xml 文件区按右键，选择 Maven 菜单中的 Add Dependency 子菜单，在对话框中配置，如图 12-4 所示。配置结果自动添加到 pom.xml 文件中。也可以将查询到的 SQLite JDBC 驱动库的 Maven 坐标描述的依赖信息复制后直接粘贴到 pom.xml 文件中并保存。

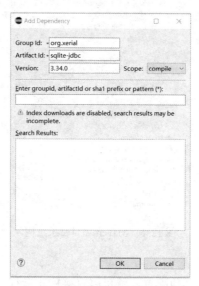

图 12-4 使用对话框填写 POM 信息

例 12-1 为加入 SQLite 依赖后的 pom.xml 文件内容。

例 12-1 配置 SQLite JDBC 驱动库 POM 的结果。

文件名：pom.xml

```
<project xmlns="http://maven.apache.org/POM/4.0.0"
  xmlns:xsi="http://www.w3.org/2001/XMLSchema-instance"
  xsi:schemaLocation="http://maven.apache.org/POM/4.0.0
```

```
        https://maven.apache.org/xsd/maven-4.0.0.xsd">
            <modelVersion>4.0.0</modelVersion>
            <groupId>bjtu.SSE</groupId>
            <artifactId>SQLiteMaven</artifactId>
            <version>0.0.1-SNAPSHOT</version>
            <dependencies>
                <dependency>
                    <groupId>org.xerial</groupId>
                    <artifactId>sqlite-jdbc</artifactId>
                    <version>3.34.0</version>
                </dependency>
            </dependencies>
        </project>
```

3. 编写源程序

在完成 POM 配置后，Eclipse 会自动下载对应的第三方类库 jar 包及其所依赖的其他包到本地仓库，然后就可以直接在项目使用第三方类库的相关类来编写 Java 源程序了。

这里可以使用 Eclipse 的导入源代码功能，将例 11-2 对应的源程序 SQLiteJDBC.java 直接导入当前项目，项目目录结构如图 12-5 所示。依据 Maven 规范，源代码位于项目的 src/main/java 目录下。

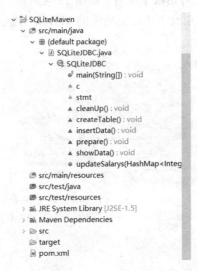

图 12-5　Maven 项目目录结构

4. 构建运行

程序编写完成后，无须做其他配置，就可以直接构建运行。Maven 项目的运行和调试的方式与过程和普通 Java 项目是完全相同的。

在 Eclipse 集成开发环境中，使用 Maven 构建的访问 SQLite 数据库的项目运行结果如图 12-6 所示。

本章后续使用第三方类库的所有 Maven 项目的开发过程基本相同，为了节省篇幅，在具体描述时不再给出相关操作的过程，只是直接给出 POM 配置内容、程序代码和输出结果。

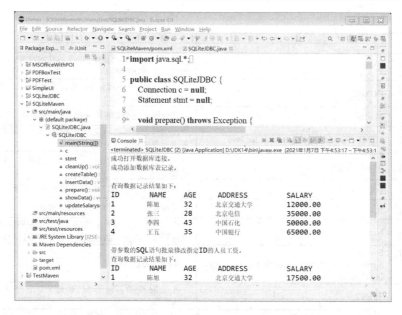

图 12-6　在 Eclipse IDE 中运行 Maven 项目

12.2　常用的第三方类库

一个 Java 项目除了使用 JDK 自带的类库之外，依据实际功能的需要，常常需要使用第三方类库。为了方便开发时快速找到合适的第三方类库，按照不同的应用领域，表 12-1 中给出了一部分使用较为广泛第三方类库。

表 12-1　流行的第三方类库

应用领域	第三方类库名称	简单描述
Java 核心扩展	Apache Commons 系列： Apache Commons Lang/Collection/IO/Math/Logging 等	Apache Java 库，涵盖字符串、集合、I/O、计算、日志、压缩等各个方面。包括非常实用的工具类，例如 StringUtils、DateUtils、NumberUtils 等
	Google Guava	Google 核心 Java 库，以性能著称。涵盖集合、缓存、并发库、字符串处理、I/O 等各个方面
	Joda Time	日期处理工具库，支持更多的日历体系，性能也非常出色
JSON	Jackson	用于处理 JSON 数据。可以方便地在 JSON 数据和 Java 对象之间进行转换
	Gson	Google 开发的 JSON 库，功能全
	FastJson	阿里的 JSON 库，性能优秀
图表	JFreeChart	生成各种类型的图表，支持多种输出格式，包括 PNG、JPEG、PDF、EPS、SVG 等
	JasperReports	完整的报表解决方案。采用 XML 格式，从数据库中抽取数据，以 PDF、HTML、XLS、CSV 及 XML 等各种格式生成报表，能够处理大数据量的报表
文档处理	Apache POI	处理 Microsoft Office 文档，可以在 Java 中创建、读取、修改 Excel、Word 和 PowerPoint 文件
	Docx4j	处理 Office Open XML 文件格式的文档，如 docx、pptx 和 xlsx 等格式的文件
	Apache PDFBox	PDF 文档处理，包括创建、提取文本、分割、合并、删除等

续表

应用领域	第三方类库名称	简单描述
XML 解析	JDOM	基于树型结构,利用纯 Java 的技术对 XML 文档实现解析、生成、序列化等操作
	DOM4J	处理 XML 的开源框架,整合了 XPath,支持 DOM、SAX、JAXP 等技术
	Xerces2	高性能,完全兼容的开源 XML 解析器
日志处理	SLF4J - Simple Logging Facade for Java	提供日志服务的抽象,当需要改变日志实现组件时,只需要更改相应配置就可以
	Apache Log4j	最有名的日志组件,只需简单配置就可方便记录各级别的日志
	Logback	继承自 log4j,比 Log4J 更快更小,实现了 SLF4j
测试	JUnit	目前使用最广泛的 Java 单元测试库
网络应用	Netty	提供异步的、事件驱动的网络应用程序框架和工具,可以快速开发高性能、高可靠性的网络服务器和客户端程序
Web 框架	Spring: Spring MVC/Spring Security/Spring Data/ Sping Boot 等	Web 项目后端框架
	Struts 2	Apache 免费开源的 MVC 框架。支持 REST、SOAP、AJAX 等
	MyBatis	数据库(持久层)框架,通过 SQL 语句处理数据库并自动映射数据对象
	Hibernate	国内用得最广泛的持久层框架

限于篇幅,本章仅选取了使用第三方类库来实现 JSON 数据处理、统计图及读写 Word 文档的功能来展开介绍。

① JSON 数据处理。JSON 已经成为最广泛使用的一种数据传输格式,程序中对 JSON 的处理也正变得越来越多。本章将使用 Google 的 GSON 库来处理 JSON 数据。

② 生成统计图。使用第三方类库 JFreeChart,实现对数据进行统计图表的展示,包括如条形图、饼图、折线图等。

③ 处理 Word 文件。使用 docx4j 库来读取、写入微软 Office Word 文档,并实现将其转换为 PDF 文档。

其他实用功能依据实际需要,可以参考这些的实现,只要选择了合适的第三方类库,参考对应库的 API 文档,就可以完成相应的功能。

12.3 使用 JSON 数据

JSON(JavaScript object notation,JavaScript 对象表示法)是轻量级的文本数据交换格式,采用完全独立于编程语言的文本格式来存储和表示数据,具有自我描述性,易于理解,独立于任何语言和平台。JSON 类似于 XML,但比 XML 更小,更易于解析。JSON 已经成为网络数据交换中应用最为广泛的数据格式标准。

JSON 文件的扩展名为 .json,在基于 Web 的网络数据传输时,JSON 文本的 MIME 类型是 "application/json"。

12.3.1 JSON 基本语法

JSON 采用 JavaScript 语法来描述数据对象。数据存放在"键-值对"中,由逗号分隔,用大括号{}表示对象，中括号[ ]表示数组。一个数组可以包含多个对象。

键值对语法格式如下："键"：值，其中，"键"为字段名，可以看成字符串，需要放在双引号中，值就是对应的字段的值。JSON 值可以是如下之一：数字（整数或浮点数）、字符串（在双引号中）、布尔值（true 或 false）、数组（在中括号中）、对象（在大括号中）和 null。

表示一个学生成绩的 JSON 对象的示例如下：

{"name": "张三", "age": 19,"course": "Java 程序设计","grade": 95}

多个学生成绩可以用数组来表示，其中"成绩表"这个键对应的值为整个数组：

```
{
  "成绩表": [
    {"name": "张三", "age": 19,"course": "Java 程序设计","grade": 95},
    {"name": "李四","age": 18, "course": "Java 程序设计","grade": 85},
    {"name": "王五","age": 20, "course": "Java 程序设计","grade": 92}
  ]
}
```

12.3.2 JSON 数据解析与生成

Java 中并没有内置 JSON 的操作类，使用 JSON 需要借助第三方类库。常用的 JSON 类库包括：JSON 官方的 Org.json 类库；Google GSON 类库，功能全面；阿里巴巴的 FastJson 类库，性能优秀；社区的 Jackson，更新快。

本节采用 Gson 为例来描述如何操作 JSON 数据。

GSON 是 Google 提供的用来在任意 Java 对象和 JSON 数据之间进行映射的 Java 类库。将 Java 对象转换为 JSON 字符串，称为对象的序列化，也称为生成 JSON 数据，可以使用 GSON 对象的 toJson()方法生成 JSON 数据。将 JSON 数据转换为 Java 对象，称为对象的反序列化，也称为解析 JSON 数据，可以使用 GSON 对象的 fromJson()方法解析 JSON 数据。

使用 GSON 类库处理 JSON 数据时，首先需要先创建 GSON 对象。

Gson gson = new Gson();

fromJson()和 toJson()方法还支持流的操作，例如，fromJson()方法可以从 JSON 文件读取数据并解析成对象，toJson()方法可以将数据以 JSON 格式写入文件。

```
public void toJson(Object src, Appendable writer) throws JsonIOException
public T fromJson(Reader json, T classOfT) throws JsonSyntaxException, JsonIOException
```

导入 GSON 类库只需要在 Maven 项目的 pom.xml 文件中加入以下依赖即可。

```xml
<!-- https://mvnrepository.com/artifact/com.google.code.gson/gson -->
<dependency>
    <groupId>com.google.code.gson</groupId>
    <artifactId>gson</artifactId>
    <version>2.8.6</version>
</dependency>
```

例 12-2 中，使用 GSON 类，完成了对 JSON 解析（序列化）、生成 JSON 数据（反序列化）及读写 JSON 文件的相关操作。

例 12-2 JSON 解析、生成 JSON 数据以及读写 JSON 文件的相关操作。

文件名：GSONTest.java

```java
import java.io.*;
import java.util.List;

import com.google.gson.Gson;
import com.google.gson.GsonBuilder;
import com.google.gson.JsonObject;
import com.google.gson.reflect.TypeToken;

public class GSONTest {
    /**
     * 读取 json 文件内容，返回对象数组
     *
     * @param fileName
     * @return
     * @throws FileNotFoundException
     */
    public static Student[] readJsonFile(String fileName) throws FileNotFoundException {
        BufferedReader reader = new BufferedReader(new FileReader(fileName));
        Gson gson = new GsonBuilder().create();
        Student[] students = gson.fromJson(reader, Student[].class);
        return students;
    }

    public static void main(String[] args) throws Exception {
        Gson gson = new Gson();
        // 解析
        int i = gson.fromJson("2022", int.class); // int
        boolean b = gson.fromJson("true", boolean.class); // boolean
        String str = gson.fromJson("北京交通大学", String.class); // String
        int[] ints = gson.fromJson("[2021,2022,2023,2024,2025]", int[].class); // int 数组
        String jsonStr = "[\"北京\", \"交通\", \"大学\"]";
        String[] strings = gson.fromJson(jsonStr, String[].class);// String 数组

        // 生成 JSON 数据：字符串格式
        String jsonNumber = gson.toJson(i); // int
        String jsonBoolean = gson.toJson(b); // boolean
        String jsonString = gson.toJson(str); // "String"
        System.out.println("#简单的 JSON 数据："
                +jsonNumber + "," + jsonBoolean + "," + jsonString);
        System.out.println("#整数数组："+gson.toJson(ints));// int 数组
        System.out.println("#字符串数组："+gson.toJson(strings));// String 数组

        // POJO 类对象序列化：依据 Java 对象，生成 JSON 数据字符串
        Student student = new Student("张三", 19, "程序设计基础", 92.5f);
```

```java
            String jsonObject = gson.toJson(student);
            System.out.println("#对象序列化: "+jsonObject);

            // POJO 类对象反序列化: 解析 JSON 数据字符串, 并创建对象
            System.out.print("#对象反序列化: ");
            jsonStr = "{\"name\":\"赵六\",\"age\":21,\"grade\":85} ";
            student = gson.fromJson(jsonStr, Student.class);
            System.out.println(student.getName() + "," + student.getAge());

            //使用 JsonObject
            System.out.print("#使用 JsonObject: ");
            JsonObject o = gson.toJsonTree(student).getAsJsonObject();
            System.out.println(o.get("name") + "," + o.get("grade"));

            // 输出 JSON 串到流
            System.out.print("#输出 JSON 串到命令行窗口: ");
            gson.toJson(student, System.out);//显示在屏幕中
            System.out.println();
            //将对象以 JSON 格式写入文本文件中
            FileWriter fw= new FileWriter(new File ("aStudent.json"));
            gson.toJson(student, fw);
            fw.close();

            // 反序列化: 读取 JSON 文件, 生成 Java 对象
            System.out.println("#读取 JSON 文件, 反序列化: ");
            Student[] students = readJsonFile("students.json");
            for (Student s : students) {
                System.out.println(s);
            }
        }
    }
```

程序中使用的实体类 Student (见例 12-3), 为了节省版面, 忽略了类中对应属性的 getter 和 setter 方法。

例 12-3 辅助实体类 Student。

文件名: Student.java

```java
public class Student {
    private String name;
    private int age;
    private String course;
    private float grade;

    Student(String name, int age, String course, float grade) {
        this.name = name;
        this.age = age;
        this.course = course;
        this.grade = grade;
    }
```

```java
    @Override
    public String toString() {
        return "[姓名=" + name + ", 年龄=" + age
                + ", 课程名=" + course + ", 成绩=" + grade + "]";
    }

    //此处忽略了 getter 和 setter 相关方法
}
```

程序中读取的 JSON 数据文件 Students.json 内容（见例 12-4），这里以 JSON 数组格式存放了 3 个 Student 对象的信息。

例 12-4 JSON 数据文件内容。

文件名：Students.json

```json
[
    {
        "name": "张三",
        "age": 19,
        "course": "Java 程序设计",
        "grade": 95
    },
    {
        "name": "李四",
        "age": 18,
        "course": "Java 程序设计",
        "grade": 85
    },
    {
        "name": "王五",
        "age": 20,
        "course": "Java 程序设计",
        "grade": 92
    }
]
```

程序的运行结果如图 12-7 所示，图上方为程序生成的 JSON 文件 aStudent.json 的内容，图下方则是程序运行输出的结果。

图 12-7 处理 JSON 数据运行结果

12.4 使用统计图

在 Java 应用中，常常需要将数据结果直观展示，一般会采用数据统计图（如条形图、饼图、折线图等）来展示数据。本节通过使用第三方类库 JFreeChart，实现对数据进行统计图表的展示。

JFreeChart 是一个免费的 Java 图表库，项目由 David Gilbert 于 2000 年 2 月启动，是 Java 中使用最广泛的统计图表类库。详细情况请参阅：https://www.jfree.org/jfreechart/。

使用 JFreeChart 来展示统计图，一般需要以下几个步骤：添加 POM 依赖；准备数据；依据数据集生成对应的统计图对象（JFreeChart 类型）；保存成图片或者直接 GUI 界面展示。

1. 添加 POM 依赖

项目需要使用 JFreeChart 类库，需要在 pom.xml 中添加对应的依赖，如例 12-5 所示。

例 12-5 添加使用 JFreeChart 类库对应的坐标描述信息。

文件名：pom.xml

```xml
<!-- https://mvnrepository.com/artifact/org.jfree/jfreechart -->
<dependency>
    <groupId>org.jfree</groupId>
    <artifactId>jfreechart</artifactId>
    <version>1.5.0</version>
</dependency>
```

2. 准备数据

JFreeChart 中数据由数据集对象来管理数据。接口 CategoryDataset 用于表示具有一个或多个序列、与类别关联的值的数据集，其具体实现类为 DefaultCategoryDataset；接口 PieDataset 用于表示值与键相关联通用数据集，使用此数据集可以为饼图提供数据，其具体实现类为 DefaultPieDataset。

3. 生成统计图对象

数据集准备好之后，通过使用 org.jfree.chart.ChartFactory 类可以创建各种统计图对象，对象类型都是 JFreeChart。

使用 createBarChart()方法可以创建柱形图对象，典型用法如下：

```
public static JFreeChart createBarChart(String title,   // 图表标题
            String categoryAxisLabel,   // 类别轴的显示标签
            String valueAxisLabel,      // 数值轴的显示标签
            CategoryDataset dataset,    // 数据集
            PlotOrientation orientation,// 图表方向：水平、垂直
            boolean legend,             // 是否显示图例
            boolean tooltips,           // 是否生成工具
            boolean urls                // 是否生成 URL 链接
            )
```

使用 createLineChart ()方法可以创建折线图对象，典型用法如下：

```
public static JFreeChart createLineChart(String title,  // 图表标题
            String categoryAxisLabel,   // 类别轴的显示标签
            String valueAxisLabel,      // 数值轴的显示标签
```

```
                    CategoryDataset dataset    // 数据集
                )
```

使用 createPieChart ()方法可以创建饼图对象，典型用法如下：

```
public static JFreeChart createPieChart(String title,PieDataset dataset)
```

其他类型的统计图如散点图、三维饼图、气泡图、极坐标图，等等，可以参考 JFreeChart 的 API 文档（https://www.jfree.org/jfreechart/api/javadoc/index.html），ChartFactory 类都有对应的快捷方法。

4. 保存成图片

使用 ChartUtils 类的工具方法可以将 JFreeChart 对象对应的统计图直接保存成图片文件。例如，使用 saveChartAsJPEG()可以保存成 JPEG 格式图片，使用 saveChartAsPNG ()方法则可以保存成 PNG 格式图片：

```
public static void saveChartAsJPEG(File file, JFreeChart chart, int width, int height)
    throws IOException
public static void saveChartAsPNG(File file, JFreeChart chart, int width,int height)
    throws IOException
```

5. GUI 展示统计图

如果需要将统计图在界面展示出来，可以采用 JPanel 的子类 ChartPanel 对象来展示统计图，使用对应的构造方法即可，参数就是对应 JFreeChart 统计图对象：

```
public ChartPanel(JFreeChart chart)
```

例 12-6 程序使用了 JFreeChart 分别创建了柱状图、饼图和折线图，将统计图保存成图片文件，同时在 GUI 界面展示。

例 12-6 使用 JFreeChart 生成柱状图、饼图、折线图等统计图。

文件名：JFreeChartTest.java

```java
import java.awt.*;
import java.io.*;
import javax.swing.JFrame;
import org.jfree.chart.*;
import org.jfree.chart.plot.PlotOrientation;
import org.jfree.data.category.DefaultCategoryDataset;
import org.jfree.data.general.DefaultPieDataset;

public class JFreeChartTest {

    //汉字显示
    private StandardChartTheme getChineseTheme() {
        // 创建主题样式
        StandardChartTheme standardChartTheme = new StandardChartTheme("CN");
        // 设置标题字体
        standardChartTheme.setExtraLargeFont(new Font("楷体", Font.BOLD, 20));
        // 设置图例的字体
        standardChartTheme.setRegularFont(new Font("宋体", Font.PLAIN, 16));
        // 设置轴向的字体
```

```java
        standardChartTheme.setLargeFont(new Font("宋体", Font.PLAIN, 16));
        return standardChartTheme;
}

//准备柱状图的数据集
private DefaultCategoryDataset getDataSet() {
    DefaultCategoryDataset dataset = new DefaultCategoryDataset();
    dataset.addValue(17.19, "C", "2020 年 7 月");
    dataset.addValue(15.1, "Java", "2020 年 7 月");
    dataset.addValue(9.09, "Python", "2020 年 7 月");
    dataset.addValue(16.98, "C", "2020 年 8 月");
    dataset.addValue(14.43, "Java", "2020 年 8 月");
    dataset.addValue(9.69, "Python", "2020 年 8 月");
    dataset.addValue(15.95, "C", "2020 年 9 月");
    dataset.addValue(13.48, "Java", "2020 年 9 月");
    dataset.addValue(10.47, "Python", "2020 年 9 月");
    dataset.addValue(16.95, "C", "2020 年 10 月");
    dataset.addValue(12.56, "Java", "2020 年 10 月");
    dataset.addValue(11.28, "Python", "2020 年 10 月");
    dataset.addValue(16.21, "C", "2020 年 11 月");
    dataset.addValue(11.68, "Java", "2020 年 11 月");
    dataset.addValue(12.12, "Python", "2020 年 11 月");
    dataset.addValue(16.48, "C", "2020 年 12 月");
    dataset.addValue(12.53, "Java", "2020 年 12 月");
    dataset.addValue(12.21, "Python", "2020 年 12 月");
    dataset.addValue(17.38, "C", "2021 年 1 月");
    dataset.addValue(11.96, "Java", "2021 年 1 月");
    dataset.addValue(11.72, "Python", "2021 年 1 月");

    return dataset;
}

//将背景色设置成白色
private void setBackground(JFreeChart chart){
    // 设置总的背景颜色
    chart.setBackgroundPaint(ChartColor.WHITE);
    // 设置图的背景颜色
    Plot p = chart.getPlot();
    p.setBackgroundPaint(ChartColor.WHITE);
}

//依据数据集生成柱状图
private JFreeChart bar(DefaultCategoryDataset dataset, String fileName)
    throws IOException {
        ChartFactory.setChartTheme(getChineseTheme()); // 解决汉字显示问题
        JFreeChart chart = ChartFactory.createBarChart("TIOBE 编程语言排行", //图表标题
            "时间", // 类别轴的显示标签
```

```java
                    "比例%", // 数值轴的显示标签
                    dataset, // 数据集
                    PlotOrientation.VERTICAL, // 图表方向：水平、垂直
                    true, // 是否显示图例(对于简单的柱状图必须是 false)
                    false, // 是否生成工具
                    false // 是否生成 URL 链接
            );
        setBackground(chart);//设置背景色
        ChartUtils.saveChartAsJPEG(new File(fileName), chart, 900, 900);// 保存成文件
        return chart;
    }

    //饼图
    private JFreeChart pie(String fileName) throws IOException {
        DefaultPieDataset pieData = new DefaultPieDataset();
        pieData.setValue("C", 17.38);
        pieData.setValue("Java", 11.96);
        pieData.setValue("Python", 11.72);
        pieData.setValue("C++", 7.56);
        pieData.setValue("C#  ", 3.95);
        pieData.setValue("Visual Basic", 3.84);
        pieData.setValue("JavaScript", 2.20);
        pieData.setValue("PHP", 1.99);
        pieData.setValue("R", 1.90);

        ChartFactory.setChartTheme(getChineseTheme()); // 汉字显示
        JFreeChart chart = ChartFactory.createPieChart("TIOBE 排行榜 Top 10", pieData);
        setBackground(chart);//设置背景色
        ChartUtils.saveChartAsJPEG(new File(fileName), chart, 900, 900);// 保存成文件
        return chart;
    }

    //折线图
    private JFreeChart line(String fileName) throws IOException {
        DefaultCategoryDataset line = new DefaultCategoryDataset();
        // C 语言
        line.addValue(17.19, "C", "2020 年 7 月");
        line.addValue(16.98, "C", "2020 年 8 月");
        line.addValue(15.95, "C", "2020 年 9 月");
        line.addValue(16.95, "C", "2020 年 10 月");
        line.addValue(16.21, "C", "2020 年 11 月");
        line.addValue(16.48, "C", "2020 年 12 月");
        line.addValue(17.38, "C", "2021 年 1 月");
        // Java 语言
        line.addValue(15.1, "Java", "2020 年 7 月");
        line.addValue(14.43, "Java", "2020 年 8 月");
        line.addValue(13.48, "Java", "2020 年 9 月");
```

```
        line.addValue(12.56, "Java", "2020 年 10 月");
        line.addValue(11.68, "Java", "2020 年 11 月");
        line.addValue(12.53, "Java", "2020 年 12 月");
        line.addValue(11.96, "Java", "2021 年 1 月");
        // Python 语言
        line.addValue(9.09, "Python", "2020 年 7 月");
        line.addValue(9.69, "Python", "2020 年 8 月");
        line.addValue(10.47, "Python", "2020 年 9 月");
        line.addValue(11.28, "Python", "2020 年 10 月");
        line.addValue(12.12, "Python", "2020 年 11 月");
        line.addValue(12.21, "Python", "2020 年 12 月");
        line.addValue(11.72, "Python", "2021 年 1 月");

        ChartFactory.setChartTheme(getChineseTheme()); // 汉字显示
        JFreeChart chart = ChartFactory.createLineChart("TIOBE 编程语言排行",
                "时间", "比例%", line);
        setBackground(chart);//设置背景色
        ChartUtils.saveChartAsJPEG(new File(fileName), chart, 900, 900);// 保存成文件

        return chart;
    }

    //将对应的统计图显示在 Swing 窗口内
    void showChart(JFreeChart myChart) {
        JFrame jf = new JFrame();
        jf.setSize(900, 900);
        jf.setLocationRelativeTo(null);
        jf.add(new ChartPanel(myChart), BorderLayout.CENTER);
        jf.setVisible(true);
    }

    public static void main(String[] args) throws IOException {
        JFreeChartTest t = new JFreeChartTest();
        JFreeChart myChart;
        // 柱状图
        myChart = t.bar(t.getDataSet(), "bar.jpg");
        t.showChart(myChart);
        // 饼状图
        myChart = t.pie("pie.jpg");
        t.showChart(myChart);
        // 折线图
        myChart = t.line("line.jpg");
        t.showChart(myChart);
    }
}
```

程序运行后生成的图片结果如图 12-8 所示。

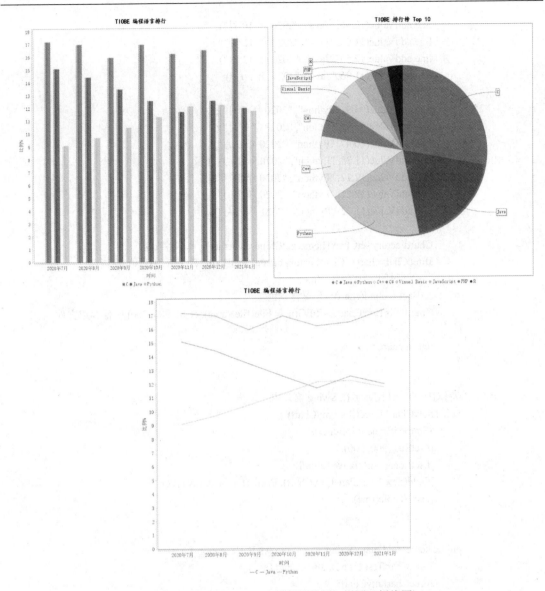

图 12-8 使用 JFreeChart 生成的柱状图、饼图及折线图

12.5 处理 Word 文件

本节针对 docx 格式的微软 Office Word 文件来进行描述，采用第三方类库 docx4j，实现 docx 格式的 Word 文档的读取、写入和转换为 PDF 文件。

docx4j 是一个开源的 Java 类库，用于创建和处理 Microsoft Open XML（Word docx，Powerpoint pptx 和 Excel xlsx）文件的。详细信息参阅：https://www.docx4java.org。

docx4j 位于 Maven 中央仓库中，依据开发需要可以使用其中的一项：docx4j-JAXB-Internal（仅适用于 docx4j 8.1.x）；docx4j-JAXB-MOXy（用于 docx4j 8 或 11）或者 docx4j-JAXB-ReferenceImpl（用于 docx4j 8 或 11）。

1．添加依赖

本例在操作 docx 文档选择的是 Docx4J JAXB ReferenceImpl；生成 PDF 文档时，则是使用 Apache FOP，通过 XSL FO 将 docx 导出为 PDF，增加的依赖为 Docx4J Export FO。pom.xml 中对应添加的依赖项内容如例 12-7 所示。

例 12-7   添加使用 Docx4J 类库对应的坐标描述信息。

文件名：pom.xml

```xml
<!-- https://mvnrepository.com/artifact/org.docx4j/docx4j-JAXB-ReferenceImpl -->
<dependency>
    <groupId>org.docx4j</groupId>
    <artifactId>docx4j-JAXB-ReferenceImpl</artifactId>
    <version>11.2.8</version>
</dependency>
<!-- https://mvnrepository.com/artifact/org.docx4j/docx4j-export-fo -->
<dependency>
    <groupId>org.docx4j</groupId>
    <artifactId>docx4j-export-fo</artifactId>
    <version>11.2.8</version>
</dependency>
```

2．打开和保存 docx 文档

在 docx4j 中，docx 文档操作基本上都是基于 WordprocessingMLPackage 对象。WordprocessingMLPackage 对象中包含 Styles 部分、DocPropsCore 部分和 DocPropsExtended 部分以及一个表示文档的内容的 MainDocumentPart 对象。

如果 docx 文档不存在，可以使用 createPackage()方法对象，用法如下：

```java
WordprocessingMLPackage wordMLPackage = WordprocessingMLPackage.createPackage();
```

从现有的 docx 文件创建 WordprocessingMLPackage 对象：

```java
File file = new File(docxFileName);
WordprocessingMLPackage wordMLPackage = WordprocessingMLPackage.load(file);
```

保存到 docx 文件，可以使用 save()方法：

```java
wordMLPackage.save(file);
```

例 12-8 所示为打开 docx 文档的方法，如果文件不存在，则新建文件。最后返回文档的 WordprocessingMLPackage 对象。

例 12-8   打开 docx 文档。

文件名：TestDocx4J.java，此处仅包含 getWordprocessingMLPackage()方法

```java
WordprocessingMLPackage getWordprocessingMLPackage(String docxFile) {
    WordprocessingMLPackage wordMLPackage = null;
    try {
        File file = new File(docxFile);
        if (!file.exists()) {
            // 如果文件不存在，新建文件
            wordMLPackage = WordprocessingMLPackage.createPackage();
            MainDocumentPart mainDocumentPart = wordMLPackage.getMainDocumentPart();
            mainDocumentPart.addParagraphOfText("Hello");
            wordMLPackage.save(file);
```

```
            } else if (file.isFile()) {
                    wordMLPackage = WordprocessingMLPackage.load(file);
            }
        } catch (Docx4JException e) {
            e.printStackTrace();
        }
        return wordMLPackage;
    }
```

3．读取 docx 文件内容并输出

Word 文件的文字内容都在 MainDocumentPart 对象中，通过 WordprocessingMLPackage 的 getMainDocumentPart()方法可以获取当前文档的 MainDocumentPart 对象。

    public MainDocumentPart getMainDocumentPart()

MainDocumentPart 对象的快捷方法 getContent()可以返回文档内容的 List 对象，遍历 List 对象元素就可以获取文件内容。

    public List<Object> getContent()

例 12-9 为读取文档内容的示例，简单起见，仅显示文档文本内容。

例 12-9　读取 docx 文档内容。

文件名：TestDocx4J.java，此处仅包含 readDocx()方法

```
public void readDocx(String fileName) {
    try {
        WordprocessingMLPackage wordprocessingMLPackage =
                getWordprocessingMLPackage(fileName);
        String contentType = wordprocessingMLPackage.getContentType();
        System.out.println("内容类型：" + contentType);
        //获取内容
        MainDocumentPart part = wordprocessingMLPackage.getMainDocumentPart();
        List<Object> list = part.getContent();
        for (Object o : list) { //显示文档内容
            if (!(o.toString().isEmpty())) System.out.println("内容：" + o);
        }
    } catch (Exception e) {
        e.printStackTrace();
    }
}
```

4．向文档中追加内容

同样，作为示例，这里仅在文档中添加文本内容，其他内容如图片、表格、页眉、页脚等请参考 docx4j 的文档（https://github.com/plutext/docx4j/）。

MainDocumentPart 类中有若干 add 方法可以在文档中添加内容。

addParagraphOfText()方法用于创建包含参数字符串内容的段落，并将其添加到文档中；如果参数为 null，插入空段落。

    public P addParagraphOfText(String simpleText)

addStyledParagraphOfText()方法用于使用指定的段落样式，创建一个包含参数指定的字符串内容的段落，并将其添加到文档中。

    public P addStyledParagraphOfText(String styleId, String text)

其中，styleId 为段落样式；text 为字符串内容。

例 12-10 为写入文档内容的示例，简单起见，仅写入了标题、子标题和文本内容。

例 12-10　docx 文档中写入文本内容。

文件名：TestDocx4J.java，此处仅包含 addTextContents()方法

```
public void addTextContents(String fileName) {
    try {
        // 加载 word 文档
        WordprocessingMLPackage wordprocessingMLPackage =
                getWordprocessingMLPackage(fileName);

        // 增加内容
        String contents = "北京交通大学软件学院是经教育部...";
        MainDocumentPart mainDocumentPart =
                wordprocessingMLPackage.getMainDocumentPart();
        mainDocumentPart.addParagraphOfText(null);//空段落
        mainDocumentPart.addParagraphOfText("默认格式内容，支持中英文：");
        mainDocumentPart.addParagraphOfText("你好! Welcome to SSE of BJTU.");
        mainDocumentPart.addParagraphOfText(null);//空段落
        mainDocumentPart.addStyledParagraphOfText("Title", "标题内容：红果园欢迎你!");
        mainDocumentPart.addStyledParagraphOfText("Subtitle",
                "子标题内容：北京交通大学软件学院");
        mainDocumentPart.addStyledParagraphOfText("Subject", contents);

        // 保存文档
        wordprocessingMLPackage.save(new File(fileName));
    } catch (Docx4JException e) {
        e.printStackTrace();
    }
}
```

5．转换为 PDF 文档

利用 Docx4J 的便捷方法 toPDF()可以将 Word 文档直接转换为 PDF 合适的文档，这里需要使用类库 docx4j-export-fo。

```
public static void toPDF(WordprocessingMLPackage wmlPackage, OutputStream outputStream)
        throws Docx4JException
```

例 12-11 实现了将 docx 文件转换为 PDF 文档文件。

例 12-11　将 docx 文档转换为 PDF 文档。

文件名：TestDocx4J.java，此处仅包含 docxToPdf()方法

```
public void docxToPdf(String docxFile, String pdfFile) {
    FileOutputStream fileOutputStream = null;
    try {
        WordprocessingMLPackage mlPackage = getWordprocessingMLPackage(docxFile);
        setFontMapper(mlPackage);//避免 PDF 汉字乱码，需要进行字体映射
        fileOutputStream = new FileOutputStream(new File(pdfFile));
        Docx4J.toPDF(mlPackage, new FileOutputStream(new File(pdfFile)));
    } catch (Exception e) {
        e.printStackTrace();
    } finally {
```

```java
            IOUtils.closeQuietly(fileOutputStream);
        }
    }

    //字体映射
    private void setFontMapper(WordprocessingMLPackage mlPackage) throws Exception {
        Mapper fontMapper = new IdentityPlusMapper();
        //依据 Word 文档中字体，可添加多个映射
        fontMapper.put("微软雅黑", PhysicalFonts.get("Microsoft Yahei"));
        fontMapper.put("等线", PhysicalFonts.get("SimSun"));
        fontMapper.put("等线 Light", PhysicalFonts.get("SimSun"));
        //…
        mlPackage.setFontMapper(fontMapper);
    }
```

本示例需要 import 以下类：

```java
import java.io.*;
import java.util.List;
import org.docx4j.Docx4J;
import org.docx4j.Docx4jProperties;
import org.docx4j.convert.out.HTMLSettings;
import org.docx4j.fonts.IdentityPlusMapper;
import org.docx4j.fonts.Mapper;
import org.docx4j.fonts.PhysicalFonts;
import org.docx4j.openpackaging.exceptions.Docx4JException;
import org.docx4j.openpackaging.packages.WordprocessingMLPackage;
import org.docx4j.openpackaging.parts.WordprocessingML.MainDocumentPart;
import org.docx4j.org.apache.poi.util.IOUtils;
```

定义当前类名为 TestDocx4J，测试用的 main()方法如例 12-12 所示。

例 12-12 程序测试 main()方法。

文件名：TestDocx4J.java，此处仅包含 main()方法

```java
    public static void main(String[] args) {
        String docxFile = "bjtu.docx";
        TestDocx4J t = new TestDocx4J();
        // 读取 docx 文档内容
        t.readDocx(docxFile);
        // 文件末尾追加新的内容
        t.addTextContents(docxFile);
        // 转换为 PDF
        String pdfFile = docxFile.replace(".docx", ".pdf");
        t.docxToPdf(docxFile, pdfFile);
    }
```

当程序运行时，会先读取并显示 bjtu.docx 文件中的内容，终端输出读取的 Word 文档原始内容如下：

内容类型：application/vnd.openxmlformats-officedocument.wordprocessingml.document.main+xml
内容：北京交通大学
内容：北京交通大学作为交通大学的三个源头之一，历史渊源可追溯到 1896 年，前身是清政府创办的北京铁路管理传习所，是中国第一所专门培养管理人才的高等学校，是中国近代铁路管理、电信教育的发祥地。

之后在该 docx 文件中写入新的内容,并将最终结果转换为 PDF 文档。对应的 docx 和 PDF 文件内容的结果如图 12-9 所示。其中,文件中第一行标题及第一个内容段落为程序运行前 Word 文档中的原始内容。

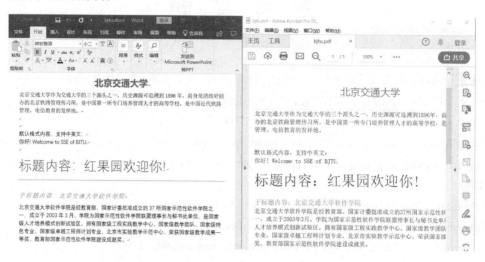

图 12-9　读取 Word 文件、插入内容并转换为 PDF 文件结果

习题

1. 使用 Google Guava 进行字符串处理,实现对源程序中字符串的驼峰命名格式的转换。
2. 实现目录结构的压缩与解压缩。可以使用 Apache Common 库。
3. 完成一个朗读者程序,输入一个汉字构成的句子,输出句子的读音。可以借鉴第三方类库:pinyin4j。
4. 使用 Google ZXing 类库,实现二维码的解析,并实现在图片中写入自定义的二维码。
5. 使用 Apache PDFBox 类库,创建一个 PDF 文档,写入包含格式的文本内容,读取文本,并实现 PDF 文件的分割、合并、删除等操作。
6. 使用 Apache POI 类库,处理 doc 格式和 docx 格式的 Word 文档,读取内容、写入图片、表格等信息并保存。
7. 选取合适的第三方类库,读取 Excel 表格数据,生成统计图表并展示在 GUI 界面,并将统计图结果保存到 PDF 文档中。
8. 编写一个 PDF 转换工具,实现 PowerPoint 文件和 PDF 文件的相互转换。

参 考 文 献

[1] 马迪芳，徐保民，陈旭东. Java 面向对象程序设计. 北京：北京交通大学出版社，2009.

[2] 耿祥义，张跃平. Java 面向对象程序设计. 3 版. 北京：清华大学出版社，2020.

[3] 沈泽刚. Java 语言程序设计. 3 版. 北京：清华大学出版社，2018.

[4] Gosling J，Joy B，Steele G，etc. The Java language specification: Java SE 16 Edition. Oracle: USA，2021.

[5] Liang Y D. Introduction to Java programming and data structures，Comprehensive Version 12th Edition. Pearson:USA，2020.

[6] HerbertSchildt. Java: the complete reference. 11th ed. McGraw-Hill Education:USA，2019.

[7] Horstmann C S. Core Java. Volume I: Fundamentals. Pearson: USA，2019.

[8] Horstmann C S. Core Java Volume II: Advanced Features. Pearson:USA，2019.

[9] Oracle. Java Development KitVersion 16 API Specification. https://docs.oracle.com/en/java/javase/16/docs/，2021-4.

[10] Varanasi B. Introducing maven: a build tool for today's java developers. Apress:USA，2019.

[11] Apache. Apache maven project[EB/OL]. http://maven.apache.org/，2021-6-26.

[12] MvnRepository. Maven repository[EB/OL]. https://mvnrepository.com/，2021-6-29.